高等职业教育机电类专业“十二五”规划教材

数控铣削项目实训教程

主　编　张棉好　徐绍娟
副主编　盛　捷　刘智强
参　编　傅仕红　王建强

中国铁道出版社
CHINA RAILWAY PUBLISHING HOUSE

内 容 简 介

本书是根据高等职业技术院校教学计划和教学大纲，以数控铣削加工工艺、编程与操作为核心内容编写的。全书包括七个项目：数控铣床编程与操作基础、基本指令、固定循环指令、简化编程指令、宏程序、中级数控铣工技能训练、高级数控铣工技能训练及相关编程指令的应用技巧。每个项目分多个任务，每个任务均包含理论知识、工艺分析、数控编程及加工操作等内容。本书的编写强调学生应用实践技能的培养和综合知识的运用，与国家职业标准紧密联系，是一本较为实用的技能实训教材。

本书适合作为高等职业技术院校数控技术、模具设计与制造专业教材，也可作为成人高校、本科院校举办的二级职业技术学院和民办高校的数控技术专业教材，或作为自学用书。同时，还可供从事数控设备操作工作的有关人员参考。

图书在版编目（CIP）数据

数控铣削项目实训教程/张棉好、徐绍娟主编. —北京：中国铁道出版社，2012.8

高等职业教育机电类专业“十二五”规划教材

ISBN 978-7-113-15111-9

Ⅰ. ①数…　Ⅱ. ①张…②徐…　Ⅲ. ①数控机床－铣削－高等职业教育－教材　Ⅳ. ①TG547

中国版本图书馆CIP数据核字（2012）第169551号

书　　名：数控铣削项目实训教程
作　　者：张棉好　徐绍娟　主编

策划编辑：祁　云　何红艳　　　**读者热线：**400-668-0820
责任编辑：徐学锋
封面设计：付　巍
封面制作：刘　颖
责任印制：李　佳

出版发行：中国铁道出版社（100054，北京市西城区右安门西街8号）
网　　址：http:// www.51eds.com
印　　刷：北京鑫正大印刷有限公司
版　　次：2012年8月第1版　　2012年8月第1次印刷
开　　本：787mm×1092mm　1/16　**印张：**16.5　**字数：**401千
印　　数：1～3000册
书　　号：ISBN 978-7-113-15111-9
定　　价：32.00元

前　　言

数控技术是根据产品加工要求，采用专用的电子数字计算机或称数控装置，以数码的形式对机械加工过程进行信息处理与控制，从而实现生产过程自动化的一门综合性技术。用数控技术控制机械加工过程的机床，称为数控机床。随着计算机技术、控制技术的迅猛发展以及产品更新换代的加快，数控机床不仅应用范围更加广泛，而且其在机械加工中的应用也日益普遍，在国民经济的发展中起着越来越重要的作用。实际生产中，数控车床和数控铣床是两类应用最多的机床，华中世纪星是我国自主研发的数控系统，具有一定的代表性，也是本书的主要组成部分。

从数控机床的应用方面来看，数控技能型人才既要掌握数控编程技术，又要具有熟练操作数控机床的能力，同时还要学会分析加工工艺、切削用量的选择等，这些都是本书所要讲述的重点内容。

本书编写坚持"工学结合"的理念，紧密联系生产实际，架构设置围绕工作过程的具体环节展开，包括工件分析、相关理论知识、编程与操作以及注意事项等内容。其目的是将理论知识与实践技能进行有机地整合，一方面激发学生的学习兴趣，另一方面使学习更有针对性。如果将学习与实训有机地整合在一起，进行一体化教学，则学习效果就会更加明显，从而实现学习与就业的"无缝衔接"。

本书由张棉好、徐绍娟任主编，盛捷、刘智强任副主编，傅仕红、王建强参编。全书分为7个项目，共26个任务，其中项目一由王建强编写，项目二由徐绍娟编写，项目三由盛捷编写，项目四由刘智强编写，项目五由傅仕红编写，项目六和项目七由张棉好编写。本书的编者既是教师，又是数控加工技师或考评员，同时又是多次全国数控技能大赛的导师或直接参与者；既有丰富的教学经验，又有熟练的加工操作技能。因此本书的特色是从理论到实践，循序渐进、步步深入；图表结合、简明扼要，符合规范。在编写和出版过程中，盛捷、傅仕红、封宝金等老师对本书提出了许多宝贵的意见和建议，同时参阅了有关教材、资料和文献，中国铁道出版社也给予了热情的帮助和支持，在此一并表示衷心感谢。

由于编者水平有限，书中错误与不当之处在所难免，敬请读者批评指正。

编　者

2012年4月

目　录

项目一　数控铣床编程与操作基础

任务一　手动操作数控铣床

学习目标

- 了解数控铣床组成与分类。
- 掌握数控铣床坐标系。
- 操作面板上各功能按钮含义与用途。
- 会正确操作数控铣床操作面板各功能按钮。
- 会进行数控铣床开机、关机、手动回参考点等操作。

任务描述

认识数控铣床，对 HNC-21/22M 华中数控系统（以下简称 HNC-21/22M 系统）数控铣床进行启动、开机，同时完成机床控制面板的手动操作。

任务分析

该任务是对 HNC-21/22M 系统数控铣床进行基本操作。首先，启动数控铣床，然后通过机床控制面板的按钮操纵铣床。因此，需要了解数控铣床与操作相关的各个组成部分，熟悉 HNC-21/22M 系统数控铣床操作面板，掌握控制面板上各键的作用与功能，从而掌握 HNC-21/22M 系统数控铣床的手动操作。

知识链接

数控铣床能够完成直线、斜线、曲线轮廓等铣削加工；可以组成各种往复循环和框式循环；还可以加工具有复杂型面的工件，如凸轮、样板、模具、叶片、螺旋槽等。数控铣床由数控系统控制机床运动部件完成零件的加工，目前数控系统大致分为国内和国外两大类，国外系统以西门子、发那科等系统为代表，而国内系统近几年发展很快，以华中数控系统为代表的数控系统在我国工业生产中得到了广泛的应用。本教材以华中数控系统（HNC-21/22M）控制的数控铣床为数控铣削加工设备，阐述其操作内容。

一、数控铣床的分类及组成

1. 分类

数控铣床是一种用途广泛的数控机床，可以按照不同的方法进行分类：

（1）按主轴轴线位置分，可分为立式数控铣床、卧式数控铣床。

（2）按加工功能分，可分为数控铣床、数控仿形铣床、数控齿轮铣床等。

（3）按控制坐标轴数分，可分为两坐标数控铣床、两坐标半数控铣床、三坐标数控铣床等。

（4）按伺服系统分类，可分为闭环、开环、半闭环数控铣床等。

2. 主要组成部分

数控铣床由主运动部件、进给运动部件（工作台、拖板以及相应的传动机构）、支撑件（立柱、床身等）以及特殊装置（刀具自动交换系统、工件自动交换系统）和辅助装置（如排屑装置等）组成。数控铣床的外形结构以立式、卧式数控铣床为例，如图 1–1 所示。

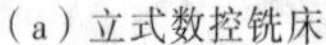

（a）立式数控铣床　（b）卧式数控铣床

图 1–1　数控铣床

（1）机床基础件：如床身、底座等。

（2）主传动系统：包括主轴电动机及传动部分。

主传动系统是数控机床的重要组成部分，主轴夹持刀具旋转，直接参加工件表面成形运动。大多数主轴都采用无级变速运动，调速范围大，一般有齿轮传动、带传动以及电动机直接传动等方式。数控铣床的主轴中通常只能装备一把刀，靠配备的主轴机构进行手动换刀。

（3）进给系统：由联轴节、滚珠丝杠、导轨等组成。

（4）实现工件回转、定位的装置和附件：主要包括回转工作台、分度工作台。

（5）辅助装置：如液压和气动装置、排屑装置。

（6）刀具系统：包括刀柄、对刀器、卸刀器等。

因为数控铣床广泛用于加工各种工件，所以刀具装夹部分的结构、尺寸也多种多样。刀具系统一般分为整体式结构和模块式结构两大类。

由于数控铣床主轴锥孔通常分为两大类，即锥度为 7 : 24 的通用系统和 1 : 10 的 HSK 真空系统。因此，对应主轴锥孔的刀柄也有如下两种。

①7 : 24 锥度的通用刀柄。锥度为 7 : 24 的通用刀柄通常有五种标准和规格，即 NT（传统型）、DIN(德国标准)、ISO7388/1(国际标准)、MASBT（日本标准）以及 ANSI/ASME(美国标准)。

②1 : 10 的真空刀柄。HSK 真空刀柄的德国标准是 DIN69873，有六种标准和规格，即 HSK–A、HSK–B、HSK–C、HSK–D、HSK–E 和 HSK–F。常用的有三种：HSK–A（带内冷自动换刀)、HSK–C（带内冷手动换刀）和 HSK–E（带内冷自动换刀，高速型）。

二、数控铣床坐标系的确定

1. 机床坐标轴的命名

为了简化编制程序，保证记录数据的互换性，国际上对数控机床坐标和运动方向的命名制定了统一标准，我国也制定了国家标准《工业自动化系统与集成 机床数值控制坐标系和运动命名》（GB/T 19660—2005）。标准规定，采用右手直角笛卡儿坐标系对机床的坐标系进行命名。用 *X*、*Y*、*Z* 表示直线进给坐标轴，*X*、*Y*、*Z* 坐标轴的相互关系由右手法则确定，如图 1-2 所示，图中大拇指的指向为 *X* 轴正方向，食指指向为 *Y* 轴正方向，中指指向为 *Z* 轴正方向。

围绕 *X*、*Y*、*Z* 轴旋转的圆周进给坐标轴分别用 *A*、*B*、*C* 表示，根据右手螺旋定则，以大拇指指向+*X*、+*Y*、+*Z* 方向，则其余四指的指向就是圆周进给运动+*A*、+*B*、+*C* 方向。

数控机床的进给运动是由主轴带动刀具、工作台带动工件形成相对运动来实现的。上述坐标轴的正方向，是假定工件不动，刀具相对于工件做进给运动的方向。如果是工件移动而刀具位置不动，则用加“'”的字母表示，如+*X'*、+*Y'*、+*Z'*按相对运动的关系，工件运动的正方向恰好与刀具运动的正方向相反。

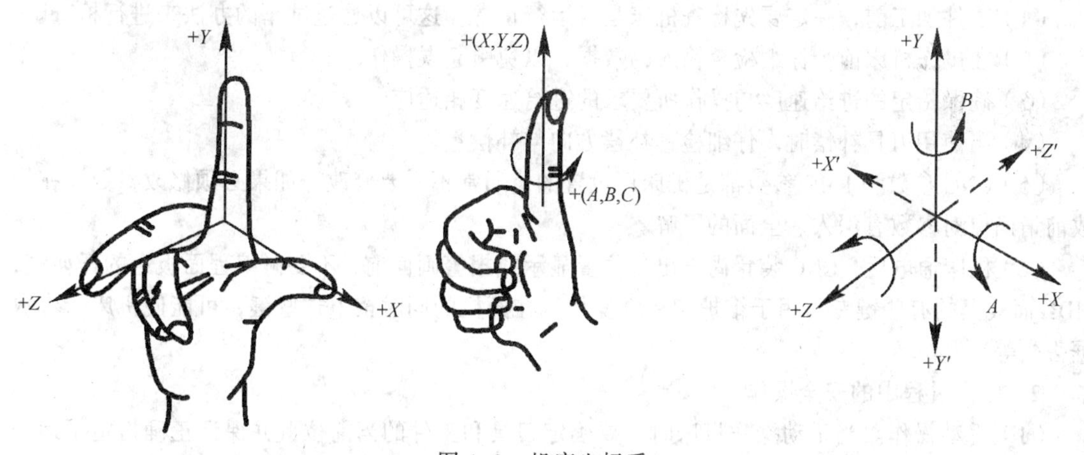

图 1–2 机床坐标系

2. 常用概念

（1）轴（axis)：机床部件可以沿其做直线移动或回转运动的基准方向。

（2）机床坐标系（machine coordinate system)：固定于机床上，以机床零点为基准的笛卡儿坐标系。

（3）机床零点（machine zero）：由机床制造商规定的机床原点。

（4）机床坐标原点（machine coordinate origin）：机床坐标系的原点。该位置由机床生产厂家确定，在机床经过设计、制造和调整后，这个原点便被确定下来，它是机床上固定的点。通常在每个坐标轴设置一个机床参考点，机床参考点可以与机床零点重合，也可以不重合，通过参数来指定机床参考点到机床零点的距离。机床各坐标轴回到了参考点位置，也就找到了机床零点位置。

（5）工件坐标系（workpiece coordinate system）：固定于工件上的笛卡儿坐标系。

（6）工件坐标原点（workpiece coordinate origin）：工件坐标系原点。为了方便编程，通常选择工件上的某一已知点为工件原点，再建立一个新的坐标系，称为工件坐标系。工件原点是人为设置的，一般选在设计基准或定位基准上，如工件的对称中心等。

（7）编程坐标系：在分析图样的基础上，制定加工方案后进行编程，为方便计算而设定的坐标系，应满足编程简单、尺寸换算少、引起的加工误差小等要求。编程坐标系是编程序时使用的坐标系。工件坐标系是机床进行加工时使用的坐标系，应该与编程坐标系一致。

能否让编程坐标系与工件坐标系一致，是操作数控铣床的关键，通常程序传输到数控机床对工件进行加工时，通过对刀等方式，将编程坐标系转换成工件坐标系。

数控铣床有三个坐标系，即机床坐标系、编程坐标系和工件坐标系。机床坐标系的原点是生产厂家在制造机床时的固定坐标系原点。它是在机床装配、调试时已经确定下来的，是机床加工的基准点。在使用中机床坐标系是由参考点来确定的，机床系统启动后，进行返回参考点操作，机床坐标系就建立了。坐标系一经建立，只要不切断电源，坐标系就不会变化。

三、数控机床安全操作规程

数控机床的操作，一定要做到规范，以避免发生人身、设备、刀具等安全事故。

1. 操作前的安全准备

（1）零件加工前，一定要先检查机床是否运行正常。这可以通过试车的办法来进行检查。

（2）在操作机床前，仔细检查输入的数据，以免引起误操作。

（3）确保指定的进给速度与操作所要求的进给速度相适应。

（4）当使用刀具补偿时，仔细检查补偿方向与补偿量。

（5）CNC参数和PMC参数都是机床厂设置的，通常不需要修改，如果必须修改参数，在修改前请确保对参数有深入、全面的了解。

（6）机床通电后，CNC装置尚未出现位置显示或报警画面前，不要碰编程面板上的任何键，MDI面板上的有些键专门用于维护和特殊操作。在开机的同时按下这些键，可能使机床产生数据丢失等。

2. 操作过程中的安全操作

（1）手动操作。当手动操作机床时，要确定刀具和工件的当前位置并保证正确指定了运动轴及方向和进给速度。

（2）手动返回参考点。机床通电后，请务必先执行手动返回参考点操作。如果机床没有执行手动返回参考点操作，机床的运动将不可预料。

（3）手轮进给。在手轮进给时，一定要选择正确的手轮进给倍率，过大的手轮进给倍率容易造成刀具或机床的损坏。

（4）工件坐标系。手动干预、机床锁住或镜像操作都可能移动工件坐标系，用程序控制机床前，要先确认工件坐标系的位置。

（5）空运行。通常应使用机床空运行来确认机床运行的正确性。在空运行期间，机床以空运行的进给速度运行，这与程序输入的进给速度不一样，但空运行的进给速度要比编程用的进给速度快得多。

3. 与编程相关的安全操作

（1）坐标系的设定。如果没有设置正确的坐标系，尽管指令是正确的，但机床可能不会按照预想的动作运动。

（2）公、英制的转换。在编程过程中，一定要注意公、英制的转换，使用的单位制式一定要与机床当前使用的单位制式相同。

（3）回转轴的功能。当编制极坐标插补或在法线方向（垂直）控制程序时，要特别注意旋转轴的转速不能过高。如果工件装夹不牢，就会由于离心力过大而导致工件甩出，引起事故。

（4）刀具补偿功能。在补偿功能模式下，发出基于机床坐标系的运动命令或参考点返回命令，补偿就会暂时取消，这可能会导致机床产生预想不到的运动。

任务实施

一、启动、急停、超程解除、关机

1. 启动数控铣床

（1）接通电源。

① 检查数控铣床机械状态（如油位、气压等）是否正常。

② 如果数控铣床状态正常，按下【急停】按钮。

③ 打开强电开关，系统通电。

④ 系统启动后，按下控制面板上的【急停】按钮，此时方可进行下一步加工操作。

（2）复位操作。数控系统通电后，进入软件操作界面。此时，数控系统的工作方式为“急停”。为控制系统运行，需左旋操作面板右上角的【急停】按钮，使系统复位。此时，机床电路中继电器吸合，伺服电源接通。

（3）返回参考点。按下【回零】按键。按下轴和方向的选择开关，选择要返回参考点的轴和方向，如“*X*+”、“*Y*+”、“*Z*+”，则相应的轴回到参考点，同时按键内的指示灯亮。

找到数控铣床参考点的位置，采用机床硬限位或软极限方式确定机床的工作范围，从而确定参考点的位置。

注意：

（1）应在每次电源接通、急停信号或超程报警信号解除后，进行数控铣床的返回参考点操作，然后再完成其他运行操作，以确保机床的定位精度。

（2）在返回参考点前，应确保机床坐标点在参考点轴向的相反侧。

（3）为保证设备安全，回零之前应检查行程开关和行程挡铁之间的距离，应确保这两者之间的距离大于 100 mm。

2. 急停

数控铣床运行过程中，遇到危险或紧急情况时，按下【急停】按钮，数控系统随即进入急停状态，伺服系统及主轴运转立即停止工作；松开【急停】按钮（左旋此按钮，自动跳起），数控系统进入复位状态。

注意：在通电和关机之前，应按下【急停】按钮，以减少对数控系统的电冲击。

3. 超程解除

在各坐标轴位置两端各有一个极限开关，限定各个方向的工作范围。超出工作范围或工件台上行程挡铁碰到极限开关时，就会出现“超程”报警，机床不能动作，必须解除超程警报，数控铣床才能正常工作。

超程解除的操作为：

（1）设置工作方式为“手动”或“手摇”方式。

（2）一直按压着【超程解除】按钮。

（3）在手动（手摇）方式下，使该轴往相反方向退出超程状态。

（4）松开【超程解除】按钮。

若显示屏上运行状态栏“运行正常”取代了“出错”，即表示恢复正常，可以继续操作。

4. 关机操作

（1）加工结束后，按下控制面板上的【急停】按钮。

（2）断开数控系统电源。

（3）断开机床强电电源。

二、数控铣床的手动操作

机床手动操作主要由机床控制面板和手持单元共同完成，如图 1–3 和图 1–4 所示。

1. 手动连续进给

（1）按下【手动】按键。

（2）通过进给轴和方向选择开关，选择刀具将要沿其移动的轴及其方向。按下该开关时，刀具以指定的速度移动；释放开关，移动停止。

（3）手动进给速度可以通过【进给修调】按键进行调整。

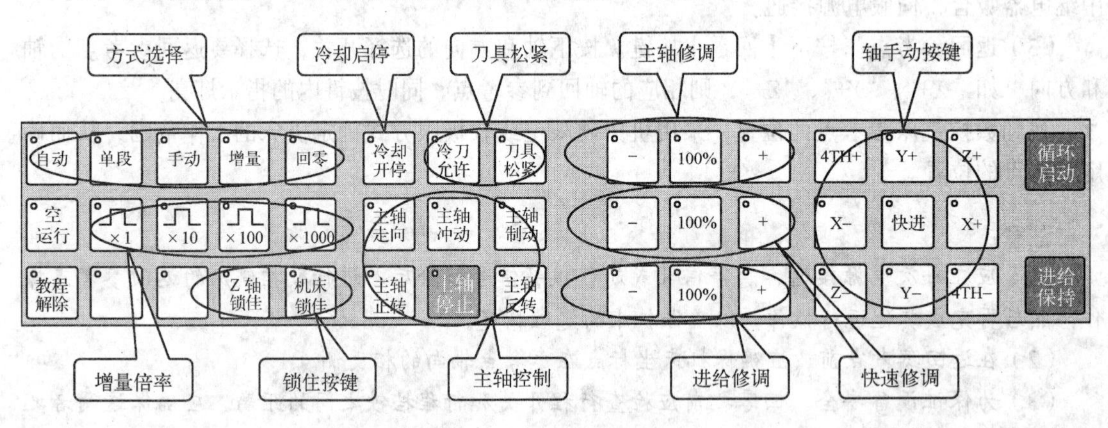

图 1–3　机床控制面板

（4）在按下进给轴和方向选择开关的同时，按下【快进】开关，刀具会快速移动。在快速移动过程中，快速移动倍率开关有效。

（5）找出 X、Y、Z 各轴及各轴的正方向，如图 1–5 所示。

图 1-4　手持单元

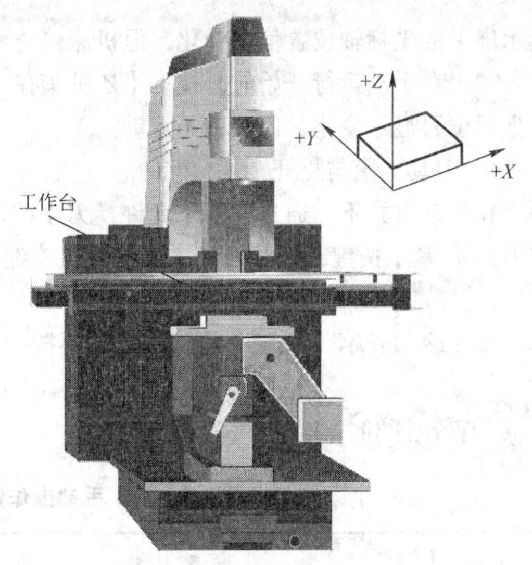

图 1-5　数控铣床坐标系统图

2. 增量进给

（1）按下【增量】按键。

（2）选择每一步将要移动的增量值。

增量进给的增量值由【×1】、【×10】、【×100】、【×1000】四个增量倍率按键控制，增量倍率和增量值的对应关系见表 1-1。

表 1-1　增量与增量倍率对应关系

增量倍率按键	×1	×10	×100	×1000
增量值（mm）	0.001	0.01	0.1	1

（3）当手持单元的坐标轴选择波段开关置于“OFF”挡时，按下进给轴和方向选择开关，选择将要移动的方向，每按下一次开关，刀具移动一步。

（4）按下进给轴和方向选择开关的同时，按下【快进】键，可以快速移动刀具。在快速移动过程中，快速移动倍率开关指定的倍率有效。

3. 手轮进给

（1）按下【增量】按键。

（2）选择每一步将要移动的增量值。

（3）当手持单元的坐标轴选择波段开关置于“ON”挡时，按下手轮进给轴选择开关，选择刀具要移动的轴。

（4）顺时针（或逆时针）旋转手摇脉冲发生器一格，相应的轴将正向或负向移动一个增量值。

4. 主轴控制（手动方式下）

（1）主轴正转，按【主轴正转】按键，主电动机以机床参数设定的转速正转。

（2）主轴反转，按【主轴反转】按键，主电动机以机床参数设定的转速反转。

（3）主轴停止，按【主轴停转】按键，主电动机停止运转。

5. 机床锁住与 *Z* 轴锁住

（1）手动运行方式下，按下【机床锁住】按键，此时进行手动操作，系统继续执行，虽然显示屏上的坐标轴位置信息变化，但机床停止不动。

（2）在手动运行开始前，按下【Z 轴锁住】按键，此时手动移动 Z 轴，虽然显示屏上的 Z 轴坐标位置显示变化，但 Z 轴不运动。

6. 刀具夹紧与松开

在手动方式下，通过按下【允许换刀】按键使得“允许刀具松/紧”操作有效。按一次【允许刀具松/紧】按键，松开刀具，再按一次该键为夹紧刀具，如此循环。

7. 冷却启动与停止

按【冷却开/停】按键，冷却液开，再按一下该键为冷却液关，如此循环。

任务评价

表 1-2　手动操作数控铣床配分权重表

工件编号		技术要求	配分	总得分		
项目与权重	序号			评分标准	检测记录	得分
加工操作（40%）	1	熟悉数控机床	10	教师提问		
	2	标注机床面板功能	30	不正确每处扣 3 分		
程序与工艺	3	暂无				
机床操作	4	暂无				
文明生产（60%）	5	机床维护与保养	30	机床保养		
	6	安全操作	20	教师提问		
	7	工作场所整理	10	现场清理		

任务二　输入数控程序

学习目标

- 掌握 HNC-21/22M 系统的操作面板。
- 掌握华中数控系统的数控铣床的软件界面及菜单操作要点。
- 会手工输入与编辑数控加工程序。
- 会校验数控加工程序。
- 会进行数控铣床的图形显示操作。

任务描述

通过学习本任务，完成以下程序的手动输入和编辑，并进行校验。

（1）在 HNC-21/22M 系统中，输入以下程序，并进行保存、选用、删除等操作。

程序段序号	程序内容	程序段序号	程序内容
	%0001		%0001
N10	G54G90G40G49G80；	N90	Y-50；
N20	M03S800；	N100	X50；
N30	G00X0Y0；	N110	Y0；
N40	Z10；	N120	X0；
N50	G01Z-5F100；	N130	G00Z100；
N60	X50F200；	N140	M05；
N70	Y50；	N150	M30；
N80	X-50；		

（2）用手动数据输入（MDI），完成以下指定程序段的运行。

G91G01X-100F200

任务分析

为完成程序的输入与校验，首先应正确地逐段输入程序段，然后对输入的程序进行保存、调用；并在“自动”或“单段”工作方式下对程序进行校验。为了完成本任务，应了解键盘的功能和 10 个功能键的作用，掌握程序输入和修改方法，掌握程序的保存、选择、调用、删除等操作方法及程序校验的操作要点。

知识链接

一、HNC-21/22M 系统的性能与特点

华中世纪星数控系统是在华中高性能数控系统的基础上，为满足用户对低价格、高性能、简单、可靠的要求而开发的数控系统，适用于对各种车、铣床加工中心等机床的控制，采用国际标准 G 代码编程，与各种流行的 CAD/CAM 自动编程系统兼容，该系统可以利用操作面板手动或计算机输入输出设备采用通信方式，向内部 PLC 和数控装置发出相应指令，控制主轴、进给伺服单元等驱动数控铣床的主轴运动、进给运动及配备的辅助运动机构运动。其计算机数控系统原理如图 1-6 所示。

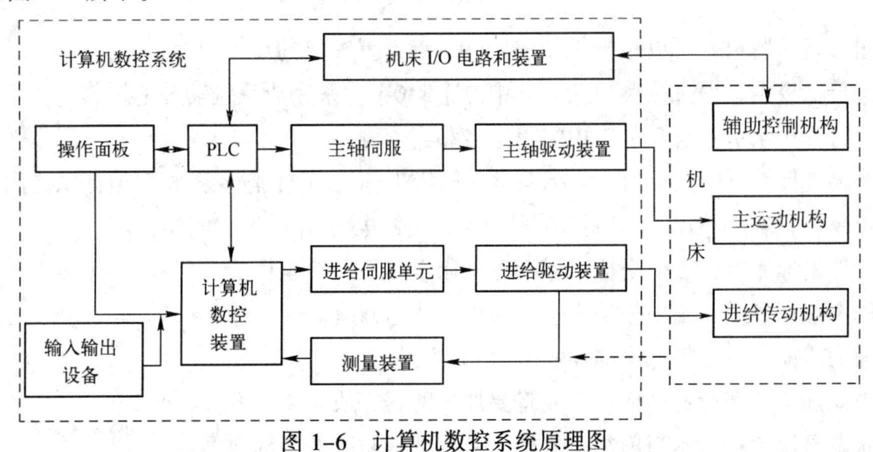

图 1-6 计算机数控系统原理图

HNC-21/22M 系统是基于嵌入式工业的开放式数控系统，包括：

（1）控制轴数为 4 个进给轴和 1 个主轴；

（2）最大联动轴数 4 轴，可自由选配各种数字式、模拟式交流伺服或步进电动机驱动单元；

（3）采用国际标准 G 代码编程；

（4）采用彩色液晶显示器、全汉字操作界面、多种三维图形显示方式；

（5）8MBRAM 加工内存缓冲区，6MBFlashROM 程序断电存储区；

（6）先进的小线段连续加工功能，特别适合复杂模具加工；

（7）加工断点保存恢复功能，反向间隙和双向螺距误差补偿功能；

（8）支持以太网（NT、Novell）和 DNC 功能。

二、HNC-21/22M 系统操作面板及软件界面简介

1. HNC-21/22M 系统的软件操作界面

HNC-21/22M 系统的软件操作界面如图 1-7 所示，由以下几个部分组成。

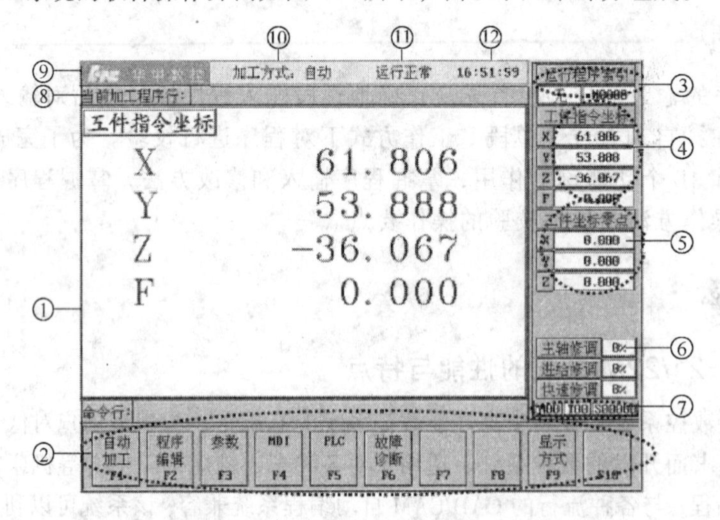

图 1-7 HNC-21/22M 的软件操作界面

1—图形显示窗口；2—菜单命令条；3—运行程序索引；4—选定坐标系下的坐标值；5—工件坐标零点；6—倍率修调显示；7—辅助机能；8—当前加工程序行；9—状态显示栏

（1）图形显示窗口：可以根据需要按【F9】键设置窗口的显示内容。

（2）菜单命令条：通过按菜单命令条中的【F10】键来完成系统功能的操作。

（3）运行程序索引：自动加工中的程序名和当前程序段行号。

（4）选定坐标系下的坐标值：坐标系可在机床坐标系/工件坐标系/相对坐标系之间切换，显示值可在指令位置/实际位置/剩余进给/跟踪误差/负载电流/补偿值之间切换。

（5）工件坐标零点：工件坐标系零点在机床坐标系下的坐标。

（6）倍率修调显示：主轴修调、进给修调、快速修调。

（7）辅助机能：自动加工中的 M、S、T 代码。

（8）当前加工程序行：当前正在或将要加工的程序段。

（9）状态显示栏：显示当前加工方式、系统运行状态及当前时间。

（10）工作方式：系统工作方式根据机床控制面板上相应按键的状态，可在“自动”、“单段”、“手动”、“增量”、“回零”、“急停”、“复位”等之间切换。

（11）运行状态：系统工作状态在运行正常和出错之间切换。

（12）系统时钟：当前系统时间。

操作界面中最重要的部分是菜单命令条。系统功能的操作主要通过菜单命令条中的功能键【F1】~【F10】来完成。由于采用层次结构，每个功能有不同的操作菜单，即在主菜单下选择一个菜单项后，数控装置会显示该功能下的子菜单，用户可根据该子菜单内容选择所需的操作，如图 1-8 所示。系统功能的操作主要通过菜单命令条中功能键【F1】~【F10】完成。

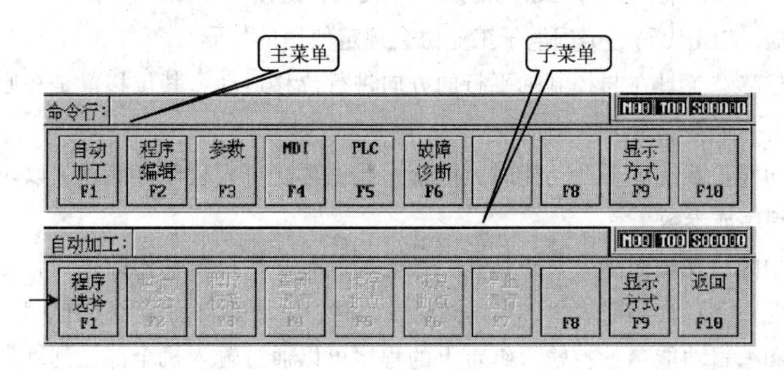

图 1-8　HNC-21/22M 菜单

要返回主菜单时，按子菜单下的【F10】键即可。

2. HNC-21/22M 系统的功能菜单结构

HNC-21/22M 系统功能菜单结构如图 1-9 所示。

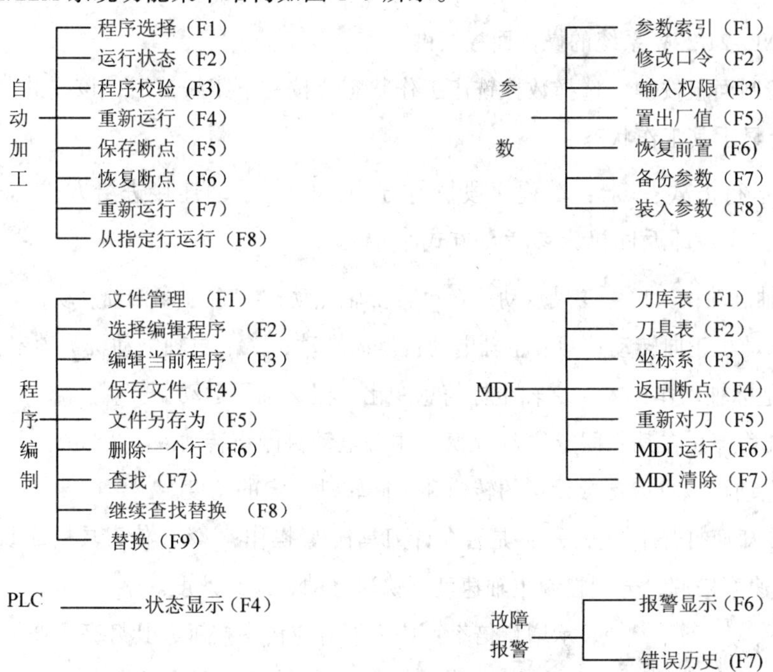

图 1-9　HNC-21/22M 的功能菜单结构

三、HNC-21/22M 系统主要功能与参数

数控设备的核心是数控系统，就是用一台控制计算机来进行运算、指挥数控设备进行自动控制。要掌握数控系统的操作，首先要了解与其直接相关的基本概念。

最小设定单位：数控系统内一个脉冲当量的规定值。

最小移动单位：一个与指令对应的输出脉冲的移动当量，由输出电路和测量元件所决定。它决定了机床的定位精度。

程序段格式：又称数控纸带的格式，是指数控系统对输入给它的程序的文字和地址数据排列格式。常用的两种标准代码为 ISO 代码及 EIA 代码，适用于以二进制来表示的控制系统。ISO 代码为国际标准，EIA 代码是美国电子工业协会规定使用的代码。

工具位置偏移：工具在与控制轴平行的方向进行位移运动，其位移量是在原有位置的基础上，加上或减去一个补偿量。

程序保护功能：系统具备此功能时，能禁止数据再次写入程序存储器，以防止误操作而破坏存储器中的程序或参数。

固定循环功能：在操作中，对于钻孔、镗孔等具有多次反复动作的过程，可以编制一连串的顺序程序，用一个 G 代码来表示，当读到此代码时，系统能自动循环工作，称之为固定循环。

纸带存储和编辑功能：数控输入纸带上的程序可以通过输入机全部送到纸带存储器中存储备用，断电后不会被破坏，再次通电后可再次调用。可以用手动操作键盘，调出、修改、删除或增加在纸带存储器中的原程序。可以用 MDI 方式重新编写入新的程序。

任务实施

1. 认识 HNC-21/22M 系统的操作面板按键

（1）机床控制面板按键。选择数控铣床工作状态，按一下某按键后，该按键左上角灯亮，在状态提示栏上显示其工作状态。

【自动】：自动运行方式；【单段】：单程序段执行方式；【手动】：手动连接进给方式；【增量】：增量方式；【回零】：回零方式，即返回机床参考点方式。

【+X】【-X】：*X* 轴点动；【+Y】【-Y】：*Y* 轴点动；【+Z】【-Z】：*Z* 轴点动；【+4TH】【-4TH】：第四轴点动；【快进】：快速运行。

【主轴正转】：主轴电动机正向转动；【主轴反转】：主轴电动机反向转动；【主轴停止】：主轴电动机被锁定在当前位置；【机床锁住】：禁止机床坐标轴动作；【Z轴锁住】：*Z* 轴坐标信息变化，但 *Z* 轴不运动。

【主轴定向】：主轴准确停止在某一固定位置；【主轴制动】：主轴电动机停止转动。

【主轴冲动】：主轴电动机以机床参数设定的转速和时间转动一定的角度。

【冷却开停】：控制冷却液打开/停止；【换刀允许】：是否允许刀具松/紧操作；【刀具松紧】：使刀具松开或夹紧。

【-】【100%】【+】：速率修调，分别控制主轴速度、快速移动、进给速度。

增量方式下，【x1】【x10】【x100】【x1000】表示增量倍率：按一下对应倍率按键，其灯亮，增量倍率有效。

【循环启动】：自动运行启动；【进给保持】：自动运行暂停；【空运行】：坐标轴以最大速度移动。

超程解除：解除伺服机构超出行程。

（2）MDI 面板的按键。在 MDI、自动方式下对程序文件或程序段的编辑或输入数据时，可使用下列按键。

Esc：取消键；Tab：制表键；SP：空格键；BS：删除键；Upper：上档键；Enter：回车/输入键。

Alt：改变键；Del：删除键；PgUp PgDn：翻页键；▲▼◄►：光标移动键。

2. 程序的输入编辑及文件管理

在系统软件操作界面下，按【F2】键进入编辑功能子菜单，如图 1-10 所示。在编辑功能子菜单下，可以对零件程序进行编辑、存储与传递以及对文件进行管理。

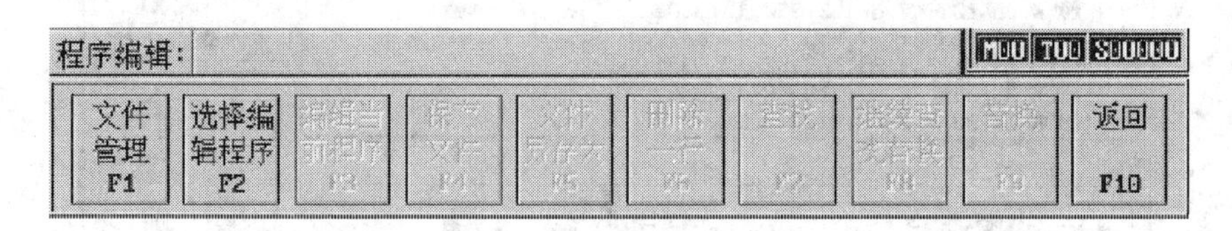

图 1-10　编辑功能子菜单

（1）选择编辑程序。在编辑功能子菜单下按【F2】键，将弹出图 1-11 所示的“选择编辑程序”菜单。

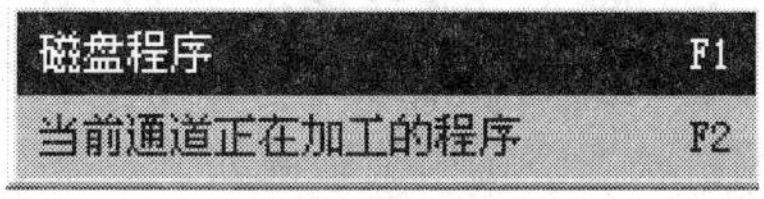

磁盘程序　F1
当前通道正在加工的程序　F2

图 1-11　“选择编辑程序”菜单

其中，磁盘程序为保存在电子盘、硬盘、软盘或网络路径上的文件；正在加工的的程序是当前已经选择存放在加工缓冲区的一个加工程序。

在“选择编辑程序”菜单中，按【▲】或【▼】键选中“磁盘程序”选项，按【Enter】键，弹出图 1-12 所示对话框；按【Enter】键，文件列表框中显示被选分区的目录和文件；按【Tab】键进入文件列表框，按【▲】或【▼】键，选中想要编辑的磁盘程序的路径和名称；按【Enter】键，选中文件。

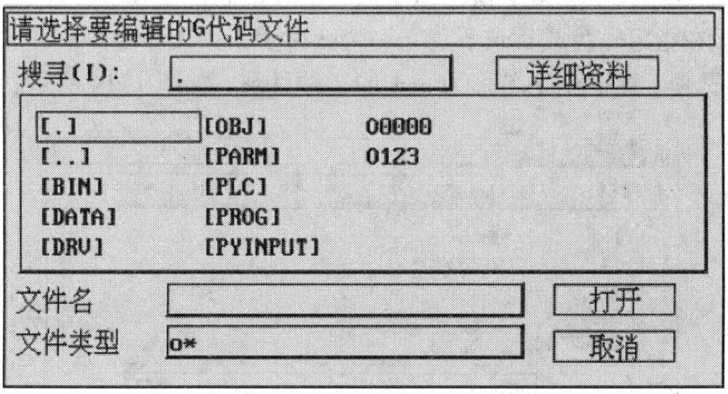

请选择要编辑的G代码文件
搜寻(I): .　详细资料
[.]　[OBJ]　O0000
[..]　[PARM]　O123
[BIN]　[PLC]
[DATA]　[PROG]
[DRV]　[PYINPUT]
文件名　打开
文件类型 O*　取消

图 1-12　“选择编辑程序”对话框

调入程序成功后，出现图 1-13 所示的界面。

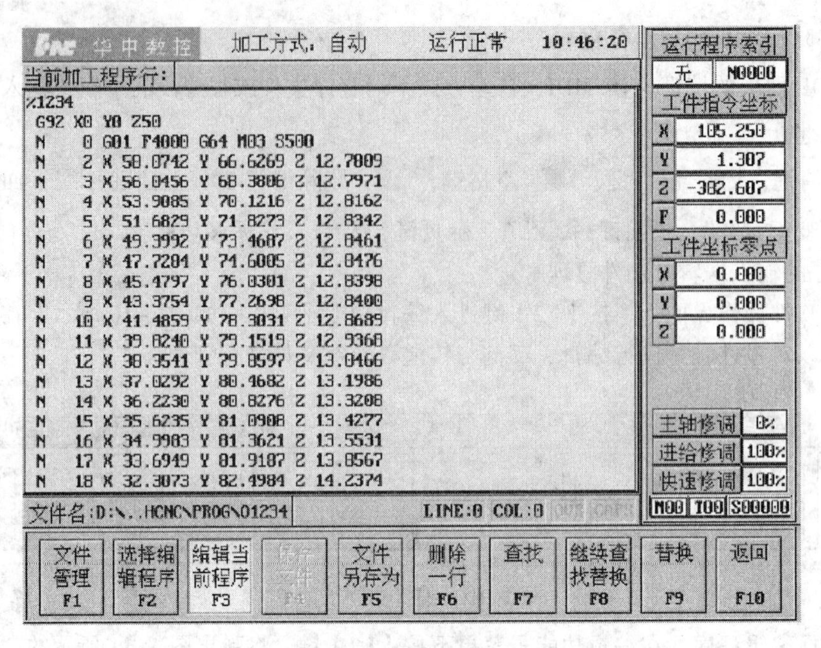

图 1-13　程序编辑界面

（2）编辑程序与保存程序。当编辑器获得一个零件程序后，就可以编辑当前程序了，但在编辑过程中退出编辑模式后，再返回到编辑模式时，如果零件程序不处于编辑状态，可在编辑功能子菜单下按【F3】键进入编辑状态。常用编辑键如下。

【Del】：删除光标后的一个字符；【Pgup】：使编辑程序向程序头滚动一屏；【Pgdn】：使编辑程序向程序尾滚动一屏；【BS】：删除光标前的一个字符；【◀】：使光标左移一个字符位置；【▶】：使光标右移一个字符位置；【▲】：使光标向上移一行；【▼】：使光标向下移一行。

按【F6】键可删除光标所在的程序行；按【F7】键在编辑状态下查找字符串；按【F9】键在编辑状态下替换字符串；按【F8】键继续查找替换。

在编辑状态下按【F4】键可对当前编辑程序进行存盘，按【F5】键将当前编辑的零件程序另存为其他文件。

（3）文件管理。在编辑子菜单下按【F1】键，将弹出文件管理菜单。

① 新建目录。在指定磁盘或目录下建立一个新目录，在文件管理菜单中按【▲】、【▼】键选中“新建目录”选项，建立一个名称为 new 的文件目录，如图 1-14 所示。

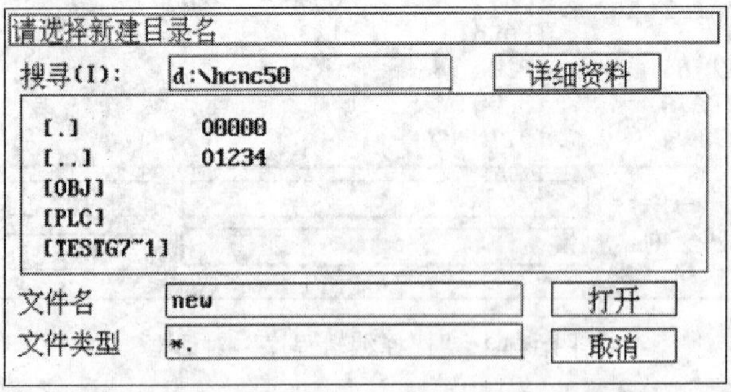

请选择新建目录名
搜寻(I): d:\hcnc50　详细资料
[.]　00000
[..]　01234
[OBJ]
[PLC]
[TESTG7~1]
文件名 new　打开
文件类型 *.　取消

图 1-14　输入新建目录名

② 更改文件名。将指定磁盘或目录下的一个文件更名为其他文件，在文件管理菜单中按【▲】、【▼】键选中“更改文件名”选项。选择要被更改的文件路径及文件名，如当前目录下的O0074，如图1–15所示。在“文件名”文本框中输入新文件名，如O1243。

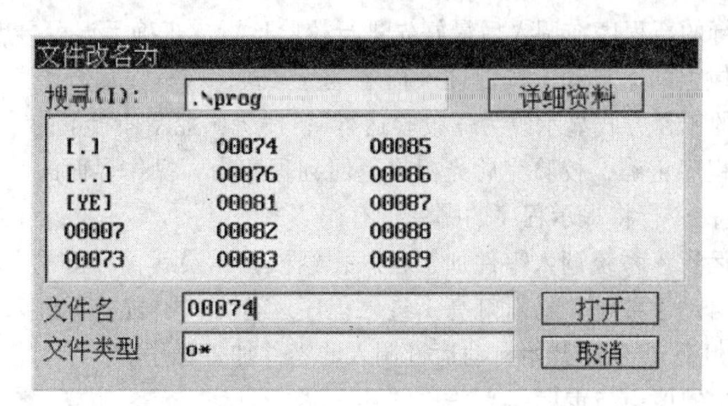

图1–15　输入要更改的新文件名

③ 删除文件。将指定磁盘或目录下的一个文件彻底删除，但只读文件不能被删除。在文件管理菜单中用选中“删除文件”选项，弹出图1–16所示对话框，选择要被删除的文件路径及文件名，如当前目录下的O123。

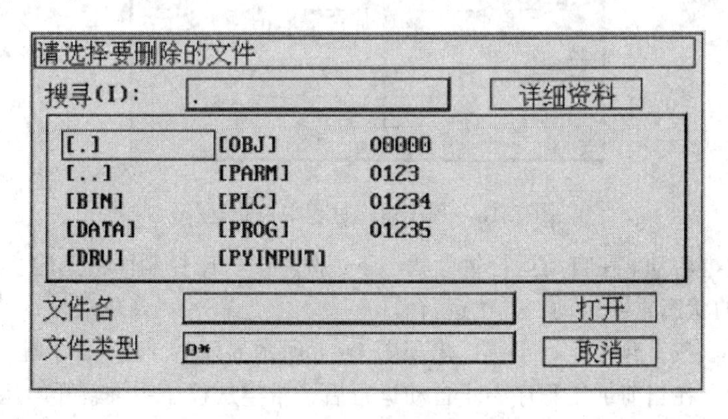

图1–16　选择要被删除的文件

3. 程序运行

在图1–8所示的软件操作界面下，按【F1】键进入程序运行子菜单（见图1–17），在程序运行子菜单下，可以装入、检验并自动运行一个零件程序。

图1–17　选择要运行的程序

（1）选择程序。

① 选择运行程序。在程序运行子菜单下按【F1】键，选择运行程序子菜单，操作同选择编辑程序。

② 选择正在编辑的程序。在选择运行程序菜单中，选中“正在编辑的程序”选项，系统调入加工程序。

（2）程序校验。程序校验用于对调入加工缓冲区的零件程序进行校验，并提示可能的错误。以前未在机床上运行的新程序在调入后最好先进行校验运行，正确无误后再启动自动运行。

按机床控制面板上的【自动】按键进入程序运行方式；在程序运行子菜单下按【F3】键，此时软件操作界面的工作方式显示改为“校验运行”；按机床控制面板上的【循环启动】按键，程序校验开始。若程序正确，校验完后光标将返回到程序头，操作界面的工作方式显示为“自动”；若程序有误，命令行将提示程序的哪一行有误。

（3）启动自动运行。系统调入零件加工程序，经校验无误后，可正式启动运行；按一下机床控制面板上的【自动】按键（指示灯亮）进入程序运行方式；按一下机床控制面板上的【循环启动】按键(指示灯亮)，机床开始自动运行调入的零件加工程序。

（4）自动运行中的停止与重启。

① 暂停运行。在程序运行子菜单下按【F7】键，显示图 1–18 所示提示，按【N】键则暂停程序继续运行。

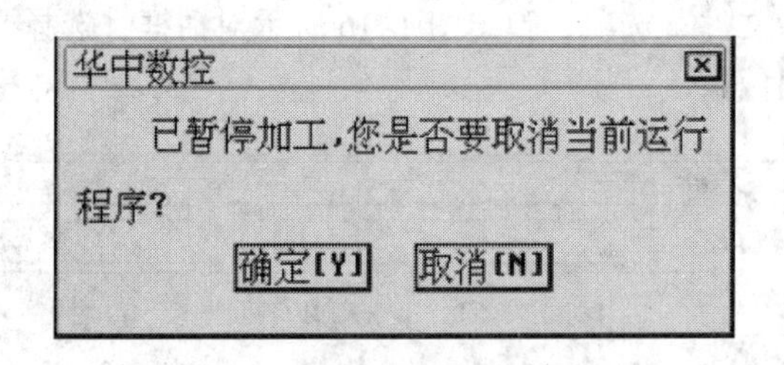

图 1–18 程序运行过程中停止运行

② 暂停后的再启动。在自动运行暂停状态下，按一下机床控制面板上的【循环启动】按键，系统将从暂停前的状态重新启动，继续运行。

③ 中止运行。按【暂停运行】键，出现图 1–18 所示界面后，按【Y】键则中止程序运行。

④ 重新运行。在当前加工程序中止自动运行后，希望从程序头重新开始运行时，在程序运行子菜单下按【F4】键，按【Y】键后，按机床控制面板上的【循环启动】按键，从程序首行开始重新运行当前加工程序。

⑤ 从任意行执行。在自动运行暂停状态下，除了能从暂停处重新启动继续运行外，还可控制程序从任意行执行。

a. 从红色行开始运行。在程序运行子菜单下按【F7】键，然后按【N】键暂停程序运行；用 PgUp PgDn 键移动蓝色亮条到开始运行行，此时蓝色亮条变为红色亮条；在程序运行子菜单下按【F8】键，弹出图 1–19 所示对话框。

按【▲】、【▼】键选择“从红色行开始运行”选项，弹出图 1–20 所示对话框。

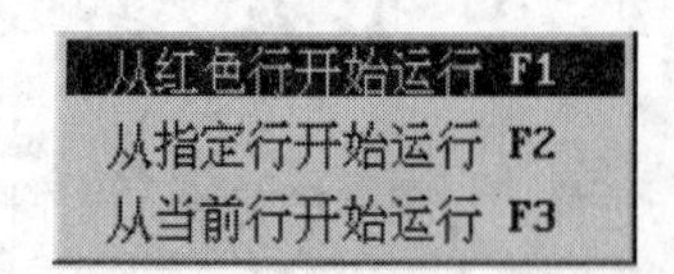

图 1–19 暂停运行时从任意行运行

图 1–20 程序运行提示对话框

按【Y】或【Enter】键，红色亮条变成蓝色亮条；按机床控制面板上的【循环启动】按键，程序从蓝色亮条（即红色行）处开始运行。

b. 从指定行开始运行。在程序运行子菜单下程序运行子菜单下，按【F7】键，输入开始运行的行号，按【Y】或【Enter】键，蓝色亮条移动到指定行，按机床控制面板上的【循环启动】按键，程序从指定行开始运行。

c. 从当前行开始运行。在程序运行子菜单下，按【F7】键，然后按【N】键暂停程序运行；选择开始运行行，按【F8】键，按【Y】或【Enter】键，再按机床控制面板上的【循环启动】按键，程序从蓝色亮条处开始运行。

（5）空运行。在自动方式下按一下机床控制面板上的【空运行】按键（指示灯亮），机床处于空运行状态，空运行不做实际切削。

（6）单段运行。按一下机床控制面板上的【单段】按键（指示灯亮），系统处于单段自动运行方式，程序控制将逐段执行。按一下【循环启动】按键，运行一程序段，机床运动轴减速停止，刀具、主轴电动机停止运行；再按一下【循环启动】按键，执行下一程序段，执行完了后又再次停止。

任务评价

表 1-3　数控程序输入与编辑配分权重表

工件编号		技术要求	配分	总得分		
项目与权重	序号			评分标准	检测记录	得分
加工操作（30%）	1	空运行图形正确	10	不正确全扣		
	2	程序输入正确	10	每错一处扣 2 分		
	3	程序完整，不遗漏	10	每错一处扣 5 分		
程序与工艺（10%）	4	程序与程序段格式正确	10	每错一处扣 5 分		
机床操作（30%）	5	程序操作	5	误操作每次扣 2 分		
	6	程序输入与编程操作	5	误操作每次扣 2 分		
	7	程序扩展操作	5	误操作每次扣 2 分		
	8	程序空运行检查	5	误操作全扣		
	9	绘图功能操作正确	10	误操作每次扣 5 分		
文明生产（30%）	10	安全操作	10	出错全扣		
	11	机床维护与保养	10	不合格全扣		
	12	工作场所整理	10	不合格全扣		

任务三　数控铣床的对刀操作

学习目标

- 了解数控刀具的种类及刀位点。
- 理解工件坐标系及建立的方法。
- 熟练掌握对刀操作及参数设置。

任务描述

试用下列方法来设定图 1-21 所示工件的工件坐标系的位置（工件上表面的最左前端的点）。

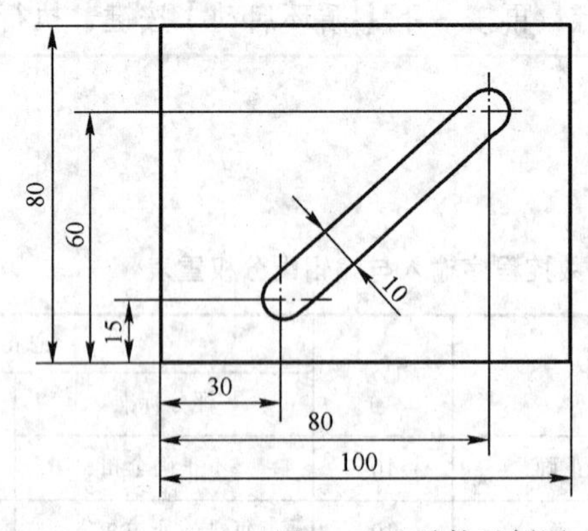

图 1-21　零件示例图

（1）用 G92 设定工件坐标系的方法。
（2）选择工件坐标系的方法。
（3）将工件坐标系原点设定在图 1-22 所示位置。

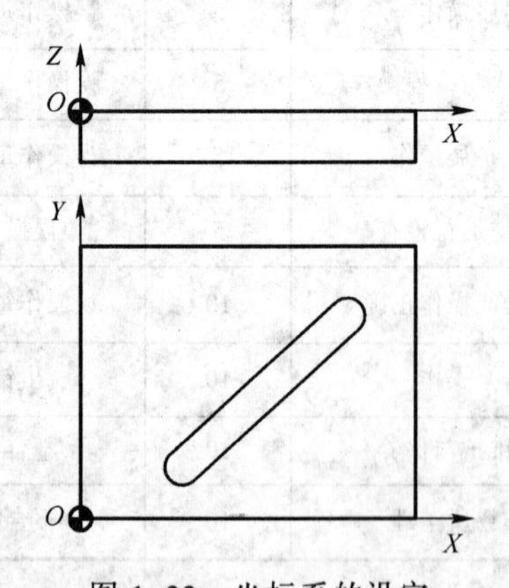

图 1-22　坐标系的设定

任务分析

本图样适用数控铣床加工，需要对工件上每一点的位置要素进行确定，因此必须设置坐标系。坐标系原点位置不同，工件上每一个点所对应的坐标位置也不同，在数控加工过程中这一步骤很重要。将该工件的坐标系设置如图 1-22 所示，将坐标原点设置在工件上表面最左前端的点，构成一个三维坐标空间，点的空间位置也随之确定。编程的目的就是为了实现刀具在工件坐标系中按工件的几何形状运动。

选择被加工零件图上的某一点为坐标原点，建立一个坐标系，这个坐标系称为工件坐标系，坐标原点称为程序原点。工件坐标系一旦建立便一直有效，直到被新的工件坐标系所取代。

工件坐标系的原点选择要尽量满足编程简单、尺寸换算少、引起的加工误差小等要求。

一般情况下，以坐标式尺寸标注的零件，程序原点应选在尺寸标注的基准点；对称零件或同心圆的零件，程序原点应选在对称中心线或圆心上。*Z* 轴的程序原点通常选在工件的上表面。

编程时设定工件坐标系的方法有以下两种：

第一种：用 G92 的方法，即由指令 G92 及后续数值设定工件坐标系。

第二种：用 G54~G59 预先设定，即由 MDI 功能设定 6 个工件坐标系，根据程序指令选择使用哪个工件坐标系。

对刀方式通常有机内对刀和机外对刀两种，机内对刀可用机内对刀仪或手动对刀，一般情况下手动对刀有试切法或对点法；机外对刀通常采用机外对刀仪或三坐标测量仪等，将刀具的有关参数测量出来，把数据传送到数控机床内。

知识链接

一、数控刀具

数控铣床的刀具系统通常由拉钉、刀柄、钻铣刀具等组成。我国制定了“镗铣类整体数控工具系统”标准（简称为 TSG50 工具系统）和“镗铣类模块式数控工具系统”标准（简称为 TMG 工具系统），它们都采用 GB/T 10944.1—2006 和 GB/T 10944.2—2006（JT 系列刀柄）为标准刀柄。考虑到事实上目前在我国使用日本的 MAS/BT40 刀柄数量较多，TSG 及 TMG 也将 BT 系列作为非标准刀柄的首位推荐。

在数控铣床上所能用到的刀具按切削工艺可分为以下三种。

（1）铣削刀具：分为盘铣刀、立铣刀、三面刃铣刀等。

（2）钻削刀具：分小孔、短孔（深径比≤5）、深孔（深径比＞5，可达 100 以上）、枪钻、攻螺纹、铰孔等刀具。

（3）镗削刀具：分为镗孔（粗镗、精镗）、镗止口等。

二、刀具的刀位点及参数

表示刀具运动特性的点称为刀位点，编程时用该点的运动来描述刀具的运动，运动所形成的轨迹与零件轮廓一致。

在数控加工中，铣削平面零件内外轮廓及铣削平面常用平底立铣刀。该刀具有关参数的经验数据如下：一是铣刀半径 R_0 应小于零件内轮廓面的最小曲率半径 R_{min}，一般取（0.8～0.9）R_{min}；二是零件的加工高度 $H<(1/4\sim1/6)R_D$，以保证刀具有足够的刚度；三是用平底立铣刀铣削内槽底部时，由于槽底两次走刀需要搭接，而刀具底刃起作用的半径 $R_e=R-r$，即直径为 $d=2R_e=2(R-r)$，编程时取刀具半径为 $R_e=0.95（R-r）$。

对于一些立体型面和变斜角轮廓外形的加工，常用球形铣刀、环形铣刀、鼓形铣刀、锥形铣刀和盘铣刀。各种铣刀如图 1-23 所示。

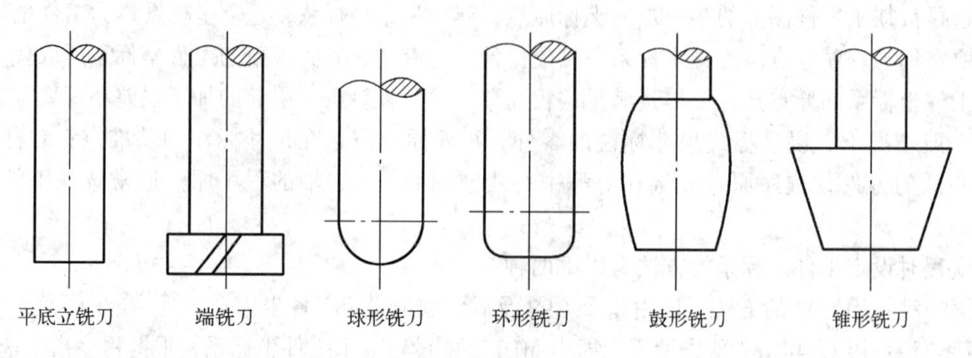

图 1–23　刀具示意图

三、数控机床的对刀

对所选择的刀具，在使用前都需对其尺寸进行严格的测量以获得精确数据，并由操作者将这些数据输入数据系统，经程序调用而完成加工过程，从而加工出合格的工件。

建立工件坐标系的过程称为对刀，即确定程序原点在机床坐标系中的位置。

零件加工程序执行 G92 指令的起刀点称为对刀点，它与程序原点之间必须有固定的坐标关系。对刀点可与程序原点重合，也可在任何便于对刀之处。

数控铣床的对刀内容包括基准刀具的对刀、各个刀具相对偏差的测定两部分。对刀时，先从某零件加工所用到的众多刀具中选取一把作为基准刀具，进行对刀操作，再分别测出其他各个刀具与基准刀具刀位点的位置偏差值，如长度、直径等。

1. 用 G92 设定工件坐标系的方法

【格式】G92X__Y__Z__;

【说明】X、Y、Z 是设定的工件坐标系原点到刀具起点的有向距离。

G92 指令通过设定刀具起点（对刀点）与坐标系原点的相对位置建立工件坐标系。工件坐标系一旦建立，后续的绝对值编程时的指令值就是在此坐标系中的坐标值。

G92 指令是规定工件坐标系坐标原点的指令，坐标值 X、Y、Z 为刀具刀位点在工件坐标系中（相对于程序零点）的初始位置。执行 G92 指令时，机床不动作，即 X、Y、Z 轴均不移动。

G92 指令需用后续坐标值指定刀具起点在当前工件坐标系中的坐标值，因此必须用单独一个程序段指定。该程序段中包含有位置指令值，在使用 G92 指令前，必须保证刀具回到加工起始点。

【例 1–3–1】使用 G92 编程，建立图 1–24 所示的工件坐标系。

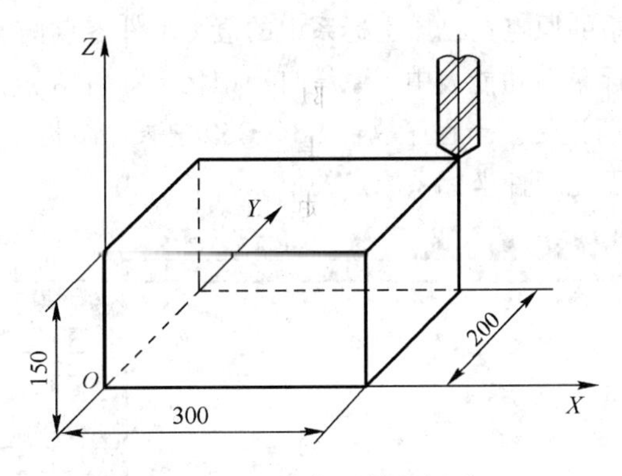

图 1-24　设定工件坐标系

G92X300Y200Z150;

【说明】设定刀具起点距离工件坐标原点，该点位置为（300，200，150）；此程序段只建立工件坐标系，刀具并不产生运动；与程序起刀点重合。

2. 用 G54~G59 选择工件坐标系的方法

【格式】G54~G59;

【说明】在数控系统面板上可预定 6 个工件坐标系，它们之间的关系如图 1-25 所示。

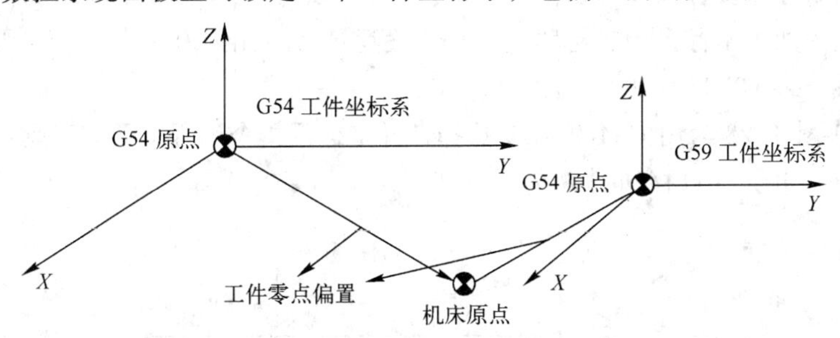

图 1-25　工件坐标系选择（G54~G59）

使用 G54~59 建立工件坐标系时，该指令可单独指定，也可与其他指令同段指定。使用该指令前，先用 MDI 方式输入该坐标系坐标原点在机床坐标系中的坐标值。使用 G54~59 指令在开机前，必须回一次参考点（即回零操作），以保证位置的精确。

【例 1-3-2】图 1-26 所示为用 G54~G59 选择坐标系，根据需要任意选用。

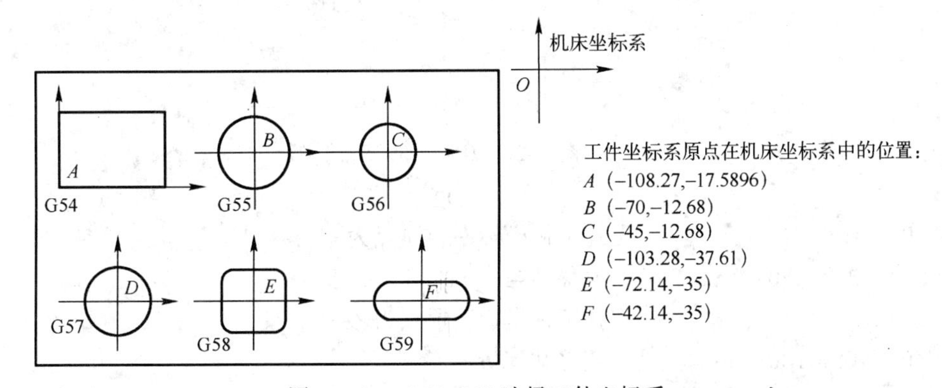

图 1-26　G54~G59 选择工件坐标系

这 6 个预定工件坐标系的原点在机床坐标系中的值（工件零点偏置值）如图 1-27 所示。用 MDI 方式预先输入在“坐标系”功能表中，系统自动记忆。如将 A 点的坐标值输入至 G54 中，按【Enter】键后，系统自动记忆。当程序执行 G54~G59 中某一个指令时，后续程序段中绝对值编程时的指令值均为相对于此工件坐标系原点的值。

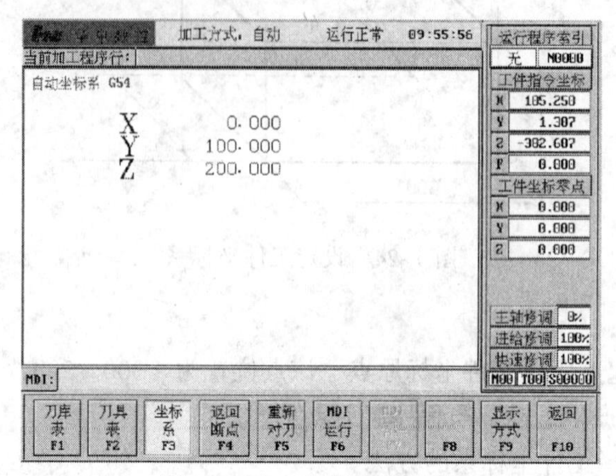

图 1-27　工件零点偏置值

G54~G59 指令程序段可以和 G00、G01 指令组合，如为 G54G90G01X0Y100Z200 程序段时，运动部件在选定的加工坐标系中进行移动。程序段运行后，无论刀具当前点在哪里，它都会移动到加工坐标系中的 X0Y100Z200 点上。

【例 1-3-3】图 1-28 为用 G54 和 G59 选择工件坐标系指令编程，要求刀具从当前点（任一点）移动到 A 点，再从 A 点移动到 B 点。

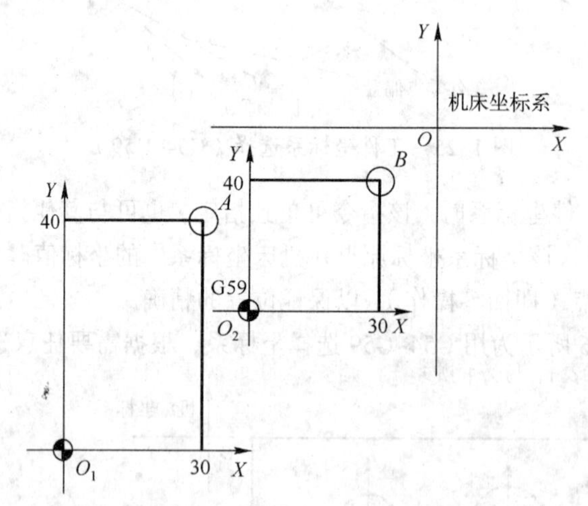

图 1-28　G54~G59 零点偏置

%1301;	
N10 G54;	选择工件坐标系，原点为 O_1
N20 G00G90X30Y40;	快速移动至 A
N30 G59;	选择工件坐标，原点为 O_2
N40 G00X30Y30;	快速移动到 B
N50 M30;	程序结束

注意：使用 G54~G59 指令前，先用 G01 方式输入各坐标系的坐标原点在机床坐标系中的坐标值。通过 MDI 在设置参数方式下设定工件加工坐标系，一旦设定，加工原点在机床坐标系中的位置不变，它与刀具的当前位置无关，除非再通过 MDI 方式修改。

G92 指令与 G54~G59 指令都是用于设定工件坐标系的，但在使用中有所区别。G92 指令是通过程序来设定、选用工件坐标系的，它所设定的工件坐标系原点与当前刀具所在的位置有关，这一加工原点在机床坐标系中的位置是随当前刀具位置的不同而改变的。

四、工件的装夹与找正

1. 工件装夹

圆形料的装夹可用压板或三卡自定心卡盘来夹持，如图 1-29 所示。用压板压紧时，将压板螺杆的矩形一端装在工件台的丁形槽中，压板稍薄的一端放在工件上，另一端根据高度放在阶梯形的垫铁的一个台阶上，用螺栓紧固。一个工件需要几组压板时，要保证切削时工件不产生窜动。用三卡自定心卡盘装夹时，卡盘用压板固定在工作台上。调整卡盘的锁紧机构，使卡盘夹紧工件。

方形料的装夹可用压板或平口钳，通常使用平口钳较为方便。在工作台面上装好平口钳，调整好方向并找正，松开钳口，放进工件毛坯，找正调平，紧固。

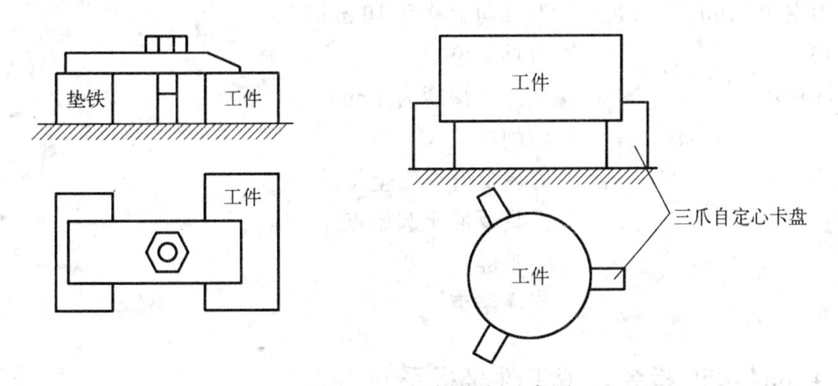

图 1-29　工件装夹示意图

2. 找正

将千分表或百分表固定在机床床身某个位置，表针压在工件或夹具的定位基准面上，然后使机床工作台沿垂直于表针的方向移动。调整工件或夹具的位置，如指针基本保持不动，则说明工件的定位基准面与机床该方向的导轨平行，如图 1-30 所示。

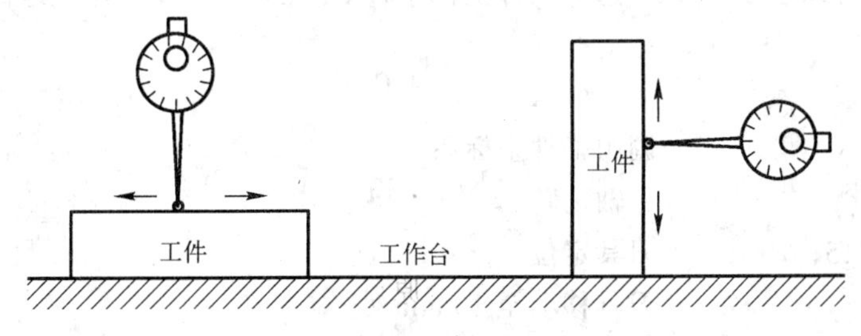

图 1-30　找正示意图

任务实施

一、加工前的准备

毛坯：100 mm × 80 mm；

刀具：ϕ10 mm 立铣刀；

切削用量：主轴转速 600 r/min，进给速度 100 mm/min。

二、用 G92 指令建立工件坐标系

将刀具用手动方式或增量方式移动到指定的点，输入下列程序，然后在单段方式下执行程序。

%1302；

G92 X0Y0Z0；	将当前点设为工件坐标系原点（注意：在执行此指令时不会产生机械移动，只是让系统内部用新的坐标值取代旧的坐标值）
M03 S500；	主轴正转
G90 G01 Z10 F100；	刀具向上移动 10 mm
X30 Y15；	刀具定位
G01 Z-3 F200；	下刀，深度为 3 mm
X80 Y60；	切削加工
G00 Z10；	刀具提升至安全位置
X0 Y0；	刀具返回至起始点
M05；	主轴停转
M30；	程序结束

三、用 G54~G59 指令预置工件坐标系

将刀具用手动方式或增量方式移动到图 1-31 所示位置，在 MDI 功能子菜单下按【F3】键，进入坐标系手动数据输入方式，图形显示窗口首先显示 G54 坐标系数据（见图 1-31），记录对应的机床坐标系中的坐标值 X105.250Y1.307Z-382.607，在命令行输入数据 X105.250Y1.307Z-382.607，并按【Enter】键，将设置 G54 坐标系的坐标值。

同样步骤，也可以用 G55~G59 选择工件坐标系，只是在程序中要使用对应的 G55~G59 指令。

执行下列程序：

%1303；

G54；	调用工件坐标系
M03S500；	主轴正转
G90G00X30Y15；	刀具定位
G00Z10；	刀具移动至 10 mm 处
G01Z-3F100；	下刀，深度为 3 mm

X80 Y60;	切削加工
G00 Z10;	刀具提升至安全位置
X0 Y0;	刀具返回至起始点
M05;	主轴停转
M30;	程序结束

在运行程序时若遇到 G54 指令，则自此以后的程序中所有用绝对编程方式定义的坐标值均是以 G54 指令的零点作为坐标原点的，直到再遇到新的坐标系设定指令。

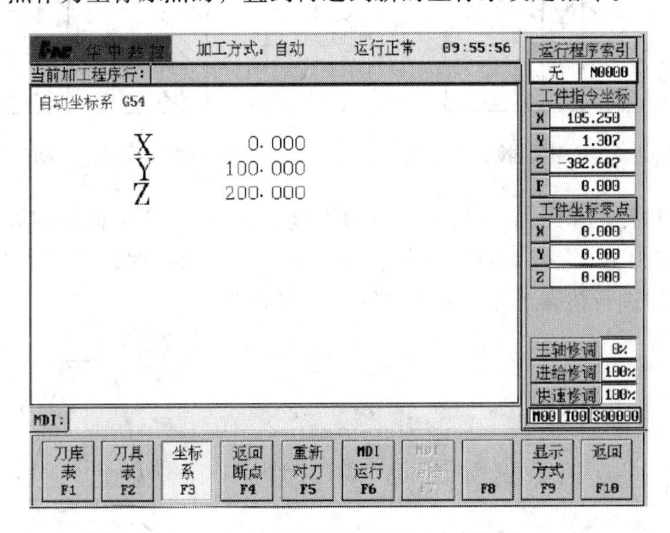

图 1–31　MDI 方式下的坐标系设置

注意：G54~G59 建立的工件原点是相对于机床原点而言的，在程序运行前就已设定好，而在程序运行中是无法重置的；G92 建立的工件原点是相对于程序执行过程中当前刀具刀位点的，可以通过编程多次使用 G92，从而建立新的工件坐标系。

四、对刀常用的几种方法

1. 以毛坯或外形的对称中心为对刀位置点

（1）用定心锥轴找孔中心。图 1–32 所示为根据孔径大小选用相应的定心锥轴，手动操作使锥轴逐渐靠近基准孔的中心，移动 *Z* 轴，使其能在孔中心上下轻松移动，记下机床坐标系中的 *X*、*Y* 坐标值，该点即为所找孔中心的位置。

（2）用百分表找孔中心。图 1-33 所示为用磁性表座将百分表粘在机床主轴端面上，手动或低速旋转主轴。然后，手动操作使旋转的表头依 *X*、*Y*、*Z* 的顺序逐渐靠近被测表面，用“增量”方式调整移动 *X*、*Y* 位置，待表头旋转一周时，其指针的跳动量在允许的对刀误差内，此时记下机床坐标系中的 *X*、*Y* 坐标值，该点即为所找孔中心的位置。

2. 以毛坯相互垂直的基准边线的交点为对刀位置点

（1）使用寻边器或直接用刀具对刀。图 1-34 所示为按 *X* 轴移动方向，使刀具或寻边器移到工件左侧（或右侧）空位的上方，再让刀具下行，最后调整移动 *X* 轴，使刀具圆周刃口接触工件的左侧面（或右侧面），记下此时刀具在机床坐标系中的坐标值。用同样的方法测定 *Y* 轴向的坐标值，此时若已知刀具或寻边器的直径，则基准边线交点处的坐标就为（$X \pm D/2$，$Y \pm D/2$）。

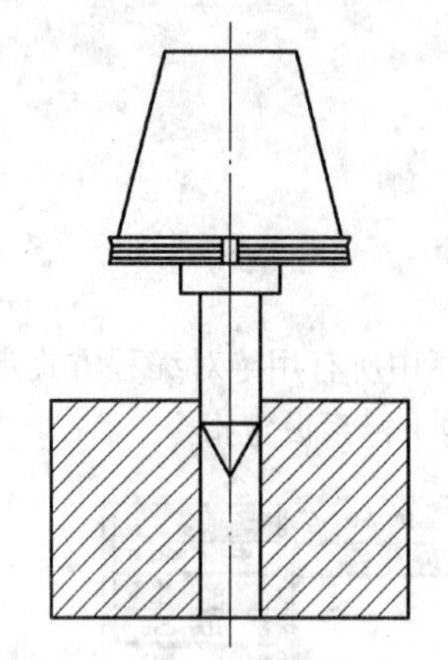
图 1-32　定心锥轴找正孔中心

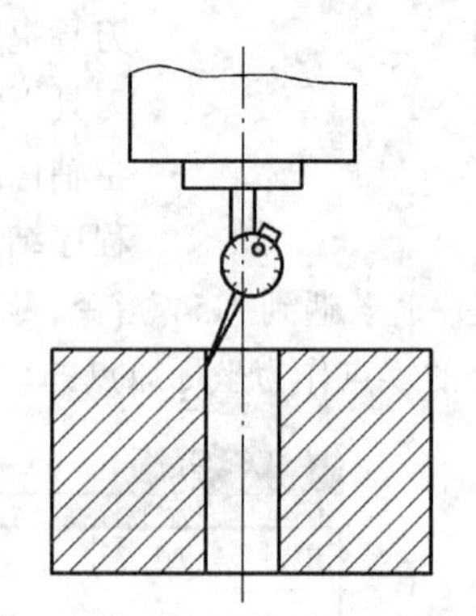
图 1-33　百分表找正孔中心

（2）刀具 *Z* 向对刀。如图 1-35 所示，对刀工具中心在 *X*、*Y* 方向上的对刀完成后，可取下对刀工具，换上基准刀具，进行 *Z* 向对刀操作。*Z* 向对刀点通常都是以工件的上下表面为基准的，这可利用 *Z* 向设定器进行精确对刀。方法同用寻边器对刀。

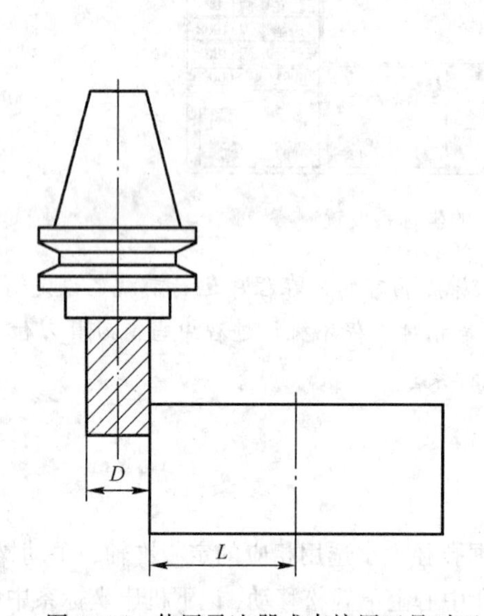

图 1-34　使用寻边器或直接用刀具对刀

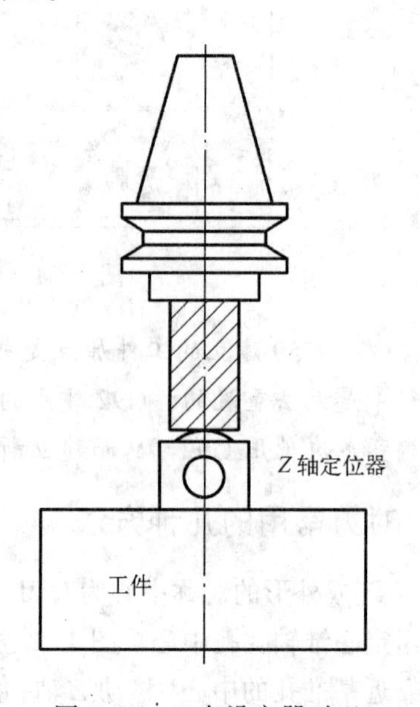

图 1-35　Z 向设定器对刀

（3）用寻边器找毛坯对称中心。将电子寻边器装在主轴上，用“增量”方式移动主轴，使寻边器的触头与毛坯表面处于临界接触（即进一步寻边器灯亮，退一步则灯灭），先后定位到工件的两侧表面（碰边时注意只是一个方向移动），并记下对应的 *X*、*Y* 坐标值，则工作对称中心在机床坐标系中的坐标应是[（X_1+X_2）/2，（Y_1+Y_2）/2]，如图 1-36 所示。

注意：实际操作中，当需要用多把刀加工同一工件时，常常是在不装刀具的情况下进行对刀。以刀座底面中心为基准刀具的刀位点先进行对刀，然后分别测出各刀具实际刀位点相对于刀座底面中心的长度偏差，填入刀具数据库即可。执行程序时，由刀具补偿指令-功能来实现各刀具位置的自动调整。

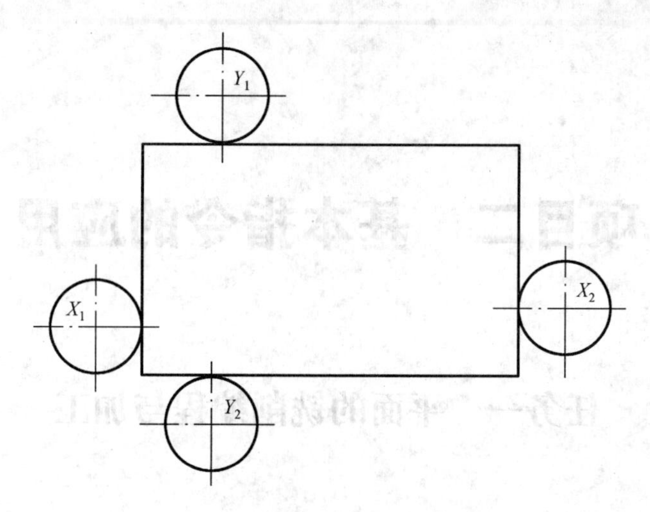

图 1-36　找毛坯对称中心方法图

任务评价

表 1-4　对刀操作配分权重表

工件编号		技术要求	配分	总得分		
项目与权重	序号			评分标准	检测记录	得分
加工操作（15%）	1	熟悉数控机床	5	教师提问		
	2	标注机床面板功能	10	不正确每处扣 3 分		
程序与工艺	3	暂无				
机床操作（40%）	4	对刀操作	40			
文明生产（45%）	5	机床维护与保养	30	机床保养		
	6	安全操作	5	教师提问		
	7	工作场所整理	10	现场清理		

项目二　基本指令的应用

任务一　平面的铣削编程与加工

学习目标

- 熟悉 HNC-21/22M 系统的程序编写格式。
- 掌握 M、F、S 功能及指令格式。
- 掌握相对坐标值、绝对坐标值编程的方法。
- 掌握平面加工方法及编程要点。
- 会正确运用编程格式编写程序。

任务描述

铣削工件上平面，如图 2-1 所示，去除毛坯 2 mm，编制程序。

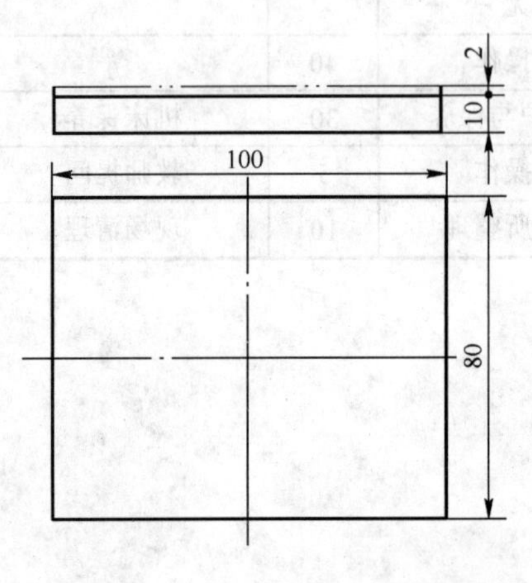

技术要求：
表面粗糙度 Ra3.2。

图 2-1　铣平面图例

任务分析

铣削工件上平面，深度为 2 mm，尺寸精度为自由公差。在毛坯件上去除 2 mm，进行工件装夹时要注意工件底面的找正，这样才能保证两表面的平行度。

知识链接

一、数控编程程序段格式

1. 程序段格式

程序段是可作为一个单位来处理的、连续的字组，是数控加工程序中的一条语句。一个数控加工程序是由若干个程序段组成的。

程序段格式是指程序段中的字、字符和数据的安排形式。现在一般使用字地址可变程序段格式，每个字长不固定，各个程序段中的长度和功能字的个数都是可变的。地址可变程序段格式中，在上一程序段中写明的、本程序段里又不变化的那些字仍然有效，可以不再重写。这种功能字称为续效字。

例如：

N30G01X88.1Y30.2F500S3000T02M08;

N40X90（本程序段省略了续效字“G01，Y30.2，F500，S3000，T02，M08”，但它们的功能仍然有效）;

在程序段中，必须明确组成程序段的各要素：

（1）移动目标：　　　　　　终点坐标值 *X*、*Y*、*Z*;

（2）沿怎样的轨迹移动：　　准备功能字 G;

（3）进给速度：　　　　　　进给功能字 F;

（4）切削速度：　　　　　　主轴转速功能字 S;

（5）使用刀具：　　　　　　刀具功能字 T;

（6）机床辅助动作：　　　　辅助功能字 M。

2. 加工程序的一般格式

（1）程序开始符、结束符。程序开始符、结束符是同一个字符，ISO 代码中是%，EIA 代码中是 EP，书写时要单列一段。

（2）程序名。程序名有两种形式：一种是由英文字母%和 1～4 位正整数组成；另一种是由英文字母开头，字母数字混合组成。一般要求单列一段。

（3）程序主体。程序主体是由若干个程序段组成的。每个程序段一般占一行。

（4）程序结束指令。程序结束指令可以用 M02 或 M30。一般要求单列一段。

加工程序的一般格式举例：

%2101;　　　　　　　　　　程序名

N10 G21;

N20 G17G40G90G49G80G54;

N30 G00Z50;

N40 M03S800;

N50 M08;

N60 G00X50Y30;　　　　　　程序主体

……

N300　M30;　　　　　　　　程序结束

%

二、数控编程规则

1. 小数点编程

对于数字的输入，有些系统可省略小数点，有些系统则可以通过系统参数来设定是否可以省略小数点，而大部分系统小数点则不可省略。对于不可省略小数点编程的系统，当使用小数点进行编程时，数字以毫米（英制时为英寸，角度时为度）为输入单位；而当不用小数点编程时，则以机床的最小输入单位作为输入单位。华中 HNC-21/22M 系统中可省略小数点。

2. 相对坐标值、绝对坐标值编程的方法

（1）绝对坐标值与相对坐标值。直角坐标系的建立使点的坐标与点的位置之间有了相互依存的关系，点在坐标系中的位置是用点的坐标值来表示的。

在数控机床坐标系中，以工件坐标系坐标原点为基准来计算点在坐标系中的位置，称为点的绝对坐标值；而以坐标系中某一点为基准来计算点的坐标位置，称为该点与基准点的相对坐标值。

图 2-2 所示为在坐标系 XOY 中，坐标原点为 O 点且作为基准点，此时 A 点坐标值（X，Y）为(5，10)，B 点坐标值（X，Y）为（20，20），那么 A、B 两点的坐标值为绝对坐标值。

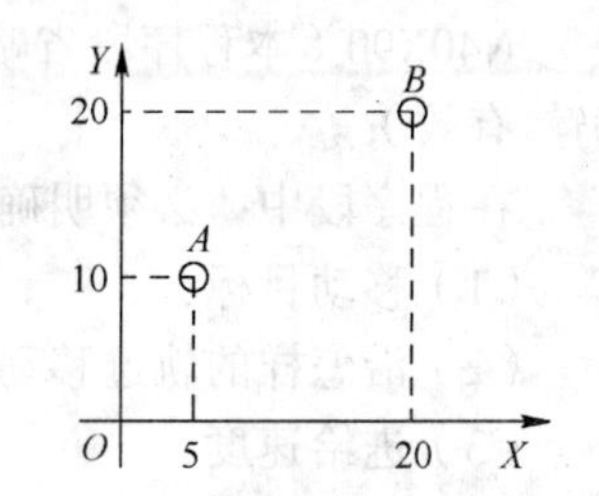

图 2-2　坐标值表达方式

当计算 B 点坐标值时，若以 A 点为基准，则相当于从 A 点位移到 B 点坐标值的变化，X 向正方向变化为 20-5=15，Y 向正方向变化为 20-10=10，得到（X，Y）为（15，10）的坐标值，该坐标值称为 B 点相对于 A 点的相对坐标值。

相对坐标值的计算方法通常是各点之间绝对坐标值的变化量，即用终点绝对坐标值减去基准点的绝对坐标值求得。如计算 A 点相对于 B 点的相对坐标值（X，Y）=（X_A-X_B，Y_A-Y_B）=（-15，-10）。

（2）绝对值编程 G90 与增量值编程 G91。在编程时按绝对坐标值方式输入坐标，即移动指令终点的坐标值 X、Y、Z 都是以工件坐标系坐标原点（程序零点）为基准来计算的，这种编程方法称为绝对值编程。

在编程时按相对坐标值方式输入坐标，即移动指令终点的坐标值 X、Y、Z 都是以起始点为基准来计算的，这种编程方法称为相对值编程或者增量值编程。

【格式】G90/G91;

【说明】G90 为绝对值编程，每个编程坐标轴上的编程值是相对于程序原点的；G91 为增量值编程，每个编程坐标轴上的编程值是相对于前一位置而言的，该值等于沿轴移动的距离。

G90、G91 为模态功能，可相互注销，G90 为缺省值。

G90、G91 可用于同一程序段中，但要注意其顺序不同所造成的差异。

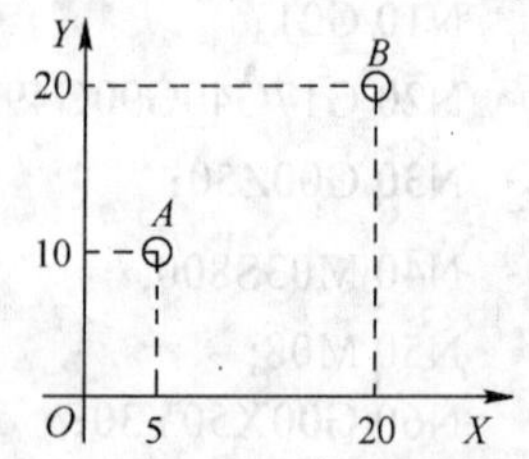

图 2-3　G90、G91 编程

【例 2-1-1】分别使用 G90、G91 编程，控制刀具由 1 点移动到 2 点，如图 2-3 所示。

程序如下：

绝对值编程时，G90X40Y50;

增量值编程时，G91X20Y30；

（3）编程方式的选择原则。当图样尺寸由一个固定基准给定时，采用绝对值编程较为方便；当图样尺寸是以轮廓顶点之间的间距给出时，则采用增量值编程较为方便，如图 2-4 所示。

3. 尺寸单位选择指令（G20/21/22）

华中 HNC-21/22M 系统中，与尺寸单位有关的指令有三个，即 G20、G21、G22。

【格式】G20；

G21；

G22；

【说明】G20 为英制输入制式，单位为英寸；G21 为公制输入制式，单位为毫米；G22 为脉冲当量输入制式。G20、G21、G22 为模态功能，可相互注销；G21 为缺省值。

注意：G20、G21、G22 不能在程序中途切换。

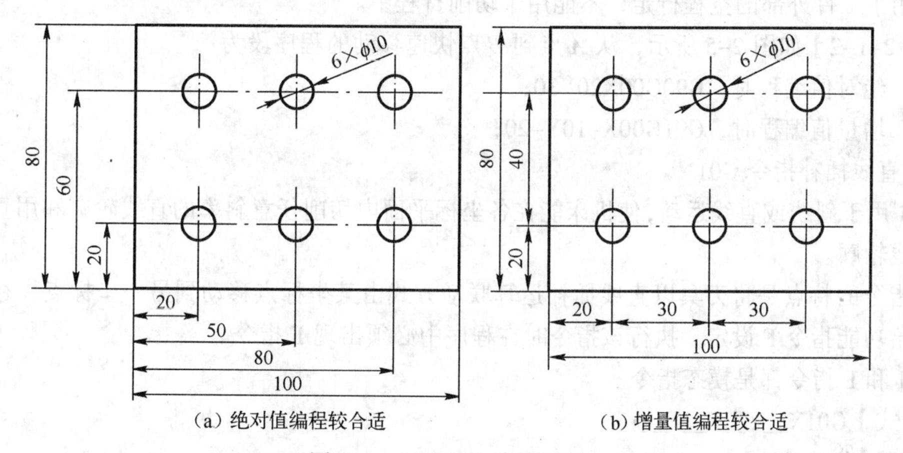

图 2-4　G90/G91 编程区别

三种制式下线性轴、旋转轴的尺寸单位见表 2-1。

表 2-1　尺寸输入制式及其单位

	线性轴	旋转轴
英制 G20	英寸	度
公制 G21	毫米	度
脉冲当量 G22	移动轴脉冲当量	旋转轴脉冲当量

4. 进给速度及其单位的设定

（1）进给速度。*F* 指令表示工件被加工时刀具相对于工件的合成进给速度。当工件在 G01、G02 或 G03 方式下，编程的 *F* 值一直有效，直至被新的 *F* 值所取代。

（2）进给速度单位设定指令 G94/G95。

【格式】G94 F__；

G95 F__；

【说明】G94 为每分钟进给，根据 G20/G21 的设定，分别为 in/min 或 mm/min。

G95 为每转进给，根据 G20/G21 的设定，分别为 in/r 或 mm/r。这个功能只在主轴装有编码器时才能使用。G94、G95 为模态功能，可相互注销；G94 为缺省值。

5. 主轴功能

S 指令表示主轴功能 S，控制主轴转速，其后的数值表示主轴转速，单位为转/分钟（r/min）。

三、常用编程指令

1. 快速点定位指令 G00

该指令命令刀具以点定位方式从当前点运动到目标点，是模态指令。

【格式】G00X__Y__Z__;

【说明】

（1）G00 时 *X*、*Y*、*Z* 三轴同时以各轴的快进速度从当前点开始向目标点移动。一般各轴不能同时到达终点，其行走路线可能为折线。

（2）G00 时轴移动速度不能由 F 代码来指定，只受快速修调倍率的影响。一般地，G00 代码段只能用于工件外部的空程行走，不能用于切削行程中。

【例 2-1-2】如图 2-5 所示，从 *A* 点到 *B* 点快速移动的程序段为：

绝对值编程时，G90G00X20Y30;

增量值编程时，G91G00X-10Y-20;

2. 直线插补指令 G01

G01 用于斜线或直线运动，使机床能在各坐标平面内切削任意斜率的直线轮廓和用直线段逼近的曲线轮廓。

该指令的特点是将刀具以直线插补运算联动方式由某坐标点移动到另一坐标点，移动速度是由进给功能指令 F 设定。执行该指令时在程序中必须出现 F 指令。

G01 和 F 指令都是模态指令。

【格式】G01X__Y__Z__F__;

【说明】

（1）G01 时，刀具以 F 指令的进给速度由 *A* 点向 *B* 点进行切削运动，并且控制装置还需要进行插补运算，合理地分配各轴的移动速度，以保证其合成运动方向与直线重合。

（2）G01 时的实际进给速度等于 F 指令速度与进给速度修调倍率的乘积。

【例 2-1-3】如图 2-6 所示，从 *A* 点到 *B* 点直线插补运动的程序段为：

绝对方式编程时，G90G01X10Y10F100

增量方式编程时，G91G01X-10Y-20F100

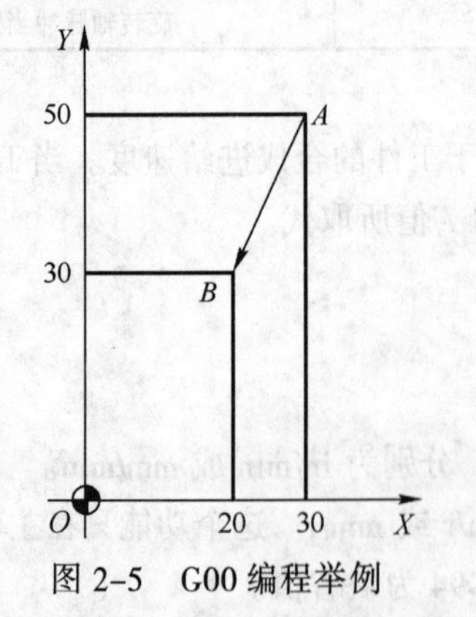

图 2-5　G00 编程举例

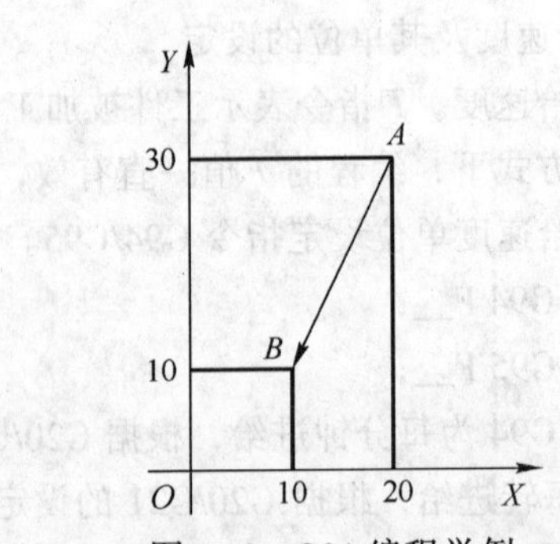

图 2-6　G01 编程举例

3. M代码

HNC-21/22M系统常用M代码与数控车床的M代码相似，见表2-2。

表2-2 华中HNC-21/22M系统常用M代码

序号	指令	功能	序号	指令	功能
1	M00	程序停止	7	M06	换刀
2	M01	计划停止	8	M08	1号冷却液开
3	M02	程序停止	9	M09	冷却液关
4	M03	主轴顺时针旋转	10	M30	程序停止并返回开始处
5	M04	主轴逆时针旋转	11	M98	调用子程序
6	M05	主轴旋转停止	12	M99	返回子程序

四、平面加工方法

平面加工是机械加工的基本环节，根据走刀路线的不同，平面加工的方法主要有以下几种。

1. 双向横坐标平行法

该方法为刀具沿平行于横坐标方向加工，并且可以变换方向，如图2-7（a）所示。

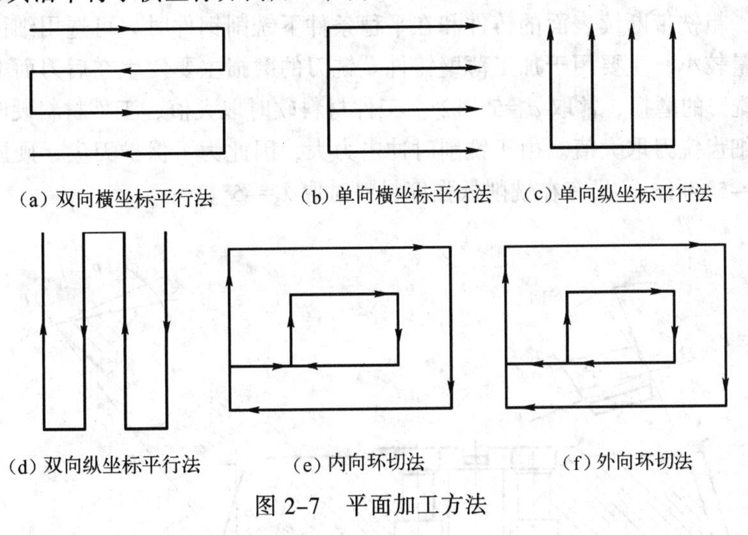

图2-7 平面加工方法

2. 单向横坐标平行法

该方法为刀具仅沿一个方向平行于横坐标加工，如图2-7（b）所示。

3. 单向纵坐标平行法

该方法为刀具仅沿一个方向平行于纵坐标加工，如图2-7（c）所示。

4. 双向纵坐标平行法

该方法为刀具沿平行于纵坐标方向加工，并且可以变换方向，如图2-7（d）所示。

5. 内向环切法

该方法为刀具以矩形轨迹分别平行于纵坐标、横坐标由外向内加工，并且可以变换方向，如图 2-7（e）所示。

6. 外向环切法

该方法为刀具以矩形轨迹分别平行于纵坐标、横坐标由内向外加工，并且可以变换方向，如图 2-7（f）所示。

其中，最常用的是双向横坐标平行法，因为刀具运动路线有规律，所以可以选用子程序调用方法实现（指令见本项目任务四）。另外，要尽可能地选择直径较大的刀具，以提高加工的效率。

五、刀具选择方法

刀具的选择是数控加工工序设计的重要内容，它不仅影响机床的加工效率，而且直接影响加工质量。

刀具的选择应考虑工件材质、加工轮廓类型、机床允许的切削用量和刚性以及刀具耐用度等因素。一般情况下应优先选用标准刀具（特别是硬质合金可转位刀具），必要时可采用各种高生产率的复合刀具及其他一些专用刀具。对于硬度大的难加工工件，可选用整体硬质合金刀具、陶瓷刀具、CBN 刀具等。

1. 可转位面铣刀主要参数选择

标准可转位面铣刀直径为 $\phi16\sim\phi630$ mm。如图 2-8 所示，应根据侧吃刀量 a_e 选择适当的铣刀直径，尽量包容工件整个加工宽度，以提高加工精度和效率，减小相邻两次进给之间的接刀痕迹和保证铣刀的耐用度。可转位面铣刀有粗齿、细齿和密齿三种。粗齿铣刀容屑空间大，常用于粗铣钢件。粗铣带断续表面的铸件和在平稳条件下铣削钢件时，可选用细齿铣刀。密齿铣刀的每齿进给量较小，主要用于加工薄壁铸件。铣刀的磨损主要发生在后刀面上，因此适当加大后角可减少铣刀的磨损，常取 $a_0=5°\sim12°$。工件材料软时取大值，工件材料硬时取小值；粗齿铣刀取小值，细齿铣刀取大值。由于铣削时冲击力大，因此为了保护刀尖，硬质合金面铣刀的刃倾角常取 $\lambda_s=-5°\sim+15°$，只有在铣削低强度材料时取 $\lambda_s=-5°$。

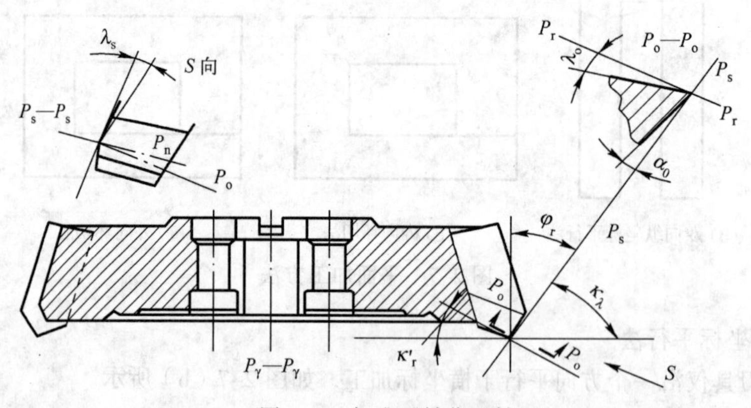

图 2-8 标准可转位面铣刀

主偏角 κ_γ 在 45° ~90° 范围内选取，铣削铸铁常用 45°，铣削一般钢材常用 75°，铣削带凸肩的平面或薄壁零件时要用 90°。

2. 立铣刀主要参数的选择

数控加工中，铣削平面零件内外轮廓及铣削平面常用平底立铣刀。该刀具有关参数的经验数据如下。

（1）铣刀半径 R_D 应小于零件内轮廓面的最小曲率半径 R_{min}，一般取 R_D=（0.8~0.9）R_{min}。

（2）零件的加工高度 $H \leqslant (1/4 \sim 1/6)R_D$，以保证刀具有足够的刚度。

（3）粗加工内轮廓时，铣刀最大直径 D 可按下式计算，如图 2-9 所示。

$$D=\frac{2(\Delta\sin\frac{\phi}{2}-\Delta_1)}{1-\sin\frac{\phi}{2}}+D_1$$

式中　D_1——轮廓的最小凹圆角直径；

Δ——圆角邻边夹角等分线上的精加工余量；

Δ_1——精加工余量；

ϕ——圆角邻边的最小夹角。

粗加工铣刀直径估算法如图 2–9 所示。

（4）用平底立铣刀铣削内槽底部时，由于槽底两次走刀需要搭接，而刀具底刃起作用的半径 $R_e=R-r$，如图 2-10 所示，即直径为 $d=2R_e=2$（$R-r$），编程时取刀具半径为 R_e=0.95（$R-r$）。

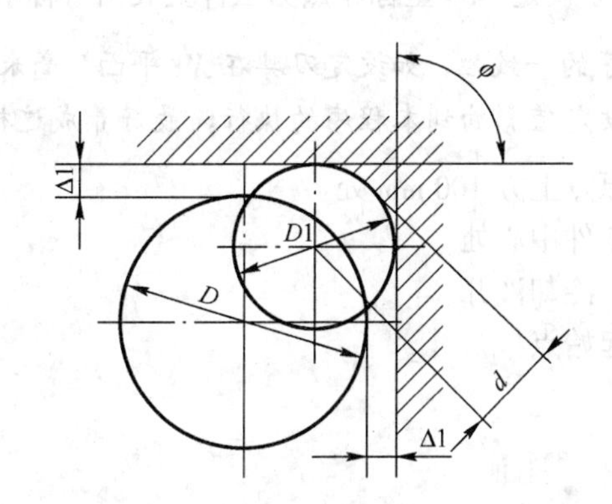

图 2–9　粗加工铣刀直径估算法

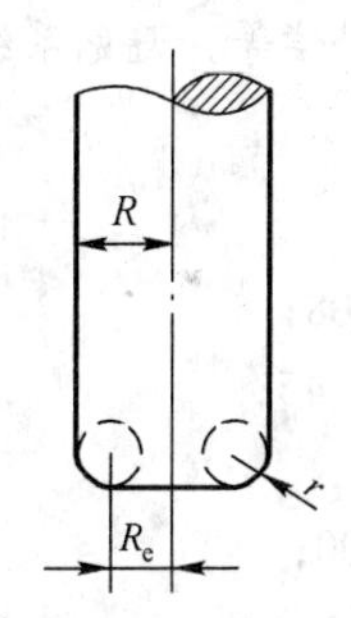

图 2–10　平底立铣刀

对于一些立体型面和变斜角轮廓外形的加工，常用铣刀有平底铣刀、环形铣刀、球形铣刀、圆角刀、鼓形铣刀、锥形铣刀，如图 2–11 所示。

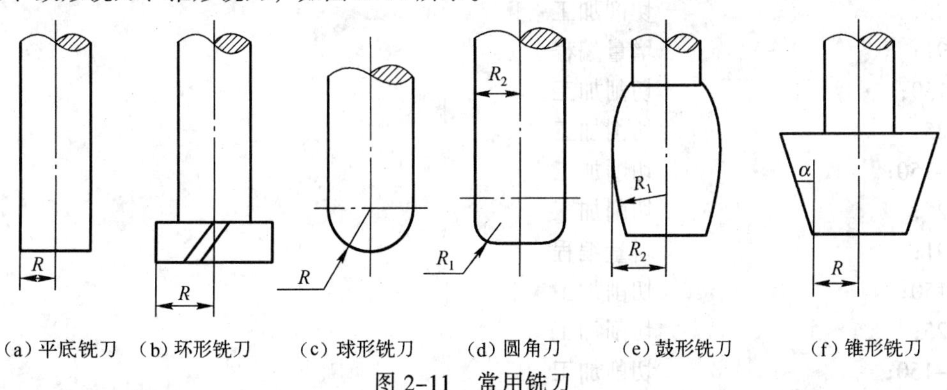

图 2–11　常用铣刀

任务实施

1.确定工艺方案及加工路线

（1）选择编程零点。确定工件零点为坯料上表面的中心，并通过对刀设定零点偏置 G54。

（2）以底面为定位基准，用平口钳装夹。

（3）选择刀具为 ϕ40 mm 平底立铣刀（或 ϕ80 mm 的面铣刀）并确定切削用量，进给路线如图 2-12 所示。

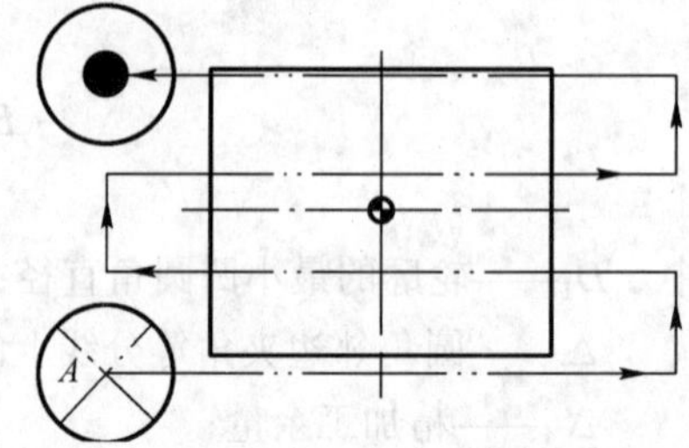

图 2-12 加工路线图

2. 计算编程尺寸

根据图样要求，计算编程尺寸。

3. 编写程序

程序编制采用双向横坐标平行法，刀具选用 ϕ40 mm 平底立铣刀，行间距取 25 mm。

参考程序如下：

```
%2102;
G21;
G90G17G40G49G80G54;        在坐标系设定 G54 坐标原点为工件上表面对称中心
```

注意：通过设定这些 G 指令可保证程序的一致性，如设定刀具在 *XY* 平面、毫米输入、每分钟进给、取消补偿等。避免系统初始状态设定值影响到本程序的执行，最好养成这样的习惯。

```
G00Z100;          刀具移至原点上方 100 mm 处
G00X0Y0;          刀具移至工件中心处
M03S600M08;       主轴正转，冷却液开
G00X-75Y-45;      刀具移至起始点
Z5;
G01Z-2F200;       下刀
G91;              增量编程
X150;             切削加工
Y25;              切削加工
X-150;            切削加工
Y25;              切削加工
G91;              增量编程
X150;             切削加工
Y25;              切削加工
X-150;            切削加工
Y25;              切削加工
G91;              增量编程
X150;             切削加工
Y25;              切削加工
X-150;            切削加工
```

```
Y25;                    切削加工
G90;                    取消相对编程
G00Z100;                刀具移至原点上方 100 mm 处
X0Y0;                   刀具移至工件中心处
M05;                    主轴停转
M09;                    冷却液关
M30;                    程序结束
```

4. 加工操作

（1）机床回零。

（2）测量工件两侧边平行度和工件的平面度，确认是否满足装夹定位要求，如果不满足应增加修正工序，并记录四边实际测量值。

（3）找正平口钳固定钳口，保证其与机床 X 轴的平行度。

（4）压紧固定平口钳。

（5）通过垫铁组合，保证工件伸出 8 mm，并找正。

（6）安装 ϕ40 mm 平底立铣刀。

（7）用 G54 指令设定工件坐标系原点：X、Y 向工件原点设置在工件对称中心，Z 向工件原点设置在工件顶面。

（8）铣顶面，程序为%2102。

（9）测量检验工件。

注意：

（1）要根据不同的铣削方式选取适用的铣刀，对不同直径和不同齿数刀片的铣刀，选择的切削参数不同。

（2）刀具磨损后要及时更换或将刀片转位。

（3）装夹刀具时必须夹紧，新旧刀片尽量不要混合使用。

任务评价

表 2-3　平面铣削编程与加工操作配分权重表

工件编号		技术要求	配分	总得分		
项目与权重	序号			评分标准	检测记录	得分
工件质量（30%）	1	尺寸合格	15	不合格一处扣 5 分		
	2	深浅一致	10	不一致每处扣 2 分		
	3	表面粗糙度符合图样要求	5	不合格每处扣 2 分		
程序与工艺（30%）	4	程序格式规范	10	不合理每处扣 3 分		
	5	程序正确完整	10	不合理每处扣 3 分		
	6	工艺合理	5	不合理每处扣 2 分		
	7	程序参数合理	5	不合理每处扣 2 分		

续表

工件编号		技术要求	配分	总得分		
项目与权重	序号			评分标准	检测记录	得分
机床操作（20%）	8	刀具安装正确	5	误操作全扣		
	9	对刀操作正确	10	误操作全扣		
	10	机床面板操作正确	5	误操作每次扣 2 分		
文明生产（20%）	11	安全操作	10	违反全扣		
	12	机床整理	10	不合格全扣		

任务二　英文字母的铣削编程与加工

学习目标

- 了解 G17、G18、G19 平面选择指令含义。
- G02/G03 指令的选择、编写格式、编程方法及其应用。
- 会计算基点坐标。
- 掌握切削用量的选择要点。

任务描述

铣削加工图 2-13 所示的 BOS 字母，并保证尺寸精度。

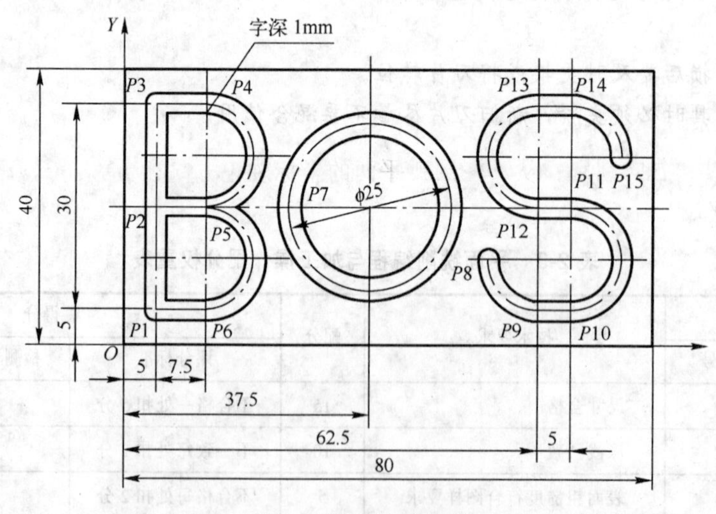

图 2-13　BOS 零件图

任务分析

零件的几何要点：零件加工部位由规则对称圆弧槽组成，其几何形状属于平面二维图形。

工艺要点分析：该零件是在上平面中，再加工出三个由圆弧和直线组成的字母槽，深度为 1 mm，尺寸均为自由公差。

一、相关编程指令

1. 平面选择指令（G17、G18、G19）

（1）指令功能。在圆弧插补、刀具半径补偿及刀具长度补偿时必须首先确定一个平面，即确定一个由两个坐标轴构成的坐标平面。在此平面内可以进行圆弧插补、刀具半径补偿及在此平面垂直坐标轴方向进行长度补偿。铣床三个坐标轴构成三个平面，如图 2-14 所示。指令代码见表 2-4。

表 2-4 坐标平面指令代码

G 代码	平面	垂直坐标轴（在钻削、铣削时的长度补偿）
G17	*XOY*	*Z*
G18	*ZOX*	*Y*
G19	*YOZ*	*X*

（2）指令使用。立式铣床加工圆弧及刀具半径补偿平面为 *XOY* 平面，即 G17 平面，长度补偿方向为 *Z* 轴方向，且 G17 代码程序启动时生效。

2. 圆弧插补指令

（1）指令功能。

使刀具按给定进给速度沿圆弧方向进行切削加工。

（2）指令代码。

顺时针圆弧插补指令代码：G02（或 G2）。

逆时针圆弧插补指令代码：G03（或 G3）。

顺时针、逆时针方向判别：从不在圆弧平面的坐标轴正方向往负方向看，G02，逆时针用 G03，如图 2-15 所示。

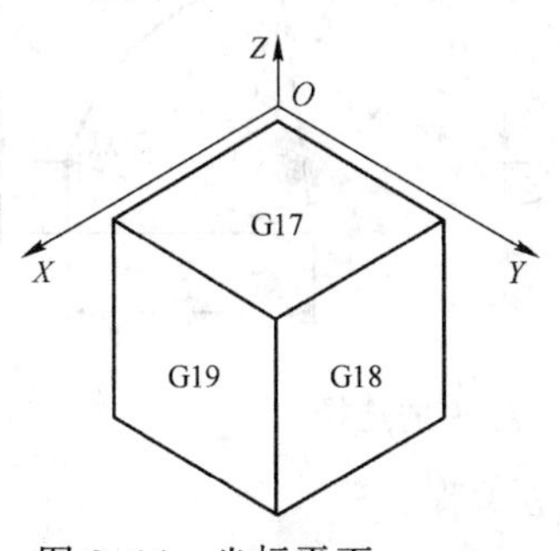

图 2-14 坐标平面

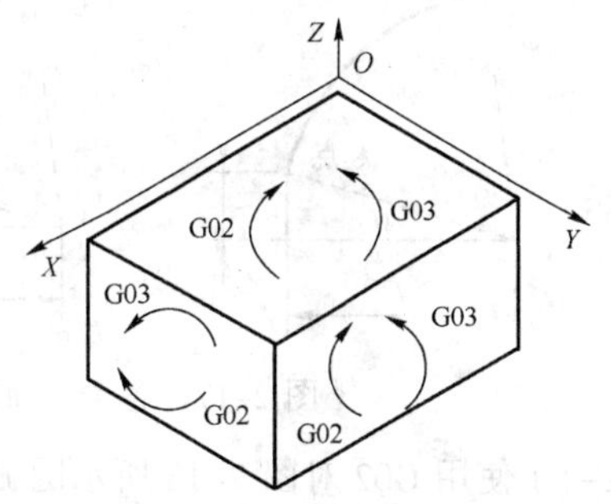

图 2-15 圆弧平面的判断

【格式】

$$G17\begin{Bmatrix}G02\\G03\end{Bmatrix}X\_\_\ Y\_\_\begin{Bmatrix}I\_\_\ J\_\_\\R\_\_\end{Bmatrix}F\_\_$$

$$G18\begin{Bmatrix}G02\\G03\end{Bmatrix}X\_\_Z\_\_\begin{Bmatrix}I\_\_K\_\_\\R\_\_\end{Bmatrix}F\_\_$$

$$G19\begin{Bmatrix}G02\\G03\end{Bmatrix}Y\_\_Z\_\_\begin{Bmatrix}J\_\_K\_\_\\R\_\_\end{Bmatrix}F\_\_$$

【说明】G02 为顺时针圆弧插补，如图 2-16 所示。

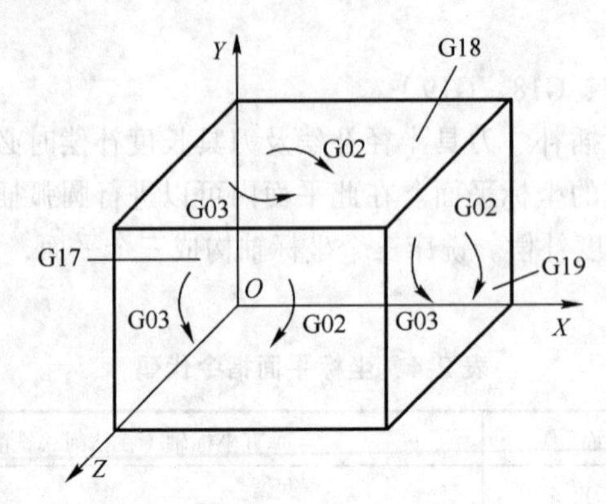

图 2-16　圆弧进给时在不同平面的 G02 与 G03 选择

G03 为逆时针圆弧插补，如图 2-16 所示。

X、*Y*、*Z* 为在 G90 时为圆弧终点在工件坐标系中的坐标，在 G91 时为圆弧终点相对于圆弧起点的位移量。

I、*J*、*K* 为圆心相对于圆弧起点的偏移值（等于圆心的坐标减去圆弧起点的坐标，如图 2-17 所示），在 G90/G91 时都是以增量方式指定。

R 为圆弧半径，当圆弧圆心角小于 180°时，*R* 值为正值，否则 *R* 值为负值。

F 为被编程的两个轴的合成进给速度。

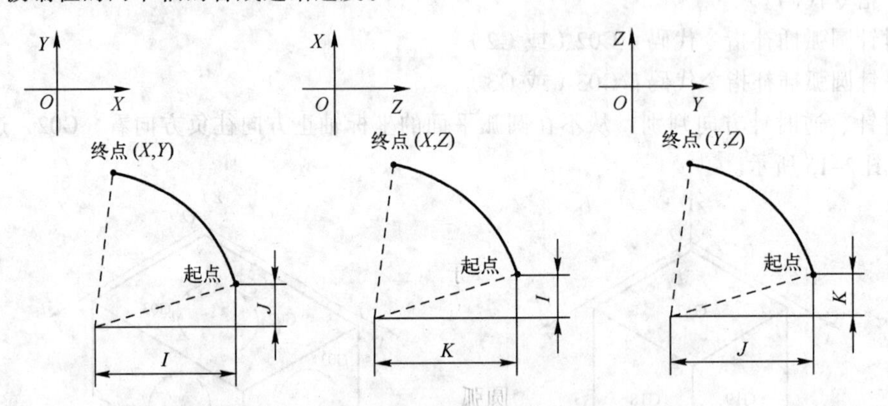

图 2-17　各个平面圆弧插补 *I*、*J*、*K* 的选择

【例 2-2-1】使用 G02 对图 2-18 所示圆弧 *a* 和圆弧 *b* 编程。

（1）圆弧 *a* 的程序有 4 种表示方法：

G91G02X30Y30R30F300;　　　　G90G02X0Y30R30F300;

G91G02X30Y30I30J0F300;　　　　G90G02X0Y30I30J0F300;

（2）圆弧 *b* 的程序有 4 种表示方法：

G91G02X30Y30R-30F300;　　　　G90G02X0Y30R30F300;

G91G02X30Y30I03J0F300;　　　　G90G02X0Y30I03J0F300

【例 2-2-2】使用 G02/G03 对图 2-19 所示的整圆进行编程。

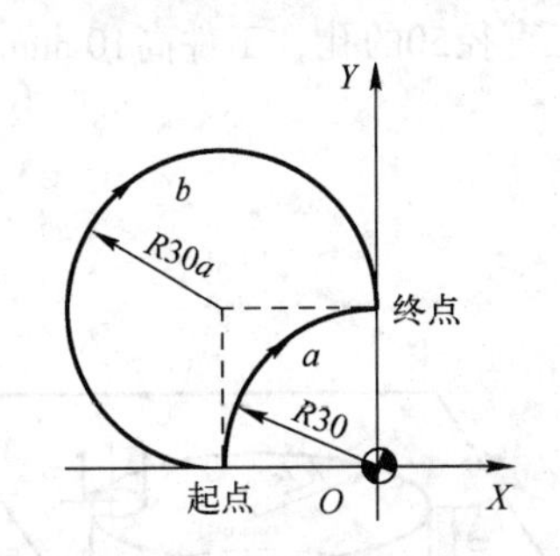

图 2-18　圆弧编程的 4 种方法组合

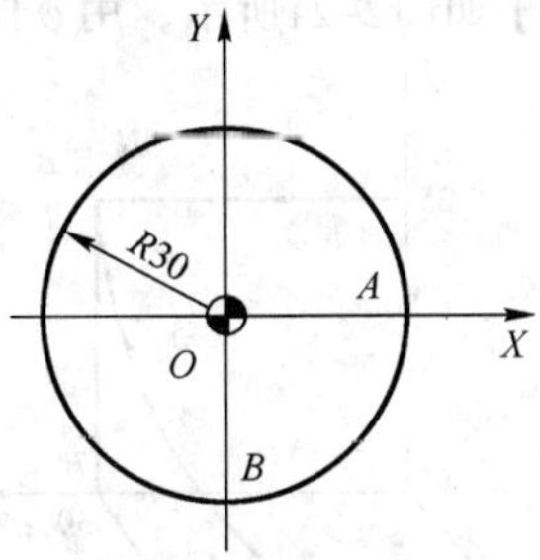

图 2-19　整圆加工

（1）从 *A* 点顺时针转一周时，有两种表示方法：

G90G02X30Y0I-30J0F300;　　　　G91G02X0Y0I-30J0F300;

（2）从 *B* 点逆时针转一周时，有两种表示方法：

G90G03X0Y30I0J30F300;　　　　G91G03X0Y0I0J30F300;

注意：

（1）顺时针或逆时针是从垂直于圆弧所在平面的坐标轴的正方向看到的回转方向。

（2）整圆编程时不可以使用 R 格式，只能用 I、J、K 格式。

（3）同时编入 R 与 I、J、K 时，R 有效。

3.螺旋线插补

【格式】

$$G17\begin{Bmatrix}G02\\G03\end{Bmatrix}X\_\,Y\_\begin{Bmatrix}I\_\,J\_\\R\_\end{Bmatrix}Z\_\,F\_\,L\_$$

$$G18\begin{Bmatrix}G02\\G03\end{Bmatrix}X\_\,Z\_\begin{Bmatrix}I\_\,K\_\\R\_\end{Bmatrix}Y\_\,F\_\,L\_$$

$$G19\begin{Bmatrix}G02\\G03\end{Bmatrix}Y\_\,Z\_\begin{Bmatrix}J\_\,K\_\\R\_\end{Bmatrix}X\_\,F\_\,L\_$$

【说明】螺旋线分别投影到 G17/G18/G19 二维坐标平面内的圆弧终点，意义同圆弧插补，螺旋线在第 3 坐标轴上的投影距离（旋转角小于或等于 360° 范围内）。I、J、K、R 的意义同圆弧插补；L 为螺旋线圈数（第 3 坐标轴上投影距离为增量值时有效）。

【例 2-2-3】使用 G03 对图 2-20 所示的螺旋线编程。*AB* 为一条螺旋线，起点 *A* 的坐标为（30，0，0），终点 *B* 的坐标为（0，30，10）；圆弧插补平面为 *XY* 面，圆弧 *AB*'是 *AB* 在 *XY* 平面上的投影，*B*'的坐标值是（0，30，0），从 *A* 点到 *B*'是逆时针方向。在加工 *AB* 螺旋线前，要把刀具移到螺旋线起点 *A* 处。

加工程序编写如下。

用增量值编程时：

G91G17F300;

G03X-30Y30R30Z25;

用绝对值编程时：

G90G17F300；

G03X0Y30R30Z25；

【例2-2-4】如图2-21所示，用ϕ10 mm的键槽刀加工直径50的孔，工件高10 mm。

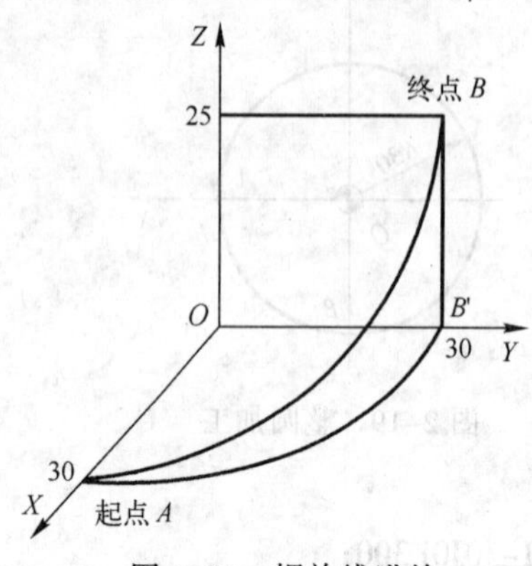

图 2-20　螺旋线进给

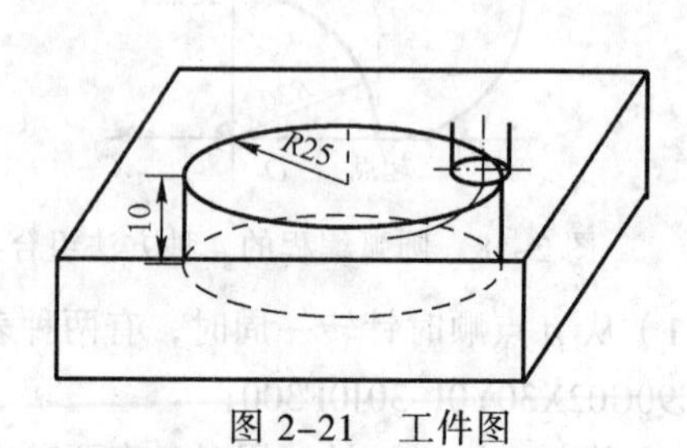

图 2-21　工件图

%2201；

G21；

G17G90G80G40G49G54；

G00Z50；

M03S600；

X0Y0；

G01 Z11 X20 F200；

G91 G03 I–20 Z–1 L11；

G03 I–20；

G90 G01 X0；

G00 Z30；

X30 Y–50；

M30；

二、键槽铣刀、立铣刀种类、用途

键槽铣刀、立铣刀形状、用途见表 2-5。

表 2-5　键槽铣刀、立铣刀图形及用途

铣刀种类	用途	图　示
二齿键槽铣刀	粗铣轮廓、凹槽等表面，可沿垂直铣刀轴线方向进给加工（垂直下刀）	
立铣刀（3~5 刃）	精铣轮廓、凹槽等表面，一般不能垂直铣刀轴线方向进给加工	

键槽铣刀、立铣刀材料及性能见表 2-6。

表 2-6　键槽铣刀、立铣刀材料及性能

键槽（立）铣刀材料	价　格	性　能
普通高速钢	价格低	切削速度低，刀具寿命短
特种性能高速钢（钴高速钢）	价格较高	切削速度较高，刀具寿命较长
硬质合金铣刀	价格高	切削速度高，刀具寿命长
涂层铣刀	价格更高	切削速度更高，刀具寿命更长

键槽铣刀、立铣刀按结构不同可分为整体式和可转位式，如图 2–22 所示。

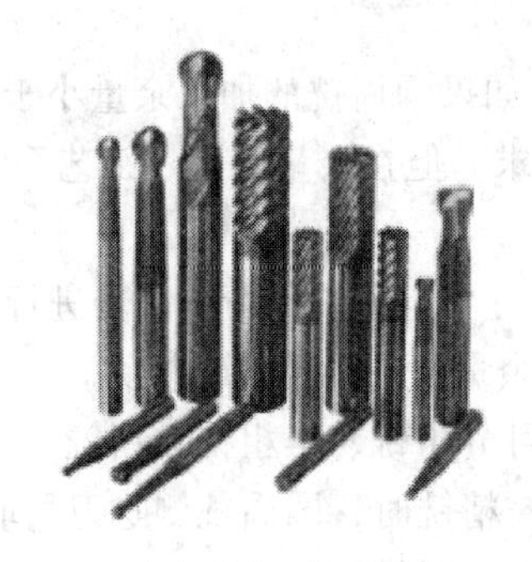

（a）整体式铣刀

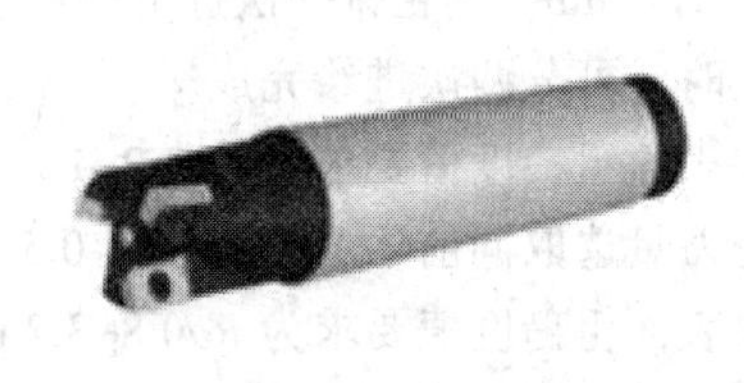

（b）可转位式铣刀

图 2–22　铣刀

三、切削用量的选择

1. 铣削用量考虑的因素

铣削加工用量包括主轴转速、切削速度、进给速度、背吃刀量和侧吃刀量。切削用量的确定应根据加工性质、加工要求、工件材料及刀具的材料和尺寸等，查阅切削用量手册、刀具产品目录推荐的参数，并结合实践经验确定。通常应考虑如下因素。

（1）刀具差异。不同厂家生产的刀具质量相差较大，因此切削用量须根据实际所用的刀具和现场经验加以调整。

（2）机床特性。切削用量受机床电动机的功率和机床刚性的限制，必须在机床说明书规定的范围内选取。避免因功率不够造成闷车，或因刚性不足而产生大的机床变形或振动，从而影响加工精度和表面粗糙度。

（3）数控机床生产率。数控机床的工时费用较高，刀具损耗费用所占比重较低，应尽量用高的切削用量，通过适当降低刀具寿命来提高数控机床的生产率。

2. 铣削用量的选择方法

（1）背吃刀量 a_p（端铣）或侧吃刀量 a_c（圆周铣）的选择。背吃刀量为平行于铣刀轴线测量的切削层尺寸，单位为 mm，如图 2–23 所示，端铣时 a_p 为切削层深度；而圆周铣时，a_c 为被加工表面的深度。侧吃刀量 a_c 为垂直于铣刀轴线测量的切削层尺寸，单位为 mm。端铣时，a_c 为被加工表面宽度；而圆周铣时，a_c 为切削层的深度。

背吃刀量或侧吃刀量的选取主要由加工余量和对表面质量的要求决定。

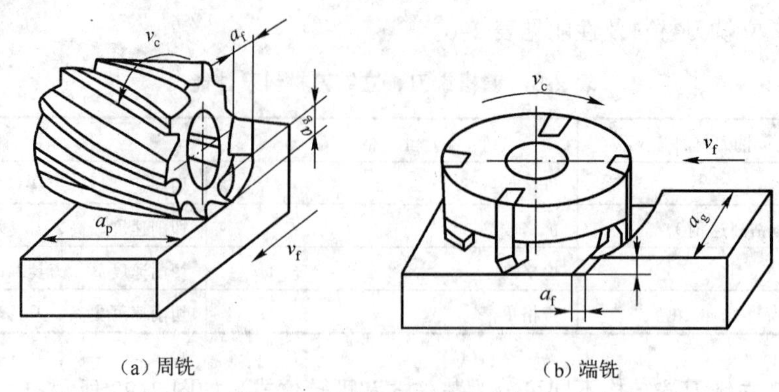

（a）周铣　　（b）端铣

图 2-23　圆周铣与端铣示意图

在工件表面粗糙度值要求为 Ra12.5~25 μm 时，如果圆周铣的加工余量小于 5 mm，端铣的加工余量小于 6 mm，则粗铣一次进给就可以达到要求。但在余量较大、工艺系统刚性较差或机床动力不足时，可分两次进给完成。

在工件表面粗糙度值要求为 Ra3.2~12.5 μm 时，可分粗铣和半精铣两步进行。粗铣时，背吃刀量或侧吃刀量选取同前述。粗铣后留 0.5~1.0 mm 余量，在半精铣时切除。

在工件表面粗糙度值要求为 Ra0.8~3.2 μm 时，可分粗铣、半粗铣、精铣三步进行。

半精铣时，背吃刀量或侧吃刀量取 1.5~2.0 mm；精铣时，圆周铣侧吃刀量取 0.3~0.5 mm，端铣背吃刀量取 0.5~1.0 mm。

（2）进给量 f（mm/r）与进给速度 V_f（mm/min）的选择。铣削加工的进给量是指刀具转一周，工件与刀具沿进给运动方向的相对位移量。进给速度是单位时间内工件与铣刀沿进给方向的相对位移量。进给量与进给速度是数控铣床加工切削用量中的重要参数，根据零件的表面粗糙度、加工精度要求、刀具及工件材料等因素，查阅切削用量手册或参考表来选取。工件刚性差或刀具强度低时，应取小值。铣刀为多齿刀具，其进给速度 V_f、刀具转速 n、刀具齿数 Z 及进给量 f 的关系为

$$V_f=nZf_z$$

$$F=Zf_z$$

其中，f_z 为每齿进给量。

铣刀每齿进给量参考值见表 2-7。

表 2-7　铣刀每齿进给量 f_z

工件材料	每齿进给量 f_z（mm/Z）			
	粗铣		精铣	
	高速钢铣刀	硬质合金铣刀	高速钢铣刀	硬质合金铣刀
钢	0.10~0.15	0.10~0.25	0.02~0.05	0.10~0.15
铸铁	0.12~0.20	0.15~0.30		

进给速度选择原则如下：

① 当工件的质量要求能够得到保证时，为提高生产效率，可选择较高的进给速度。一般在 100~200 mm/min 范围内选取。

② 在加工深孔或用高速钢刀具加工时，宜选择较低的进给速度，一般在 20~50 mm/min 范围内选取。

③ 当加工精度、表面粗糙度要求高时，进给速度应选小些，一般在 20~50 mm/min 范围内选取。

④ 刀具空行程时，可以设定该机床数控系统设定的最高进给速度。

（3）切削速度 v_c（m/min）的选择

根据已经选定的背吃刀量、进给量及刀具耐用度选择切削速度。可用经验公式计算，也可根据生产实践经验，在机床说明书允许的切削速度范围内查阅有关切削用量手册或参考表选取，铣削速度参考值如表 2-8 所示。实际编程中，切削速度 v_c 确定后，还要计算出铣床主轴转速 n（r/min）并填入程序单中。

表 2-8　铣削速度参考值

工件材料	硬度（HBS）	铣削速度 v_c(m/min)	
		高速钢铣刀	硬质合金铣刀
钢	< 225	18~42	66~150
	225~325	12~36	54~120
	325~425	6~21	36~75
铸铁	< 190	21~36	66~150
	190~260	9~18	45~90
	160~320	4.5~10	21~30

任务实施

1. 加工工艺方案

本课题加工图形深度为 1 mm，加工材料为硬铝，铣刀直径选择与图形宽度相同(为 3 mm)，铣刀材料选用价格较低的普通高速钢，加工中须垂直下刀，故选用键槽铣刀。加工所需工具见表 2-9。

表 2-9　圆弧图形加工工/量/刃具清单

工、量、刃具清单				图号	图 2-13	
种类	序号	名称	规格（mm）	精度（mm）	单位	数量
工具	1	平口钳			个	1
	2	扳手			把	1
	3	平行垫块			副	1
	4	塑胶锤子			个	1
量具	1	游标卡尺	0~150	0.02	把	1
	2	百分表及表座	0~10	0.01	个	1
刃具	1	键槽铣刀	$\phi 3$		个	1

（1）加工工艺路线。不分粗、精加工，一次垂直下刀至深度尺寸，加工出图形。对于不连续图形，应设置抬刀工艺，参考路线如下。

刀具移动到 $P2$ 点上方→下刀→直线加工至 $P3$ 点→直线加工至 $P4$ 点→顺时针圆弧加工至

P5 点→直线加工至 P2 点→直线加工至 P1 点→直线加工至 P6 点→逆时针圆弧加工至 P5 点→抬刀（加工字母“B”）。

刀具空间移至 P7 点上方→下刀→圆弧加工至 P7 点→抬刀（加工字母“O”）。

刀具空间移至 P8 点上方→下刀→逆时针圆弧加工至 P9 点→直线加工至 P10 点→逆时针圆弧加工至 P11 点→直线加工至 P12 点→顺时针圆弧加工至 P13 点→直线加工至 P14 点→顺时针圆弧加工至 P15 点→抬刀结束（加工字母“S”）。

（2）合理切削用量选择。加工材料为硬铝，硬度较低，切削力较小，切削速度可选大些；刀具直径较小，进给速度选择小一些；字深 1 mm，一次下刀至深度。

主轴转速：1200 r/min

进给速度：垂直进给速度 50 mm/min，表面进给速度 70 mm/min。

2. 基点坐标计算

根据工件坐标系建立原则：X 轴、Y 轴零点取在零件的设计基准或工艺基准上，Z 轴零点取在零件上表面，故工件坐标系设置在 O 点，如图 2-13 所示。

基点坐标计算坐标系建立后应计算基点 P1、P2~P15 等（见图 2-13）的坐标，其中“B”、“S”圆弧半径为 7.5 mm，字母“O”圆弧半径为 12.5 mm，具体基点坐标见表 2-10。

表 2-10 基点坐标

(单位:mm)

基点	坐标(X，Y)	基点	坐标(X，Y)
P1	(5，5)	P9	(62.5，5)
P2	(5，20)	P10	(67.5，5)
P3	(5，35)	P11	(67.5，20)
P4	(12.5，35)	P12	(62.5，20)
P5	(12.5，20)	P13	(62.5，35)
P6	(12.5，5)	P14	(67.5，35)
P7	(25，20)	P15	(75，27.5)
P8	(55，12.5)		

3. 参考程序

```
%2201;                          程序名
G21;
G90G17G40G49G80G54;
G00Z100;
M03S800;
G00X5Y20;                       刀具快速运动到 P2 点正上方
Z5;                             刀具快速运动到 P2 点到上方 5 mm 处
G01Z-1F50;                      以 G01 速度下刀，深 1 mm
Y35   F70;                      从 P2 点直线加工到 P3 点,进给速度为 70 mm/min
X12.5;                          从 P3 点直线加工到 P4 点
G02 X12.5 Y20 I0 J-7.5;         顺时针圆弧加工到 P5 点
```

```
G01 X5;                      直线加工到 P2 点
Y5;                          直线加工到 P1 点
X12.5;                       直线加工到 P6 点
G03 Y20 I0 J7.5;             逆时针圆弧加工到 P5 点
G00 Z5;                      字母“B”加工完毕抬刀，Z 坐标 5 mm
X25 Y20;                     刀具空间快速运动到 P7 点上方
G01 Z-1 F50;                 以 G01 速度下刀，深 1 mm
G02 I12.5 J0 F70;            用圆弧终点坐标+圆心坐标格式加工字母“O”
G00 Z5;                      加工完毕抬刀，Z 坐标 5 mm
X55 Y12.5;                   刀具空间快速运动到 P8 点上方
G01 Z-1 F50;                 以 G01 速度下刀，深 1 mm
G03 X62.5 Y5 I7.5 J0 F70;    逆时针圆弧加工到 P9 点
G01 X67.5;                   直线加工到 P10 点
G03 X67.5 Y20 I0 J7.5;       逆时针圆弧加工到 P11 点
G01 X62.5;                   直线加工到 P12 点
G02 Y35 I0 J7.5;             顺时针圆弧加工到 P13 点
G01 X67.5;                   直线加工到 P14 点
G02 X75 Y27.5 I0 J-7.5;      顺时针圆弧加工到 P15 点
G00 Z100;                    加工完毕抬起刀具
M05;                         主轴停转
M30;                         程序结束
```

任务评价

表 2-11　英文字母的铣削编程与加工操作配分权重表

工件编号		技术要求	配分	总得分		
项目与权重	序号			评分标准	检测记录	得分
工件质量（30%）	1	尺寸合格	15	不合格一处扣 5 分		
	2	深浅一致	10	不一致每处扣 2 分		
	3	表面粗糙度符合图样要求	5	不合格每处扣 2 分		
程序与工艺（30%）	4	程序格式规范	10	不合理每处扣 3 分		
	5	程序正确完整	10	不合理每处扣 3 分		
	6	工艺合理	5	不合理每处扣 2 分		
	7	程序参数合理	5	不合理每处扣 2 分		
机床操作（20%）	8	刀具安装正确	5	误操作全扣		
	9	对刀操作正确	10	误操作全扣		
	10	机床面板操作正确	5	误操作每次扣 2 分		
文明生产（20%）	11	安全操作	10	违反全扣		
	12	机床整理	10	不合格全扣		

任务三　平面轮廓的铣削编程与加工

学习目标

- 掌握刀具半径补偿、长度补偿的相关知识。
- 掌握外轮廓铣削时进、退刀点的选择。
- 熟练掌握利用刀具半径补偿控制零件尺寸精度的方法。

任务描述

铣削加工图 2-24 所示轮廓，并保证尺寸精度。

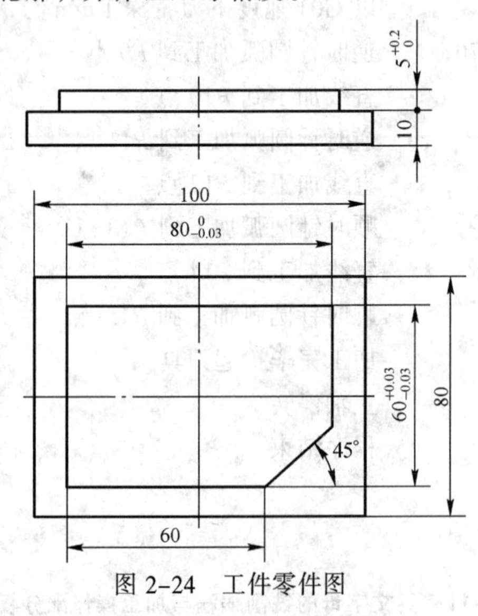

图 2-24　工件零件图

任务分析

本课题任务是加工工件的外轮廓，根据所学知识，需要先按照图样的要求计算出各基点，再利用简单的 G00、G01 等指令按轮廓的形状编制程序。利用刀具半径补偿、长度补偿功能，先进行粗加工，后进行精加工，直至达到要求。

知识链接

一、相关编程指令

1. 刀具半径补偿（G40、G41、G42）

【格式】

$$\begin{Bmatrix}G17\\G18\\G19\end{Bmatrix}\begin{Bmatrix}G40\\G41\\G42\end{Bmatrix}\begin{Bmatrix}G00\\G01\end{Bmatrix}X\_\ Y\_\ Z\_\ D\_$$

【说明】G40 为取消刀具半径补偿；

G41 为左刀补，在刀具前进方向左侧补偿，如图 2–25（a）所示。

G42 为右刀补，在刀具前进方向右侧补偿，如图 2–25（b）所示。

G17、G18、G19 为刀具半径补偿平面分别为 *XY*、*XZ*、*YZ* 平面。

X、Y、Z 为 G00/G01 运动参数，即刀补建立或取消的终点（注：投影到补偿平面上的刀具轨迹受到补偿）。

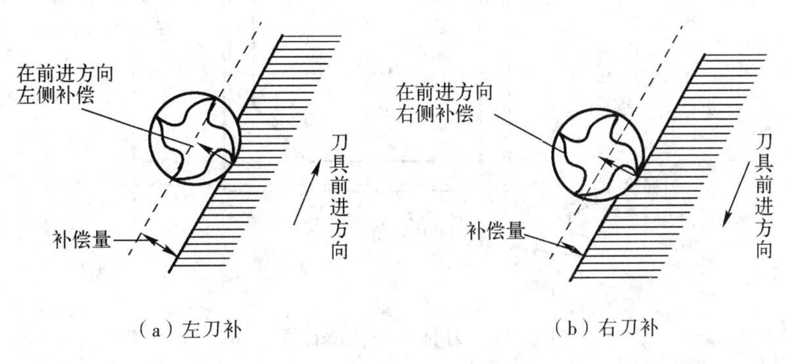

图 2–25　刀具补偿示意图

D 为 G41/G42 的参数，即刀补号码（D00~D99），它代表了刀补表中对应的半径补偿值。

G40、G41、G42 都是模态代码，可相互注销。

在加工图 2–26 所示零件的外轮廓编程时，按编程轨迹坐标编写程序，并设定刀具半径补偿方向和补偿值。加工时，刀具按刀具中心轨迹运动。

从图 2–26 所示加工路线中可明显看出，在编程轨迹不变的条件下，只要改变刀补值，就可改变刀具的位置，从而改变了轮廓的尺寸，达到控制尺寸精度的目的。

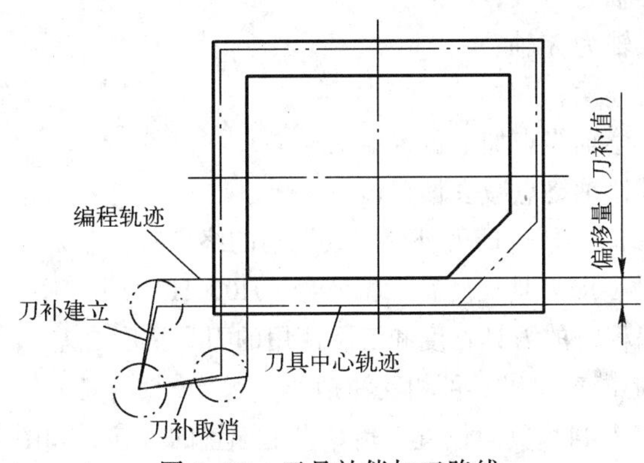

图 2–26　刀具补偿加工路线

图 2–27 所示为加工 23 mm × 43 mm 的工件轮廓，按轮廓 1 的尺寸编写程序，选择 ϕ10mm 立铣刀，刀具半径补偿值为 5 mm；欲加工 20 mm × 40 mm 轮廓，在程序不变、刀具不变的情况下，只要将刀具半径补偿值改为 3.5 mm 即可，计算过程：5–(43–40）/2=3.5 mm，或 5–（23–20）/2= 3.5 mm，也就是说，使刀具在原尺寸基础上，向工件靠近 1.5mm。

注意：

（1）刀具半径补偿平面的切换必须在补偿取消方式下进行。

（2）刀具半径补偿的建立与取消只能用 G00 或 G01 指令，不能和 G02、G03 一起使用，且刀具必须要移动。

（3）刀补值要和刀补号相对应，例如程序中刀补号为 *D*01，要把需要的刀补值输入到 *D*01 中，若输入到其他位置将达不到目的。

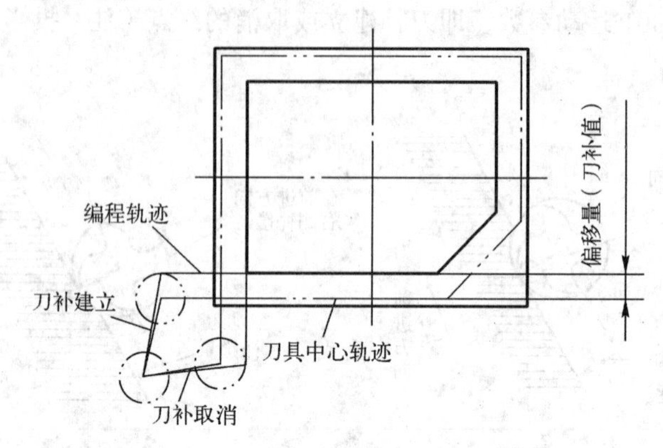

图 2-27　刀具半径补偿计算举例

2. 刀具长度补偿 G43、G44、G49

【格式】

$$\begin{Bmatrix}G17\\G18\\G19\end{Bmatrix}\begin{Bmatrix}G43\\G44\\G49\end{Bmatrix}\begin{Bmatrix}G00\\G01\end{Bmatrix}X\_Y\_Z\_H\_$$

【说明】G17 为刀具长度补偿轴为 *Z* 轴；

G18 为刀具长度补偿轴为 *Y* 轴；

G19 为刀具长度补偿轴为 *X* 轴；

G49 为取消刀具长度补偿；

G43 为正向偏置（补偿轴终点加上偏置值）；

G44 为负向偏置（补偿轴终点减去偏置值）；

X，*Y*，*Z* 为 G00/G01 的参数，即刀补建立或取消的终点；

H 为 G43/G44 的参数，即刀具长度补偿偏置号（H00~H99），它代表了刀具表中对应的长度补偿值。长度补偿值是编程时的刀具长度和实际使用的刀具长度之差。

G43、G44、G49 都是模态代码，可相互注销。

用 G43（正向偏置）、G44（负向偏置）指令设定偏置的方向，如图 2-28 所示。

由输入的相应地址号 H 代码从刀具表（偏置存储器）中选择刀具长度偏置值。该功能补偿编程刀具长度和实际使用的刀具长度之差，而不用修改程序。偏置号可用 H00~H99 来指定，偏置值与偏置号对应，可通过 MDI 功能先设置在偏置存储器中。

无论是绝对指令还是增量指令，都由 H 代码指定的已存入偏置存储器中的偏置值在 G43 时加上，在 G44 时则是从长度补偿轴运动指令的终点坐标值中减去，计算后的坐标值成为终点。

从图 2-28 所示图例中可明显看出，与刀具半径补偿一样，在编程轨迹不变的条件下，只要改变刀补值，即可改变刀具的位置，从而改变轮廓深度的尺寸，达到控制深度尺寸精度的目的。

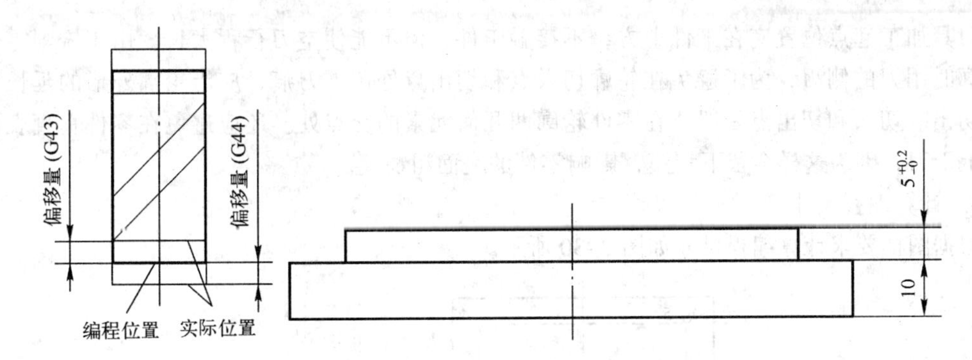

图 2-28 刀具长度补偿功能

注意：

（1）使用 G43 和 G44 指令刀具长度补偿时，只能有 Z 轴的移动量，若有其他轴向的移动，则会出现报警。

（2）G43 和 G44 为模态指令，如要取消刀具长度补偿，则应使用 G49 或 H00 指令。

（3）G43Z__H__中，数据为正时，刀具向上；数据为负时，刀具向下。G44 与之相反，数据为正时刀具向下；数据为负时刀具向上。故刀具长度补偿指令可相互通用，但数据正负号不能搞错。

任务实施

1. 毛坯尺寸

100 mm × 80 mm × 15 mm，45 钢。

2. 确定工艺方案及加工路线

（1）选择编程零点：确定工件零点为坯料上表面的中心，并通过对刀设定零点偏置 G54。

（2）以底面为定位基准，用平口钳装夹。

（3）选择刀具为 ϕ16 mm 平底立铣刀并确定切削用量（见表 2-12），进给路线如图 2-29 所示。

表 2-12 切削用量

刀具			铣削速度(m/min)		主轴转速(r/min)		进给速度(mm/min)	
材料	直径(mm)	刀刃数	粗加工	精加工	粗加工	精加工	粗加工	精加工
高速钢	16	3	12	30	239	597	90	63

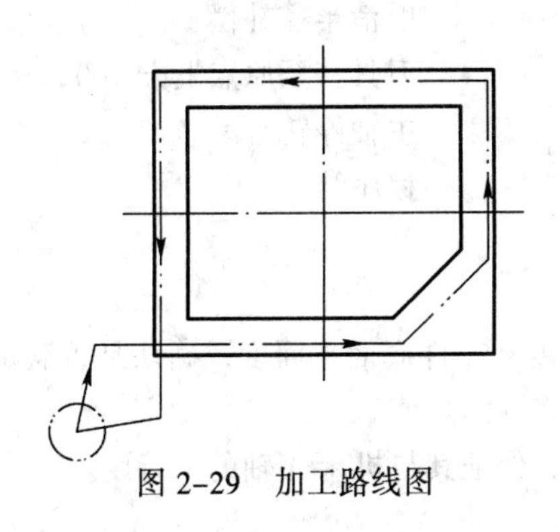

图 2-29 加工路线图

刀具加工起点位置应在工件上方，不接触工件，但不能使空刀行程太长。由于铣削零件平面轮廓时用刀的侧刃，为了避免在轮廓切入点和切出点处留下刀痕，应沿轮廓外形的延长线切入和切出。切入和切出点一般选在零件轮廓两几何元素的交点处。还应避免在零件垂直表面的方向上下刀，因为这样会留下划痕，影响零件的表面粗糙度。

3. 计算编程尺寸

根据图样要求计算编程尺寸如图 2-30 所示。

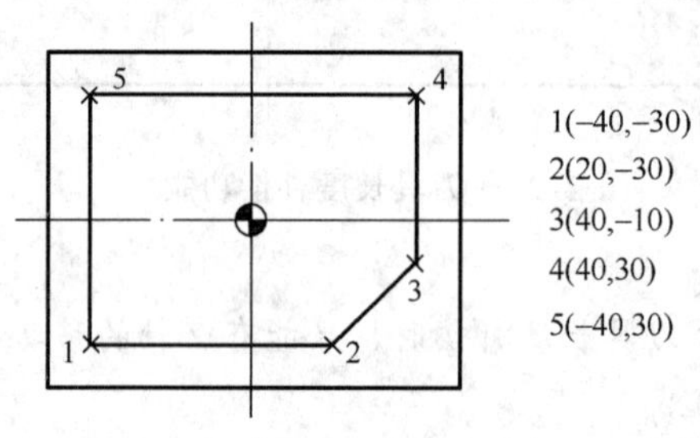

图 2-30 编程尺寸

4. 参考程序

%2301;	
G21;	公制单位
G17G90G40G49G80G54;	通过设定这些 G 指令可保证程序的一致性
M03S600;	主轴正转
G43G00Z100H01;	刀具移至原点上 100 mm 处，并进行长度补偿
G00X0Y0;	刀具移至工件中心处
X-80Y-60;	刀具移至起始点
Z5;	
G01Z-5F200;	下刀
G42X-60Y-30D01;	切削加工
X20;	切削加工
X40Y-10;	切削加工
Y30;	切削加工
X-40;	切削加工
Y-55;	切削加工
G40X-80Y-60;	取消半径补偿
G49G00Z200;	刀具移至原点上方 200 mm 处，并取消长度补偿
M05;	主轴停转
M30;	程序结束

5. 加工操作

（1）机床回零。

（2）测量工件两侧边平行度和工件底面平面度，确认是否满足装夹定位要求，如果不满足应增加修正工序，并记录四边实际测量值。

（3）找正平口钳固定钳口，保证其与机床 *X* 轴的平行度。

（4）压紧固定平口钳。

（5）通过垫铁组合，保证工件伸出 10 mm，并找正。

（6）安装 ϕ16 mm 平底立铣刀。

（7）用 G54 指令设定工件坐标系原点：X、Y 向工件原点设置在工件对称中心，Z 向工件原点设置在工件顶面。

（8）设定刀补值。在 MDI 功能子菜单下按【F2】键，进行刀具设置，图形显示窗口将出现刀具数据，如图 2-31 所示。用【▲】、【▼】、【▶】、【◀】、【Pgup】、【Pgdn】移动蓝色亮条选择要编辑的选项，按【Enter】键，蓝色亮条所指刀具数据的颜色和背景都发生变化，同时有一光标在闪烁，按【▶】、【◀】、【BS】、【Del】键进行编辑修改，修改完毕按【Enter】键确认。

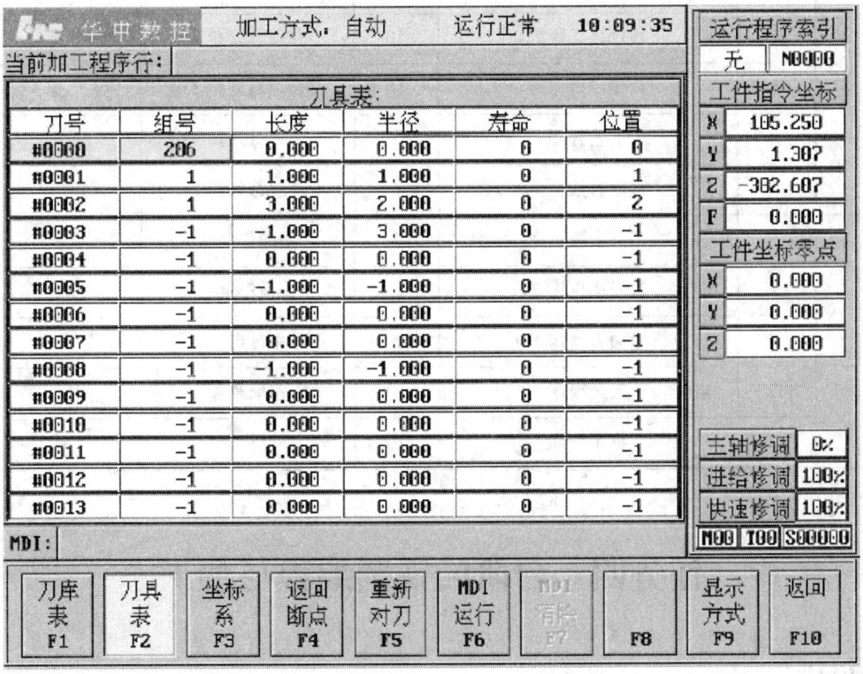

刀具表：

刀号	组号	长度	半径	寿命	位置
#0000	206	0.000	0.000	0	0
#0001	1	1.000	1.000	0	1
#0002	1	3.000	2.000	0	2
#0003	-1	-1.000	3.000	0	-1
#0004	-1	0.000	0.000	0	-1
#0005	-1	-1.000	-1.000	0	-1
#0006	-1	0.000	0.000	0	-1
#0007	-1	0.000	0.000	0	-1
#0008	-1	-1.000	-1.000	0	-1
#0009	-1	0.000	0.000	0	-1
#0010	-1	0.000	0.000	0	-1
#0011	-1	0.000	0.000	0	-1
#0012	-1	0.000	0.000	0	-1
#0013	-1	0.000	0.000	0	-1

图 2-31　刀具数据的输入与修改

（9）在#0001 行，半径列中输入 8.5，长度列中输入 0.2（轮廓尺寸留 0.5 mm，深度方向留 0.2 mm 精加工余量）。

（10）粗铣削外轮廓，程序为%2301。

（11）测量工件，计算并修改刀补值，精加工至尺寸。

注意：

（1）确定工件零点和刀具数据非常重要，在操作中要特别小心，以免因设置错误而造成切削时发生碰撞。

（2）工件零点应尽量选在零件的设计基准或工艺基准上，以计算最方便为原则。

（3）进行工件零点的直接置零和确定偏置量的操作对刀时，主轴转速不宜过大。

（4）刀具补偿号及补偿量，最好与刀具号统一。

（5）输入刀具补偿数据时，一定要注意正负号，特别是长度补偿。

任务评价

表 2-13　平面图形编程与加工操作配分表

工件编号		技术要求	配分	总得分		
项目与权重	序号			评分标准	检测记录	得分
工件质量（30%）	1	尺寸合格	15	不合格一处扣 5 分		
	2	工件加工完整	10	不一致每处扣 2 分		
	3	表面粗糙度符合图样要求	5	不合格每处扣 2 分		
程序与工艺（30%）	4	程序格式规范	10	不合理每处扣 3 分		
	5	程序正确完整	10	不合理每处扣 3 分		
	6	工艺合理	5	不合理每处扣 2 分		
	7	程序参数合理	5	不合理每处扣 2 分		
机床操作（20%）	8	刀具安装正确	5	误操作全扣		
	9	对刀操作正确	10	误操作全扣		
	10	机床面板操作正确	5	误操作每次扣 2 分		
文明生产（20%）	11	安全操作	10	违反全扣		
	12	机床整理	10	不合格全扣		

任务四　台阶的铣削编程与加工

学习目标

- 掌握与子程序相关的指令格式及应用注意事项。
- 了解精加工余量确定的要点。
- 了解夹具的种类及特点。
- 掌握华中 HNC-21/22M 系统调用子程序加工轮廓的方法。

任务描述

试编写图 2-32 所示工件（已知毛坯尺寸为 80 mm × 80 mm × 35 mm，材料为 45 钢）的加工程序，并在数控铣床上进行加工。

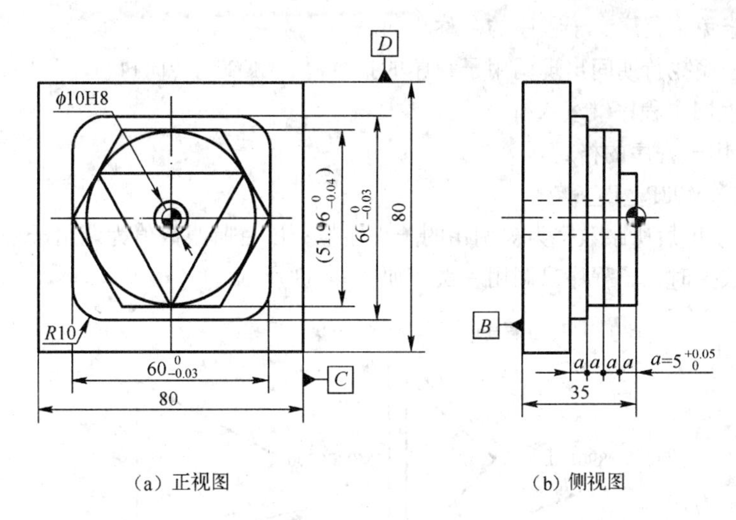

技术要求：

(1) 工件表面去毛刺、倒棱。

(2) 侧平面及孔的表面粗糙度为 *Ra*1.6，槽底平面为 *Ra*3.2。

图 2-32　加工零件图

任务分析

由于工件外形由四个不同的轮廓组成，且每个轮廓相互独立，所以完成该任务的数控编程时，采用子程序编程较为合适。在编写子程序时，要特别注意刀具半径补偿在子程序中的编程方法。

为了保证该工件的加工质量，加工前需选用合适的夹具进行装夹并进行仔细找正，加工时应选用合适的精加工余量，加工后应及时进行质量分析，找出产生误差的原因。

知识链接

一、相关编程指令

1. 子程序的定义

机床的加工程序可以分为主程序和子程序两种。

所谓主程序是一个完整的零件加工程序，或是零件加工程序的主体部分，它和被加工零件或加工要求一一对应，不同的零件或不同的加工要求都只有唯一的主程序。

在编制加工程序时，有时会遇到一组程序段在一个程序中多次出现，或者在几个程序中都要使用它。这个典型的加工程序可以做成固定程序，并单独加以命名，这组程序段就称为子程序。子程序通常不可以作为独立的加工程序使用，它只能通过调用，实现加工中的局部动作。子程序执行结束后，能自动返回到调用的主程序中。

子程序的格式和主程序的格式差不多，也是以“%****”开头，%后面跟的几位数字是子程序号，作为调用入口地址使用，但必须和主程序中的子程序调用指令中所指向的程序段号一致。另外，子程序结束不得使用“M02”或“M30”，而是用“M99”指令，以控制执行完子程序后返回调用的程序中。主程序和子程序可以放在同一文件中，一般子程序位置放在主程序的后面。

程序名应避免主程序、子程序的名称相同。

在主程序执行期间出现调用子程序的指令时，CNC 就转向执行子程序；当子程序执行完毕，CNC 控制返回主程序继续执行。

2. 调用子程序的格式

【格式】M98P__L__；

【说明】P 后所跟数字为被调用的子程序号；L 后所跟数值为调用子程序的重复次数，当不指定重复数据时，子程序只调用一次，如图 2-33 所示。

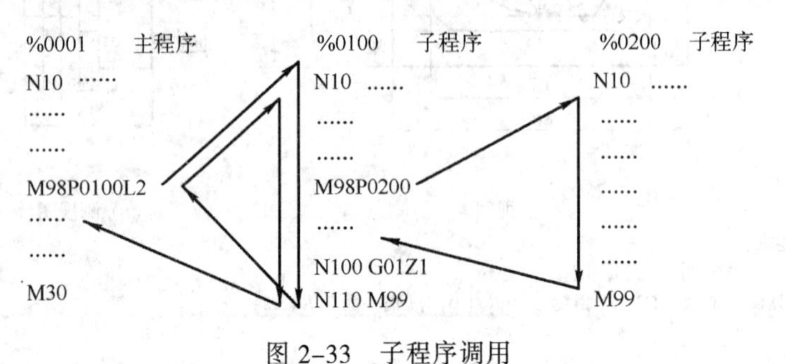

图 2-33 子程序调用

在上述主程序中调用子程序%0100 两次，子程序%0100 调用下一级子程序%0200 一次。

注意：

调用指令可以重复地调用子程序，最多达 32767 次。

主程序可以调用多个子程序，最多为 64 次。

子程序可以由主程序调用，被调用的子程序也可以调用另一个子程序（称子程序嵌套），子程序调用可以嵌套 8 级。

若子程序中用相对坐标值编程指令 G91，当子程序调用结束后要及时用绝对编程指令 G90 取消，以防止事故的发生。

子程序结束指令 M99，可以单独一行，也可与其他指令一起使用。如上述%0100 子程序中，N100 和 N110 段可以合并写成 N100 G01Z1M99。

刀具半径补偿模式在主程序及子程序中被分支执行，即 G41、G42 和 G40 等指令应当编在子程序中，否则系统将出现程序出错报警。

3. 子程序调用的特殊用法

（1）子程序返回到主程序某一程序段。如果在子程序返回程序段中加上 Pn，则子程序在返回主程序时将返回到主程序中顺序号为“n”的那个程序段。其程序格式如下：

M99 Pn

M99 P100　　　　返回到 N100 程序段

（2）自动返回到程序头。如果在主程序中执行 M99 指令，则程序将返回到主程序的开头并继续执行程序。也可以在主程序中插入“M99 Pn”用于返回到指定的程序段。

（3）强制改变子程序重复执行的次数。用“M99L××”指令可强制改变子程序重复执行的次数，其中，L××表示子程序调用的次数。例如，如果主程序用“M98P××××L2”调用，而子程序采用“M99L2”返回，则子程序重复执行的次数为两次。

4. 子程序的应用

（1）实现零件的分层切削。当零件在某个方向上的总切削深度比较大时，可通过调用该子程序采用分层切削的方式来编写该轮廓的加工程序。

【例 2-4-1】在数控铣床上加工图 2-34（a）所示凸台外形轮廓，*Z* 向采用分层切削的方式进行，每次 *Z* 向背吃刀量为 2.5 mm，试编写其数控铣削加工程序。

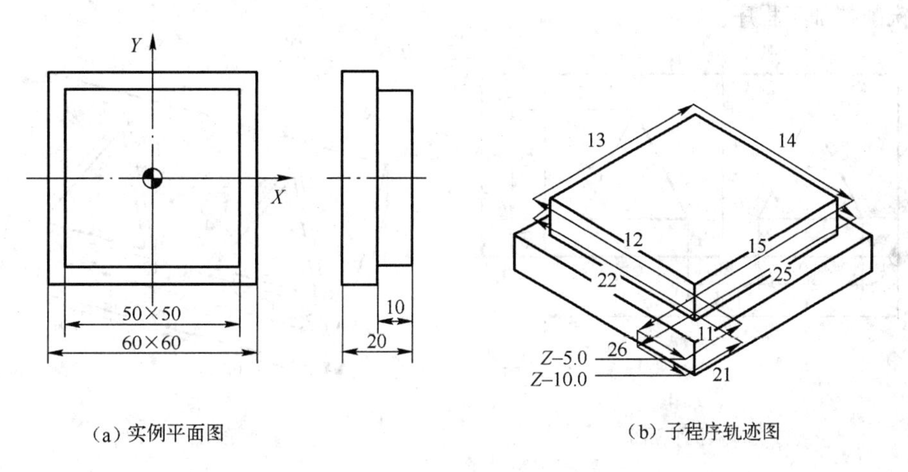

（a）实例平面图　　（b）子程序轨迹图

图 2-34　*Z* 向分层切削子程序实例

其加工程序如下：

%2401;	**主程序**
G21;	
G17G90G40G49G80G54;	
G00Z100;	
M03S800;	
M08;	
G01Z0F50;	刀具下降到子程序 *Z* 向起始点
M98P2402 L2;	调用子程序两次
G00 Z50;	退刀至安全高度
M09;	
M05;	
M30;	程序结束
%2402;	**子程序**
G91G01Z-5;	刀具从 Z0 或 *Z*-5 位置向下移动 5 mm
G90G41G01X-20D01F100;	建立左刀补，并从轮廓切线方向切入，如图 2-34(b)所示轨迹 11 或 21
Y25;	轨迹 12 或 22
X25;	轨迹 13 或 23
Y-25;	轨迹 14 或 24
X-40;	沿切线切出，轨迹 15 或 25

G40Y-40;　　　　取消刀补，轨迹 16 或 26
M99;　　　　子程序结束，返回主程序

（2）同平面内多个相同轮廓工件的加工。在数控编程时，只编写其中一个轮廓的加工程序，然后用主程序调用。

【例 2-4-2】加工图 2-35 所示外形轮廓的零件，三角形凸台高为 5 mm，试编写该外形轮廓的数控铣削精加工程序。

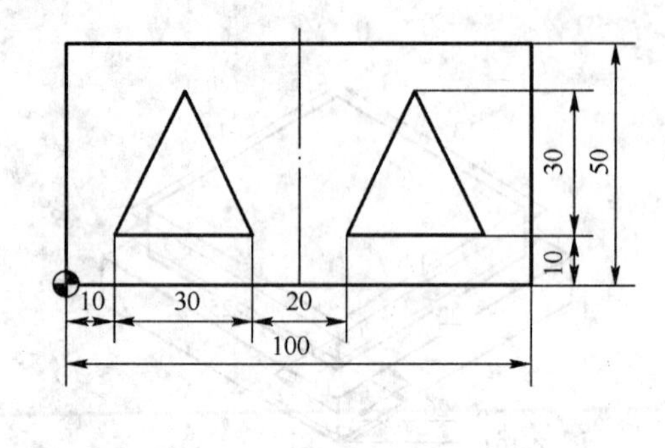

（a）实例平面图

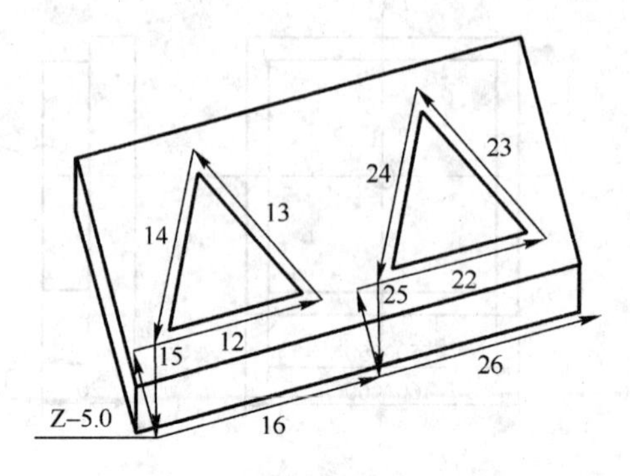

（b）子程序轨迹图

图 2-35　同平面多轮廓子程序加工实例

其精加工程序如下：

程序	说明
%2403;	**主程序**
G21;	
G17G90G40G49G80G54;	
G00Z100;	
M03S800;	
M08;	
G00X0Y-10;	*XY* 平面快速定位
Z2;	
G01Z-5F50;	刀具 *Z* 向下至凸台底平面
M98P2404 L2;	调用子程序两次
G90G00Z50;	
M09;	
M05;	
M30;	
%2404;	**子程序**
G91G42G01Y20D01F100;	建立右刀补，并从轮廓切线方向切入，如图 2-35(b)所示所示轨迹 11 或 21
X40;	轨迹 12 或 22
X-15Y30;	轨迹 13 或 23
X-15Y-30;	轨迹 14 或 24

G40X-10Y-20;　　取消刀补，轨迹 15 或 25
X50;　　刀具移动到子程序第二次循环起始点，如图 2-35(b)所示所示轨迹 16 或 26
M99;　　子程序结束，返回主程序

二、精加工余量的确定

1. 精加工余量的概念

精加工余量是指精加工过程中所切去的金属层厚度。通常情况下，精加工余量由精加工一次切削完成。

加工余量有单边余量和双边余量之分。轮廓和平面的加工余量指单边余量，它等于实际切削的金属层厚度。而对于一些内圆和外圆等回转体表面，加工余量有时指双边余量，即以直径方向计算，实际切削的金属层厚度为加工余量的一半。

2. 影响精加工余量的因素

精加工余量的大小对零件的最终加工质量有直接影响。选取的精加工余量不能过大，也不能过小，余量过大会增加切削力、切削热的产生，进而影响加工精度和加工表面质量；余量过小则不能消除上一道工序（或工步）留下的各种误差、表面缺陷和本工序的装夹误差，容易造成废品。因此，应根据影响余量大小的因素合理地确定精加工余量。

影响精加工余量大小的因素主要有两个，即上一道工序（或工步）的各种表面缺陷、误差和本工序的装夹误差。

3. 精加工余量的确定方法

确定精加工余量的方法主要有以下三种。

（1）经验估算法。此方法是凭工艺人员的实践经验估计精加工余量。为避免因余量不足而产生废品，所估余量一般偏大，仅用于单件小批量生产。

（2）查表修正法。将工厂生产实践和试验研究积累的有关精加工余量的资料制成表格，并汇编成手册。确定精加工余量时，可先从手册中查得所需数据，然后再结合工厂的实际情况进行适当修正。这种方法目前应用广泛。

（3）分析计算法。采用此方法确定精加工余量时，需运用计算公式和一定的实验资料，对影响精加工余量的各种因素进行综合分析和计算来确定精加工余量。用这种方法确定的精加工余量比较经济合理，但必须有比较全面和可靠的实验资料。

4. 精加工余量的确定。

用数控铣床加工时，采用经验估算法或查表修正法确定的精加工余量推荐值见表 2-14，表中轮廓指单边余量，孔指双边余量。

表 2-14　精加工余量推荐值

加工方法	刀具材料	精加工余量	加工方法	刀具材料	精加工余量
轮廓铣削	高速钢	0.2~0.4	铰孔	高速钢	0.1~0.2
	硬质	0.3~0.6		硬质合金	0.2~0.3
扩孔	高速钢	0.5~1	镗孔	高速钢	0.1~0.5
	硬质合金	1~2		硬质合金	0.3~1.0

三、数控铣床夹具

1. 机床夹具的分类

机床夹具的种类很多，按通用化程度可分为通用夹具、专用夹具、成组夹具和组合夹具等类型。

（1）通用夹具。车床的卡盘、顶尖和数控铣床上的平口钳、分度头等均属于通用夹具。这类夹具已实现了标准化。其特点是通用性强、结构简单，装夹工件时无须调整或稍加调整即可，主要用于单件小批量生产。

（2）专用夹具。专用夹具是专为某个零件的某道工序而设计的。其特点是结构紧凑、操作迅速方便。但这类夹具的设计和制造的工作量大、周期长、投资大，只有在大批量生产中才能充分发挥它的经济效益。

（3）成组夹具。成组夹具是随着成组加工技术的发展而产生的。它是根据成组加工工艺，把工件按形状、尺寸和工艺的共性分组，针对每组相近工件而专门设计的。其特点是使用对象明确、结构紧凑和调整方便。

（4）组合夹具。组合夹具是由一套预先制造好的标准元件组装而成的专用夹具。它具有专用夹具的优点，用完后可拆卸存放，从而缩短了生产准备周期，减少了加工成本。因此，组合夹具既适用于单件及中小批量生产，又适用于大批量生产。

2. 数控铣床常用夹具介绍

（1）平口钳和压板。平口钳具有较大的通用性和经济性，适用于尺寸较小的方形工件的装夹。常用的精密平口钳如图 2-36 所示，一般采用机械螺旋式、气动式或液压式夹紧方式。

对于较大或四周不规则的工件，无法采用平口钳或其他夹具装夹时，可直接采用压板进行装夹，如图 2-37 所示。加工中心压板通常采用 T 形螺母与螺栓的夹紧方式。

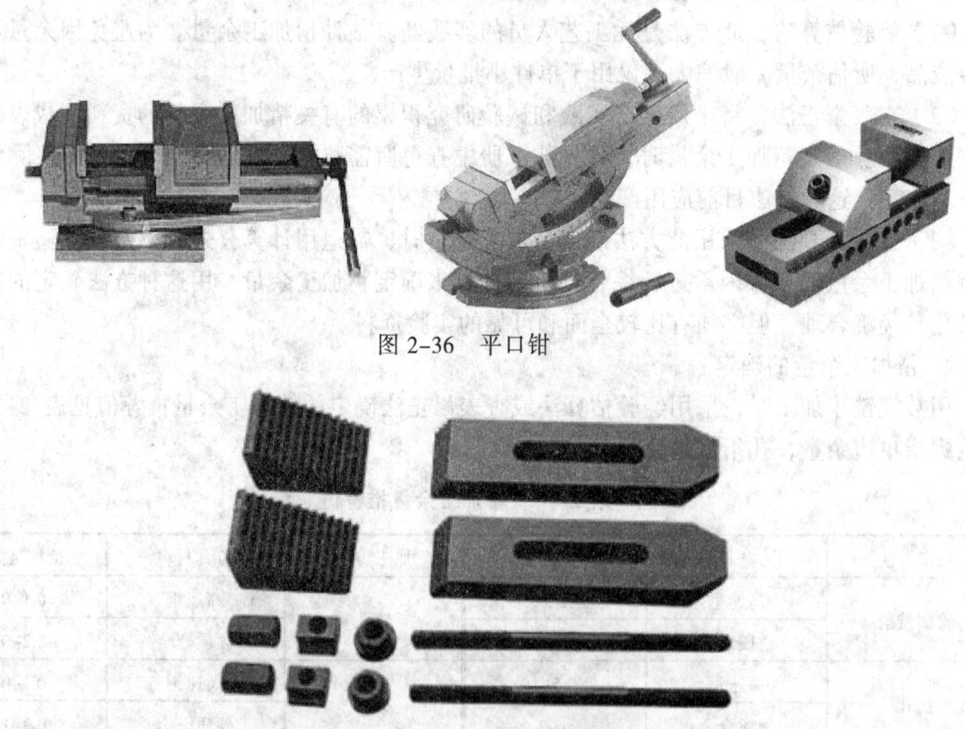

图 2-36　平口钳

图 2-37　压板、垫铁与 T 形螺母

（2）卡盘和分度头。卡盘根据卡爪的数量分为二爪卡盘、三爪自定心卡盘、四爪单动卡盘和六爪卡盘等类型，如图 2-38 所示。在数控车床和数控铣床上应用较多的是三爪自定心卡盘和四爪单动卡盘。特别是自定心卡盘，由于它具有自动定心作用和装夹简单的特点，因此，中、小型圆柱形工件在数控铣床或数控车床上加工时，常采用三爪自定心卡盘进行装夹。卡盘的夹紧有机械螺旋式、气动式或液压式等多种形式。

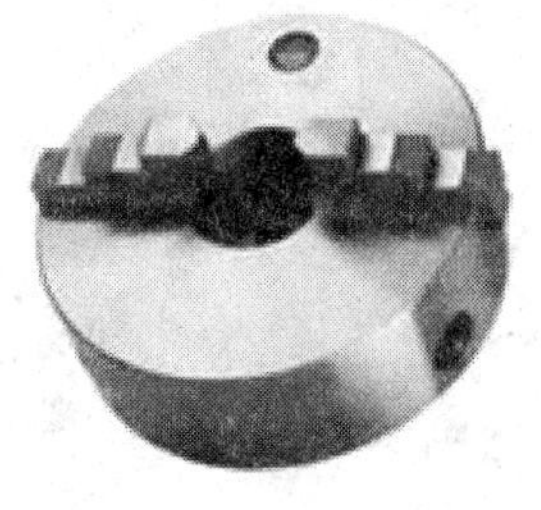
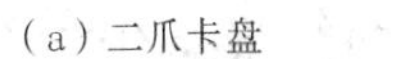
（a）二爪卡盘

（b）三爪自定心卡盘

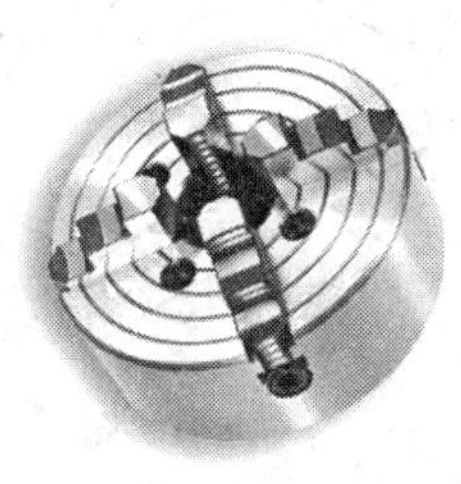
（c）四爪单动卡盘

（d）六爪卡盘

图 2-38　卡盘

许多机械零件，如花键、离合器、齿轮等零件在加工中心上加工时，常采用分度头分度的方法来等分每一个齿槽，从而加工出合格的零件。分度头是数控铣床或普通铣床的主要部件。在机械加工中，常用的分度头有万能分度头、简单分度头、直接分度头等，如图 2-39 所示。但这些分度头的分度精度不是很精密。因此，为了提高分度精度，数控机床上还采用投影光学分度头和数显分度头等对精密零件进行分度。

（a）万能分度头

（b）简单分度头

（c）直接分度头

图 2-39　分度头

（3）组合夹具、专用夹具与成组夹具。数控铣床上零件夹具的选择要根据零件精度等级、零件结构特点、产品批量及机床精度等情况综合考虑。选择顺序是：首先考虑通用夹具，其次考虑组合夹具，最后考虑专用夹具和成组夹具。

任务实施

一、工件装夹与校正

外形轮廓铣削加工时，常采用压板或平口钳装夹。

1. 压板装夹

图 2-40 所示为用压板装夹工件时，应使压板、垫铁的高度略高于工件，以保证夹紧效果；

压板螺栓应尽量靠近工件，以增大压紧力；压紧力要适中，或在压板与工件表面安装软材料垫片，以防工件变形或工件表面受到损伤；工件不能在工作台面上拖动，以免工作台面划伤。

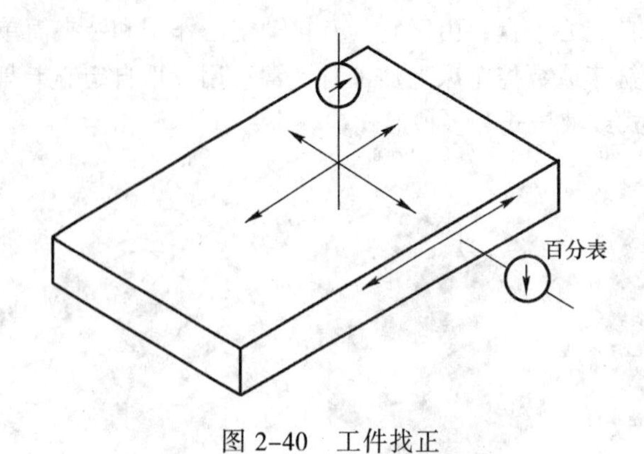

图 2-40　工件找正

在使用平口钳或压板装夹工件过程中，应对工件进行找正。找正时，将百分表用磁性表座（见图 2-41）固定在主轴上，使百分表触头接触工件，在前后或左右方向移动主轴，从而找正工件上下平面与工作台面的平行度，如图 2-40 所示。同样在侧平面内移动主轴，找正工件侧面与轴进给方向的平行度。如果不平行，则可用铜棒轻敲工件或垫塞尺的办法进行纠正，然后再重新进行找正。

2. 平口钳装夹

用平口钳装夹工件时，首先要根据工件的切削高度在平口钳内垫上合适的高精度平行垫铁，以保证工件在切削过程中不会产生受力移动；其次要对平口钳钳口进行找正，以保证平口钳的钳口方向与主轴刀具的进给方向平行或垂直。

平口钳钳口的找正方法如图 2-42 所示，首先将百分表用磁性表座固定在主轴上，百分表触头接触钳口，沿平行于钳口的方向移动主轴，根据百分表读数用铜棒轻敲平口钳进行调整，以保证钳口与主轴移动方向平行或垂直。

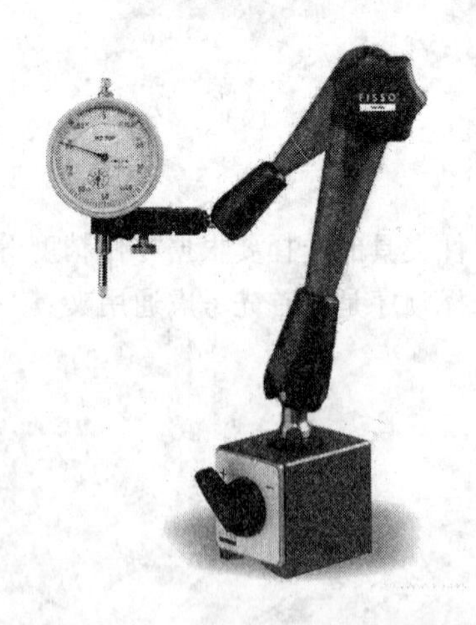

图 2-41　百分表与磁性表座

图 2-42　校正平口钳钳口

注意：本任务在平口钳中装夹时，一定要耐心、细致地进行。

二、程序编制

1. 刀具、切削用量、编程原点的选择

本任务选用高速钢材料 $\phi18$ mm 立铣刀进行加工，其切削用量为：转速 n=600 r/min，进给速度 F=100 mm/min，Z 向背吃刀量 0.5 mm。编程原点选在工件上平面对称中心位置。

2. Z 向分层切削及精加工余量的确定

（1）Z 向分层切削。由于轮廓的 Z 向切削深度较大。因此，轮廓在 Z 向采用子程序分层切削的方法进行，Z 向每次切深为 5 mm。方形凸台总切深为 20 mm，Z 向分四层切削；六边形、圆、三角形凸台的分层切削次数依次为 3 次、2 次和 1 次。

（2）分层切削方法。分层切削时，为了避免出现分层切削的接刀痕迹，可通过修改刀具半径补偿值的办法留出精加工余量，等分层切削完成后，再在总深度方向进行一次精加工。精加工前，需对刀具半径补偿值、主程序中子程序调用次数（改成 1 次）和子程序 Z 向切深量进行修改（改成等于总切深）。

（3）确定精加工余量。根据刀具、工件材料、装夹、加工精度等具体情况，参照经验公式选取精加工余量为单边 0.3 mm。

3. 坐标计算

如图 2-43 所示，利用三角函数进行计算，计算结果如下：

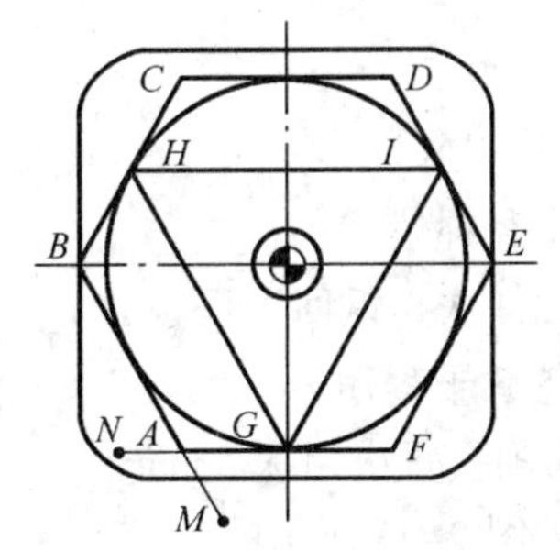

A(−15,−25.98)；　B(−30,0)；
C(−15,−25.98)；　D(15,25.98)；
E(30,0)；　D(15,−25.98)；
G(0,−25.98)；　H(−22.5,−12.99)；
I(22.5,12.99)；　M(−5,43.3)；
N(−25,−25.98)；

图 2-43　坐标计算

4. 编程

根据以上分析，编写数控铣加工程序，并进行本任务的加工。

参考程序：

```
%2405;                    主程序（精加工，φ18 mm 立铣刀）
G21;
G17G90G40G49G80G54;
G00Z100;
M03S800;                  主轴正转
M08;                      冷却液开
G00 X-50 Y-50;            XY 平面定位到毛坯左下角外侧
G01 Z0 F100;              子程序 Z 向起始点
M98 P2406 L4;
G01 Z0;
M98 P2407 L3;
```

```
G01 Z0;
M98 P2408 L2;
G01 Z0;
M98 P2409;
G90G00Z100;
M09;
M05;
M30;
%2406;                          四方圆弧凸台轮廓子程序
G91 G01 Z-5;                    Z向分层切削，每次切深5 mm
G90 G41 G01 X-30 D01;           刀补建立在轮廓切线延长线上
Y20;
G02 X-20 Y30 R10;
G01 X20;
G02 X30 Y20 R10;
G01 Y-20;
G02 X20 Y-30 R10;
G01 X-20;
G02 X-30 Y-30 R10;
G40 G01 X-50 Y-50;              取消刀具半径补偿
M99;                            子程序调用4次，返回主程序
%2407;                          六方凸台轮廓子程序
G91 G01 Z-5;                    Z向分层切削，每次切深5 mm
G90 G41 G01 X-5 Y-43.3 D01;     沿切线切入图2-43所示的M点
Y-30 Y0;
X-15 Y25.98;
X15;
X30 Y0;
X15 Y-25.98;
X-25;                           沿切线切出图2-43所示的N点
G40 G01 X-50 Y-50;              取消刀具半径补偿
M99;                            子程序调用3次，返回主程序
%2408;                          圆弧凸台轮廓子程序
G91 G01 Z-5;                    Z向分层切削，每次切深5 mm
G90 G41 G01 X15 Y-25.98 D01;    沿切线切入图2-43所示的F点
X0;
G02 X0 Y-25.98 I0 J25.98;       圆弧凸台轮廓加工
X-15;                           沿切线切出图2-43所示的A点
G40 G01 X-50 Y-50;              取消刀具半径补偿
```

```
M99;                              子程序调用两次，返回主程序
%2409;                            三角形凸台轮廓子程序
G91 G01 Z-5;                      Z向分层切削，每次深5 mm
G90 G41 G01 X10 Y-43.3 D01;       沿切线切入
X 22.5 Y12.99;
X22.5;
X-10 Y-43.4;                      沿切线切出
G40 G01 X-50 Y-50;                取消刀具半径补偿
M99;                              子程序调用1次，返回主程序
```

注意：在编写本任务程序时，刀具沿轮廓的切入与切出点通常选在轮廓的延长线上或切线上。

三、加工操作

（1）机床回零。
（2）找正平口钳固定钳口，保证其与机床 X 轴的平行度。
（3）压紧固定平口钳。
（4）通过垫铁组合，保证工件伸出 23 mm 以上，并找正。
（5）安装 ϕ18 mm 立铣刀。
（6）用 G54 指令设定工件坐标系原点。
（7）执行程序，铣削工件。
（8）测量检测工件。

任务评价

表 2-15　用子程序铣削加工外形轮廓配分权重表

工件编号		技术要求	配分	总得分		
项目与权重	序号			评分标准	检测记录	得分
任务评分（40%）	1	尺寸精度符合要求	25	不合格每处扣 5 分		
	2	形位精度符合要求	5	不合格每处扣 2 分		
	3	表面粗糙度符合要求	10	不合格每处扣 2 分		
程序与工艺（30%）	4	程序格式规范	5	不规范每处扣 2 分		
	5	子程序合理、正确	10	不合理每处扣 2 分		
	6	加工参数正确	5	不正确每处扣 2 分		
	7	加工路线正确	10	不正确每处扣 2 分		
机床操作（20%）	8	工件装夹与找正符合加工要求	10	出错每次扣 2 分		
	9	对刀及坐标系设定正确	5	不正确全扣		
	10	机床操作不出错	5	出错每次扣 2~5 分		
文明生产（10%）	11	安全操作	5	出错全扣		
	12	工作场所整理	5	不合格全扣		

任务五　组合件的铣削编程与加工

学习目标

- 掌握数控铣削加工工艺分析。
- 理解数控铣削零件结构工艺性。
- 进一步理解数控铣床工夹具及工件校正的要点。
- 会合理选择加工工艺路线并编制数控铣削加工程序。

任务描述

试在数控铣床上加工图 2-44 所示组合件，已知工件 1 毛坯尺寸为 80 mm × 80 mm × 20 mm，工件 2 毛坯尺寸为 ϕ62 × 32 mm，材料均为 45 钢。

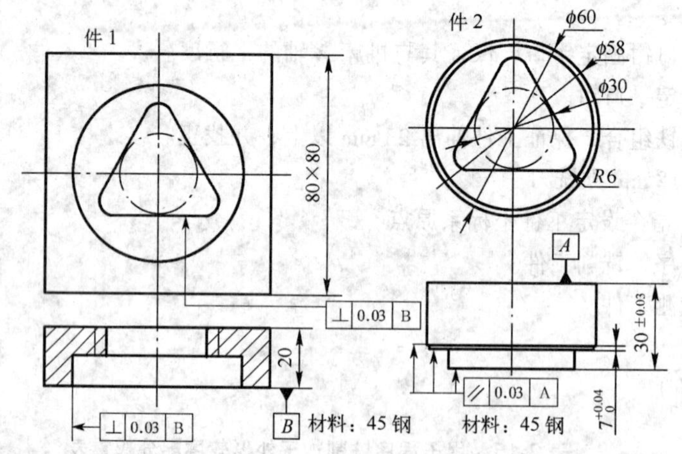

技术要求：
(1) 件 1 由件 2 配作面成，配合间隙小于 0.04 mm，换位后配合间隙小于 0.06 mm。
(2) 配合件组合总高为 30 ± 0.04 mm，件 2 侧母线与件 1 上平面垂直度小于 0.04 mm。
(3) 工件表面去毛刺、倒棱。

图 2-44　组合件加工

任务分析

该工件为圆柱形工件，采用三爪自定心卡盘进行装夹，加工过程中要注意工件在三爪自定心卡盘上需找正。

由于该工件涉及内外轮廓的加工，在加工过程中要注意选择合适的加工路线，并进行合理的结构工艺性分析。

知识链接

一、数控加工工艺

数控加工工艺是数控加工方法和数控加工过程的总称，其内容和特点归纳如下。

1. 数控加工工艺的基本特点

（1）工艺内容明确而具体。数控加工工艺与普通加工工艺相比，在工艺文件的内容上和格式上都有很大的区别。许多在普通加工工艺中不必考虑而由操作人员在操作过程中灵活掌握并调整的问题（如工序内工步的安排、对刀点、换刀点及加工路线的确定等），在编制数控加工工艺文件时都必须详细列出。

（2）数控加工工艺的要求准确而严密。数控机床虽然自动化程度高，但自适应性差，它不能像普通加工那样可以根据加工过程中出现的问题自由地进行人为的调整。所以，数控加工的工艺文件必须保证加工过程中的每个细节准确无误。

（3）工艺装备先进。为了满足数控加工中高质量、高效率和高柔性的要求，数控加工中广泛采用先进的数控刀具、组合刀具等工艺装备。

（4）工序集中。数控加工大多采用工序集中的原则来安排加工工序，从而缩短了生产周期，减少了设备的投入，提高了经济效益。

2. 数控加工工艺分析的主要内容

数控加工工艺分析的主要内容包括以下几个方面。

（1）选择适合在数控机床上加工的零件，确定工序内容。

（2）分析被加工零件的图样，明确加工内容和技术要求。

（3）确定零件的加工方案，制订数控加工工艺路线。

（4）加工工序设计（如选取零件的定位基准、确定夹具方案、划分工步、选取刀/辅具、确定切削用量等)。

（5）调整数控加工程序，选取对刀点和换刀点，确定刀具补偿值和加工路线。

（6）分配数控加工中的容差。

（7）处理数控机床上的部分工艺指令。

二、数控铣床加工零件结构工艺性分析

零件的结构工艺性是指根据加工工艺特点对零件结构的设计要求，也就是说零件的结构设计会影响或决定加工工艺性。本书仅从数控加工的可行性、方便性及经济性方面加以分析。

1. 正确标注零件图样尺寸

由于数控加工程序是以准确的坐标点为基础进行编制的，因此，各图形几何要素的相互关系应明确；各种几何要素的条件要充分，应无引起矛盾的多余尺寸或影响工序安排的封闭尺寸。

2. 保证基准统一

在数控加工的零件图样上，最好以同一基准引注尺寸或直接给出坐标尺寸。这种标注方法既便于编程，也便于尺寸之间的相互协调，给保持设计基准、工艺基准、检测基准与编程原点设置的一致性带来了方便。

3. 零件各加工部位的结构工艺性

零件各加工部位的结构工艺性的要求如下。

（1）零件的内腔与外形最好采用统一的几何类型和尺寸，这样可以减少所使用刀具的种数和换刀次数，从而简化编程并提高生产率。

（2）轮廓最小内圆弧或外轮廓的内凹圆弧半径限制了刀具的直径。因此，圆弧半径 R 不能

取得过小。此外，零件的结构工艺性还与 R/H（H 为零件轮廓面的最大加工高度）的比值有关，当 $R/H>0.2$ 时，零件的结构工艺性较好（如图 2–45 所示 $R20$ 圆弧），反之则较差（如图 2–45 中 $R5$ 圆弧所示）。

（3）铣削槽底平面时，槽底圆角半径 r 不能过大。圆角半径 r 越大，铣刀端面刃与铣削平面的最大接触直径 $d=D-2r$（D 为铣刀直径）越小，加工平面的能力就越差，效率越低，工艺性也越差，如图 2–46 所示。

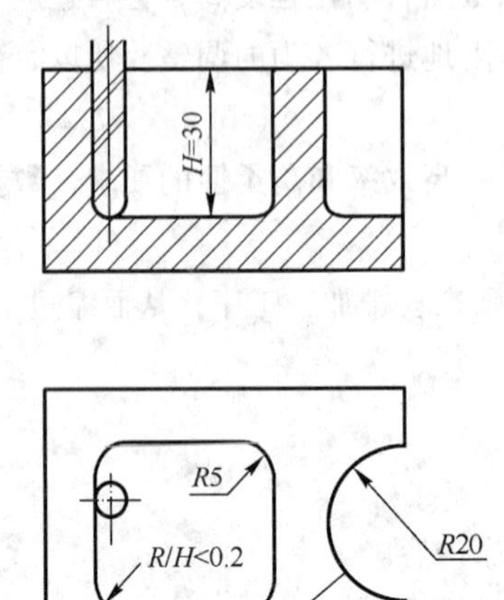

图 2–45　零件结构工艺性

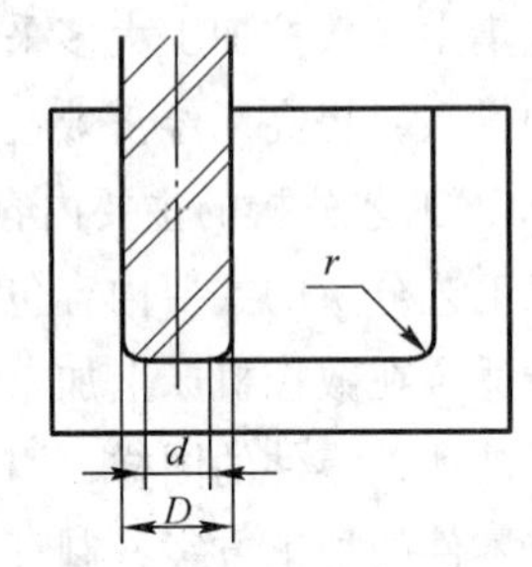

图 2–46　槽底平面圆弧对加工工艺的影响

（4）分析零件的变形情况有助于减少零件在数控铣削加工过程中的变形问题，可在加工前采取适当的热处理工艺（如调质、退火等）来解决，也可采取粗、精加工分开或对称去余量等常规方法来解决。

（5）对于毛坯的结构工艺性要求，首先考虑毛坯的加工余量应充足且尽量均匀；其次应考虑毛坯在加工时定位与装夹的可靠性和方便性，以便在一次装夹过程中加工出尽量多的表面。对于不便装夹的毛坯，可考虑在毛坯上另外增加装夹余量或工艺凸台、工艺凸耳等辅助基准。

三、加工路线的确定

1. 确定加工路线的原则

在数控加工中，刀具的刀位点相对于零件运动的轨迹称为加工路线。加工路线的确定与工件的加工精度和表面粗糙度直接相关，确定加工路线的原则如下。

（1）应保证被加工零件的精度和表面粗糙度要求，且效率较高。

（2）使数值计算简便，以减少编程工作量。

（3）应使加工路线最短，这样既可减少程序段，又可减少空刀时间。

（4）应根据工件的加工余量和机床、刀具的刚度等具体情况确定。

2. 轮廓铣削加工路线的确定

（1）切入、切出方法选择。采用立铣刀侧刃铣削轮廓类零件时，为减少接刀痕迹，保证零件表面质量，铣刀的切入和切出点应选在零件轮廓曲线的延长线上（如图 2–47 中 A–B–C–B–D），而不应沿法向直接切入零件，以避免加工表面产生刀痕，保证零件轮廓光滑。

铣削内轮廓表面时，如果切入和切出无法外延，则应尽量采用圆弧过渡，如图 2–48 所示。

在无法实现时铣刀可沿零件轮廓的法线方向切入和切出，但需将切入点、切出点选在零件轮廓两几何元素的交点处。

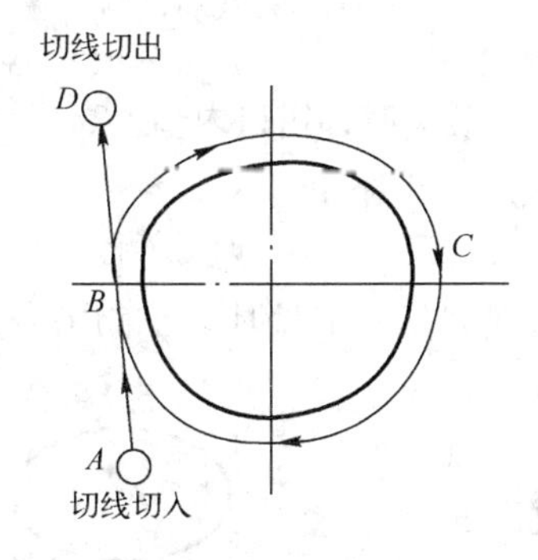

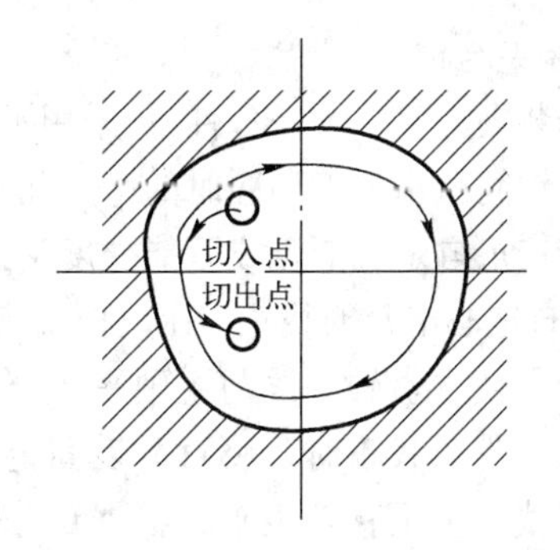

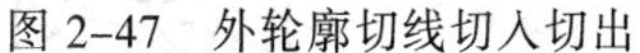

图 2-47　外轮廓切线切入切出　　　图 2-48　内轮廓切线切入切出

（2）凹槽切削方法选择凹槽切削方法有三种，即行切法、环切法和先行切后环切法，如图 2-49 所示。三种方案中，行切法方案最差，先行切后环切方案最好。

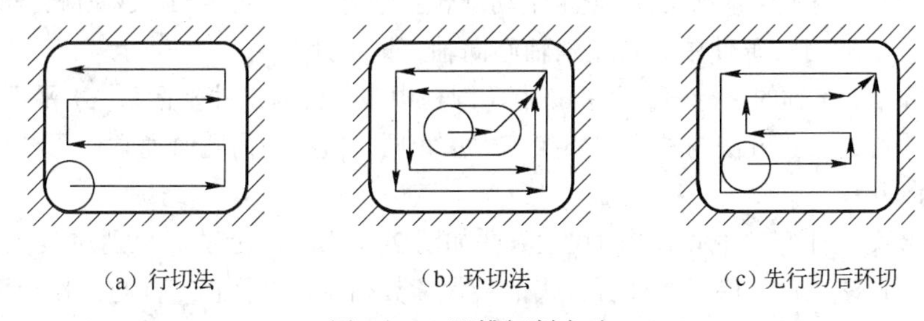

（a）行切法　　（b）环切法　　（c）先行切后环切

图 2-49　凹槽切削方法

（3）进给停顿。轮廓铣削加工应避免刀具的进给停顿在轮廓加工过程中，在工件、刀具、夹具、机床系统弹性变形平衡的状态下，进给停顿时，切削力减小，会改变系统的平衡状态，刀具会在停顿处的零件表面留下刀痕，因此在轮廓加工中应避免进给停顿。

（4）顺铣与逆铣。根据刀具的旋转方向和工件的进给方向间的相互关系，数控铣削分为顺铣和逆铣，如图 2-50 所示。

逆铣是指刀具的切削速度方向与工件的移动方向相反。采用逆铣可以使加工效率大大提高，但由于逆铣切削力大，会导致切削变形增加、刀具磨损加快，因此通常在粗加工时采用顺铣的加工方法。

顺铣是指刀具的切削速度方向与工件的移动方向相同。顺铣的切削力及切削变形小，但容易产生崩刀现象。通常在精加工时采用顺铣的加工方法。

在刀具正转的情况下，采用左刀补铣削为顺铣，右刀补铣削为逆铣。

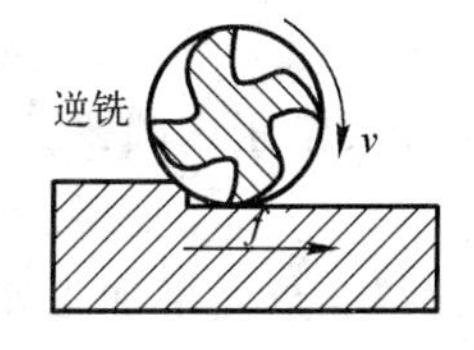

（a）刀具的切削速度方向与工件的移动方向相反

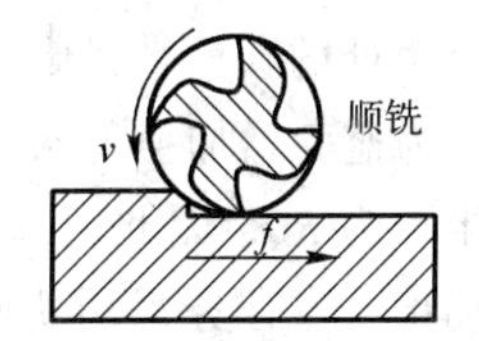

（b）刀具的切削速度方向与工件的移动方向相同

图 2-50　顺铣与逆铣

任务实施

1. 工件装夹与校正

（1）选择装夹方案。本任务件 1 采用平口钳装夹。装夹时，钳口内垫上高度合适的高精度平行垫铁，垫铁间留出加工型腔时的落刀间隙，并进行工件的校正。

件 2 采用三爪自定心卡盘或万能分度头进行装夹。

（2）三爪自定心卡盘的找正。在数控铣床上使用三爪自定心卡盘时，通常用压板将卡盘压紧在工作台面上，使卡盘轴心线与主轴平行。用三爪自定心卡盘装夹圆柱形工件后找正时，将百分表固定在主轴上，触头接触外圆侧母线，上下移动主轴，根据百分表的读数用铜棒轻敲工件进行调整，当主轴上下移动过程中百分表读数不变时，表示工件母线平行于 *Z* 轴，如图 2–51 所示。

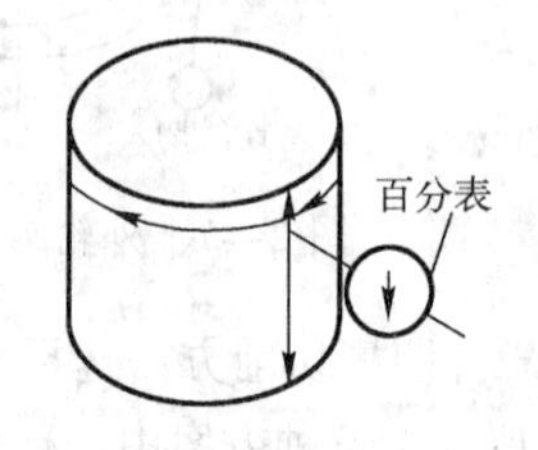

图 2–51　找正时百分表移动方向

当找正工件外圆圆心时，可手动旋转主轴，根据百分表的读数值在 *XY* 平面内手摇移动工件，直至手动旋转主轴时百分表读数值不变。此时，工件中心与主轴轴心同轴，记下此时的机床坐标系 *X*、*Y* 轴的坐标值，可将该点（圆柱中心）设为工件坐标系 *XY* 平面的工件坐标系原点。内孔中心的找正方法与外圆圆心找正方法相同，但找正内孔时通常使用杠杆式百分表，如图 2–52 所示。

用分度头装夹工件（工件水平）的找正方法如图 2–53 所示。首先，分别在 *A* 点和 *B* 点处前后移动百分表，调整工件，保证两处百分表的最大读数相等，以找正工件与工作台面的平行度；其次，找正工件侧母线与工件进给方向平行。

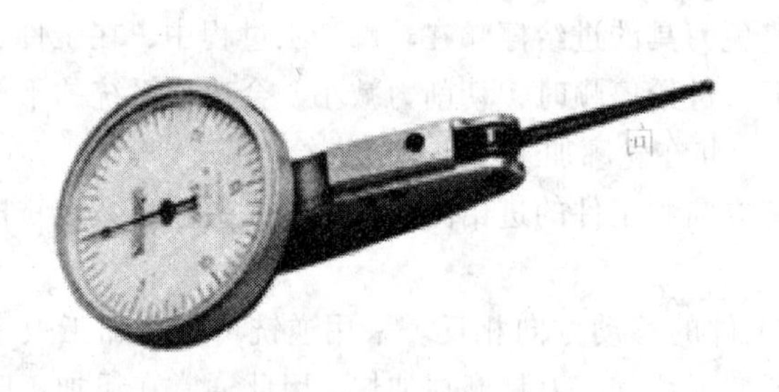
图 2–52　杠杆式百分表

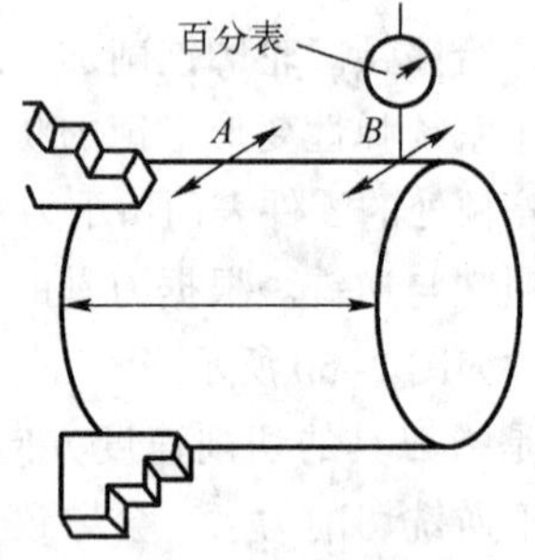

图 2–53　分度头水平安装工件的找正

2. 编程

（1）根据零件结构选择刀具。加工件 2 时，由于 *XY* 平面最大加工余量为 15 mm。因此，为了一次性切削 *XY* 平面内的粗加工余量，立铣刀直径选 ϕ16 mm。刀尖圆弧半径 *r* 小于 0.5 mm，以避免加工垂直交角处的圆角半径影响配合精度。

加工件 1 时，为避免增加换刀次数，选用加工件 2 的立铣刀加工内圆弧。加工内三角形时，由于其最小圆弧半径为 *R*6，因此，选用 *R*5 立铣刀加工。

（2）切入与切出。本任务采用切向切入与切出的加工路线，外轮廓加工如图 2–54 所示，当加工三角形轮廓时，以 *CB* 延长线上的 *A* 点作为切入点；当整圆加工时，以切线 *ME* 的 *M* 点作为切入点，而以切线 *EN* 的 *N* 点作为切出点。内轮廓加工如图 2–55 所示，当加工内圆弧时，

以圆弧 *OP* 作为切入过渡圆弧，而以圆弧 *PO* 作为切出过渡圆弧；加工内三角形轮廓时，以交点 *Q* 作为切入与切出点。

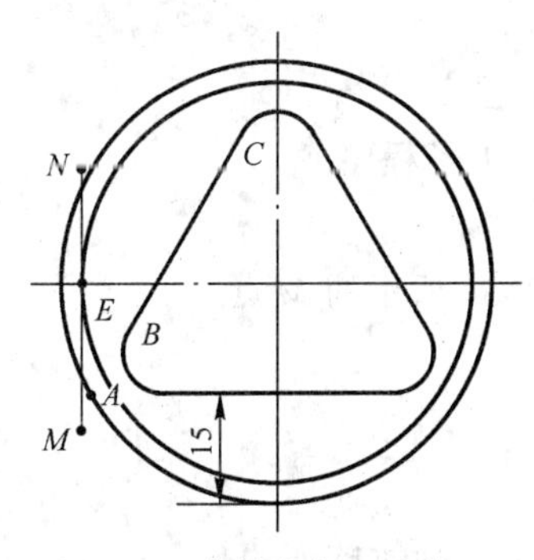

图 2-54　外轮廓加工路线

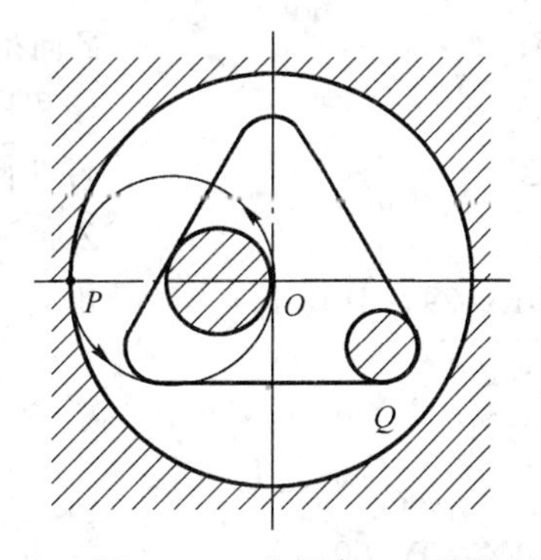

图 2-55　内轮廓加工路线

（3）轮廓切削方法与精加工余量的确定。加工外轮廓时，应一次性去除粗加工余量。加工内轮廓时，在工件圆心位置 *Z* 向进刀，采用图 2-49（b）所示环切法（环切 2 次）去除加工余量。精加工余量取 0.3 mm（单边），采用修改刀补的方法保留精加工余量。

编写加工程序组合件精加工参考程序如下。

参考程序：

```
%2501；                          主程序（精加工程序，φ18 mm 立铣刀）
G21；
G17G90G40G49G80G54；
G00Z100；
M03S800；                        主轴正转
M08；                            冷却液开
G00 X-40Y-40；                   XY 平面定位到毛坯左下角外侧
G01 Z30 F100；                   子程序 Z 向起始点
M98P101；
M98P102；
G90G00Z100；
M09；
M05；
M30；
%2502；                          件 2 三角形圆弧凸台轮廓加工子程序
G01Z-7F50；                      Z 向一次性切削至深度要求
G41G01X-25.98Y15D01；            刀补建立在轮廓切线延长线上
X-5.2Y21；
G02X5.2R6；
G01X20.78Y-6；
G02X15.58Y-15R6；
G01X-15.58；
```

G02X-20.78Y-6R6;
G40G01X-40Y-40;　　取消刀补
G00Z5;　　*Z*向抬刀至*Z*5
M99;　　子程序结束，返回主程序
%2503;　　**件 2 圆弧凸台轮廓加工子程序**
G01Z-8;　　*Z*向深度
G41G01X-29Y-10D01;　　沿切线切出，如图 2-54 所示的 *M* 点
Y0;
G02I29J0;
Y10;
G40G01X-50Y-50;　　沿切线切出，如图 2-54 所示的 *N* 点
M99;　　子程序结束，返回主程序
%2504;　　**件 1 内圆柱轮廓加工主程序**（直径为 16 mm 立铣刀）
……
G91G01Z-8F100;　　*Z*向一次性切削至深度要求
G41G01X0Y0D01;　　建立刀具半径补偿
G03X-30R15;　　过渡圆弧切入，如图 2-55 所示的 *OP*
G03I30J0;　　加工内圆柱轮廓
G03X0R15;　　过渡圆弧切出，如图 2-55 所示的 *PO*
G40G01X-10;　　取消刀具半径补偿
G00Z50;
M09;
M05;
M30;
%2505;　　**件 1 内三角形圆弧轮廓加工主程序**（直径为 10 mm 立铣刀）
……
G01Z-16F100;
G41G01Z15.58Y-15D02;　　刀补建立在轮廓交点，如图 2-55 所示 *Q* 点
G03X-20.78Y-6R6;
G01X5.2Y21;
……
G01X15.58;
G40G01X0Y0;
G00Z50;
M09;
M05;
M30;

注意：

（1）编程时，各基点的坐标请自行计算并验证。加工内轮廓时，由于使用了两种刀具，所

以采用两个不同的主程序加工。

（2）在编写本任务程序时，要综合运用刀具半径补偿、子程序等方面的知识并注意编程过程中的加工工艺知识。

（3）切入与切出点的选择将对工件加工的表面粗糙度产生直接的影响。

3. 加工操作

（1）机床回零。

（2）找正并固定夹具。

（3）装夹工件。

（4）安装立铣刀。

（5）用 G54 指令设定工件坐标系原点。

（6）执行程序，铣削工件。

（7）测量检测工件。

任务评价

表 2-16　组合件铣削编程与加工操作配分权重表

工件编号		技术要求	配分	总得分		
项目与权重	序号			评分标准	检测记录	得分
任务评分（40%）	1	尺寸精度符合要求	25	不合格每处扣 5 分		
	2	形位精度符合要求	5	不合格每处扣 2 分		
	3	表面粗糙度符合要求	10	不合格每处扣 2 分		
程序与工艺（30%）	4	程序格式规范	5	不规范每处扣 2 分		
	5	子程序合理、正确	10	不合理每处扣 2 分		
	6	加工参数正确	5	不正确每处扣 2 分		
	7	加工路线正确	10	不正确每处扣 2 分		
机床操作（20%）	8	工件装夹与找正符合加工要求	10	出错每次扣 2 分		
	9	对刀及坐标系设定正确	5	不正确全扣		
	10	机床操作不出错	5	出错每次扣 2~5 分		
文明生产（10%）	11	安全操作	5	出错全扣		
	12	工作场所整理	5	不合格全扣		

项目三 固定循环指令的应用

任务一 钻、铰削的编程与加工

学习目标

- 理解固定循环指令格式、各参数含义及动作构成。
- 掌握 G81、G82 等指令的动作及应用。
- 掌握钻孔、扩孔等刀具结构及特点。
- 掌握孔的加工工艺。
- 会进行钻、扩、铰孔的编程与加工操作。

任务描述

编制图 3-1 所示工件的钻孔加工程序。在数控铣床上完成定位销孔、螺栓孔及方孔预钻孔的加工（ϕ24）。在加工前，其余轮廓均已完成加工。

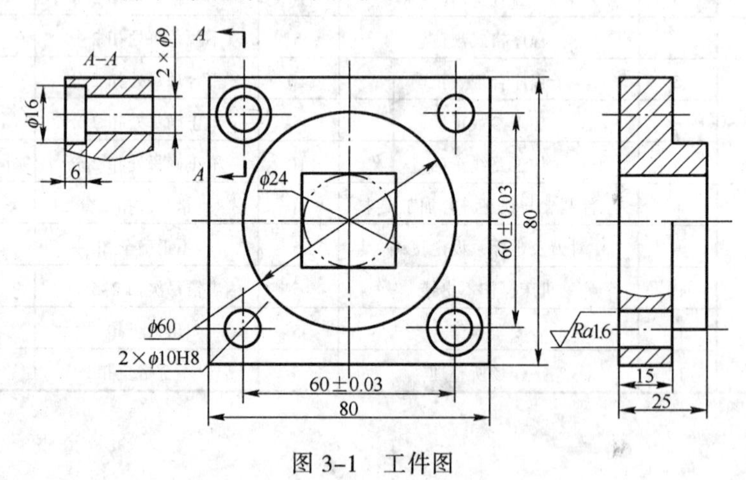

图 3-1 工件图

任务分析

图 3-1 所示工件为孔类零件，适合用数控钻铣床或者在加工中心进行加工。要编制其加工程序，首先编程人员需要了解孔加工类刀具的选择与使用；其次，要根据孔的形状和加工特点

选择合适的固定循环指令；然后，按照数控系统所规定的加工程序格式进行编程；最后才能编制出正确合理的加工程序。

本例中各孔按等间距线性分布，可以使用重复固定循环加工，即用地址 L 规定重复次数。采用这种方式编程，在进入固定循环之前，刀具不能直接定位在第一个孔的位置，而应向前移动一个孔的位置。因为在执行固定循环时，刀具要先定位后再执行钻孔动作。

一、固定循环

1. 华中数控系统的固定循环

在使用数控铣床进行孔加工时，通常采用系统配备的固定循环功能进行编程，通过对这些固定循环指令的使用，可以在一个程序段内完成某个孔加工的全部动作，从而大大减少编程的工作量。华中数控系统数控铣床的固定循环指令见表 3-1。

表 3-1　固定循环指令及功能一览表

G 代码	孔加工动作（$-Z$向）	孔底动作	返回方式（$+Z$向）	用　途
G73	间歇进给		快速进给	高速深孔往复排屑钻
G74	切削进给	暂停→主轴正转	切削进给	攻左旋螺纹
G76	切削进给	主轴定向停止→刀具移动	快速进给	精镗孔
G80				取消固定循环
G81	切削进给		快速进给	钻孔
G82	切削进给	暂停	快速进给	锪孔、镗阶梯孔
G83	间歇进给		快速进给	深孔往复排屑钻
G84	切削进给	暂停→主轴反转	切削进给	攻右螺纹
G85	切削进给		切削进给	精镗孔
G86	切削进给	主轴停止	快速进给	镗孔
G87	切削进给	主轴停止	快速进给	背镗孔
G88	切削进给	暂停→主轴停止	手动操作	镗孔
G89	切削进给	暂停	切削进给	精镗阶梯孔

2. 固定循环动作

对工件进行孔加工时，根据刀具的运动位置，工件上的平面可以分为四个平面：初始平面、R平面、工件平面和孔底平面，如图 3-2 所示。数控加工中，某些加工动作循环已经典型化、标准化。例如，钻削、镗削的动作可以分解为平面定位、快速引进、工作进给和快速退回等一系列典型的加工动作。这些动作已经预先编好程序，存储在内存中，可以为固定循环的一个 G 代码程序段调用，从而简化编程工作，提高效率。

孔加工固定循环指令通常由以下 6 个动作构成，如图 3-3 所示。

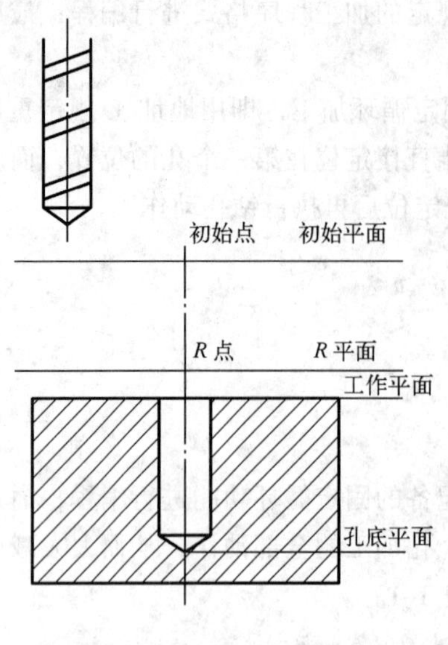

图 3-2 加工循环的平面

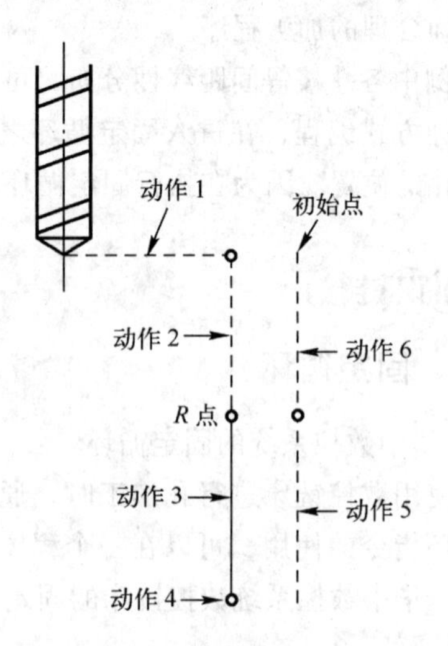

图 3-3 固定循环的动作组成

（1）*X*、*Y* 轴定位。

（2）定位到 *R* 点（定位方式取决于上次是 G00 代码还是 G01 代码）。

（3）加工孔。

（4）在孔底的动作。

（5）退回到及 *R* 点（参考点）。

（6）快速返回到初始点。

固定循环的数据表达形式可以用绝对坐标（G90）和相对坐标（G91）表示，如图 3-4 所示，其中图（a）是采用 G90 表示，图（b）采用 G91 表示。

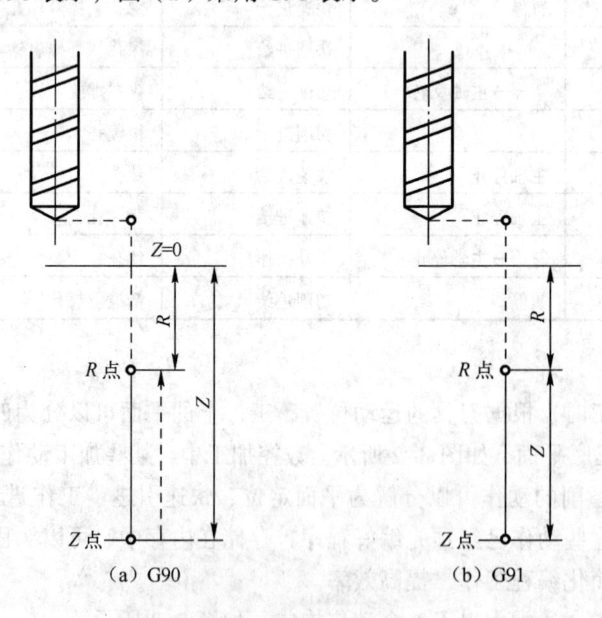

图 3-4 固定循环的数据格式

3. 固定循环指令的格式

孔加工固定循环的程序格式包括数据形式、返回点平面、孔加工方式、孔加工数据和循环次数。数据形式（G90 或 G91）在程序开始时就已指令，因此固定循环程序格式中可以不注出。

【格式】$\begin{cases}G90\\G91\end{cases}\begin{cases}G99\\G98\end{cases}$G73~89X__Y__Z__R__Q__P__I__J__K__F__L__;

【说明】

G98 为返回初始平面（图 3-5（a））;

G99 为返回 *R* 平面（图 3-5（b））;

G73~89 为固定循环代码;

X、*Y* 为孔坐标（G90）或加工起点到孔位的坐标增量（G91）;

R 为 *R* 点坐标（G90）或初始点到 *R* 点的距离（G91）;

Z 为孔底坐标（G90）或 *R* 点到孔底的距离（G91）;

Q 为每次进给深度(G73/G83);

I、*J* 为刀具在轴反向位移增量(G76/G87);

K 为每次向上的退刀量（增量值，取正）（G73/G83）;

P 为刀具在孔底的暂停时间;

F 为进给速度;

L 为重复次数。

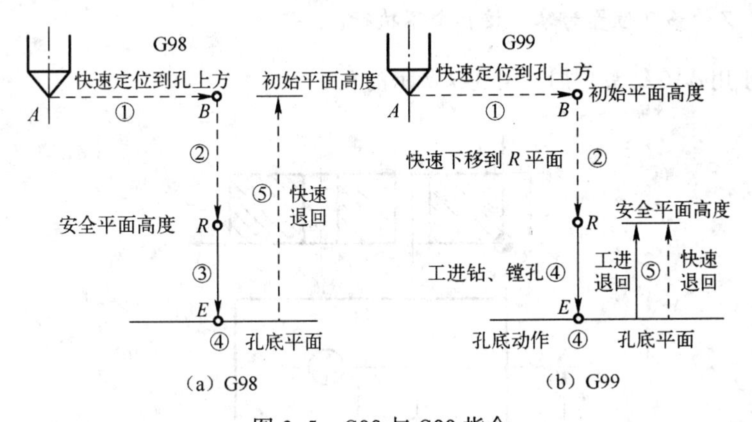

图 3-5　G98 与 G99 指令

二、固定循环指令

1. 钻孔循环 G81 指令（含中心钻）

【格式】G98（G99）G81X__Y__Z__R__F__L__P__;

G81 指令的动作如图 3-6 所示。本指令用于钻削一般孔或中心孔等孔加工固定循环。

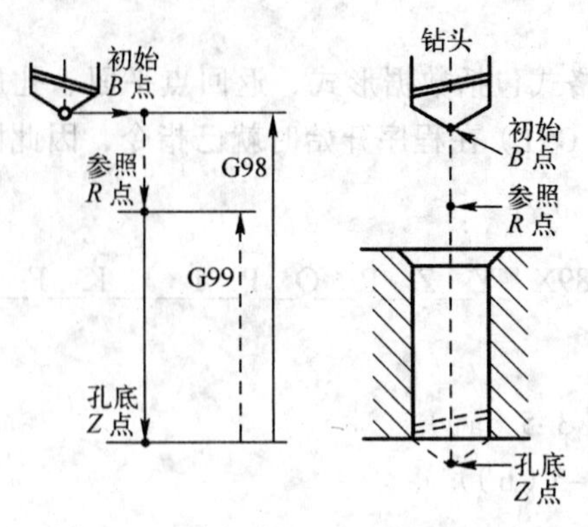

图 3-6　G81 指令动作

【说明】

X、Y 为绝对编程时是孔中心在 XY 平面内的坐标位置，增量编程时是孔中心在 XY 平面内相对于起点的增量值。

Z 为绝对编程时是孔底 Z 点的坐标值；增量编程时是孔底 Z 点相对与参照 R 点的增量值。

R 为绝对编程时是参照 R 点的坐标值；增量编程时是参照 R 点相对与初始 B 点的增量值。

F 为钻孔进给速度。

L 为循环次数（一般用于多孔加工的简化编程，故 X 或 Y 应为增量值）。

P 为在 R 点暂停时间，单位为秒；当 P 没定义或为零，不暂停。

注意：如果 Z 的移动位置为零，该指令不执行。

【例 3-1-1】用 ϕ10 钻头，加工图 3-7 所示的孔。

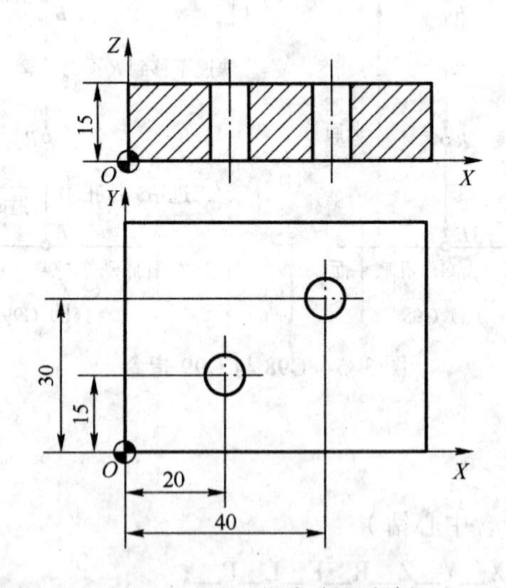

图 3-7　G81 指令应用实例

参考程序如下：

%3101;

G21;

G17G90G40G49G80G54;

G00Z50;

M03 S600;

G98G81G91X20Y15G90R20Z-3P2L2F200;

G00 X0 Y0 Z80;

M05;

M30;

2. 锪孔循环 G82 指令

【格式】

$\begin{Bmatrix}G98\\G99\end{Bmatrix}$G82X__Y__Z__R__P__F__L__

孔加工动作如图 3-8 所示。G82 指令在孔底增加了进给后的暂停动作,以提高孔底表面质量,该指令与 G81 指令完全相同。该指令常用于锪孔或台阶孔的加工。

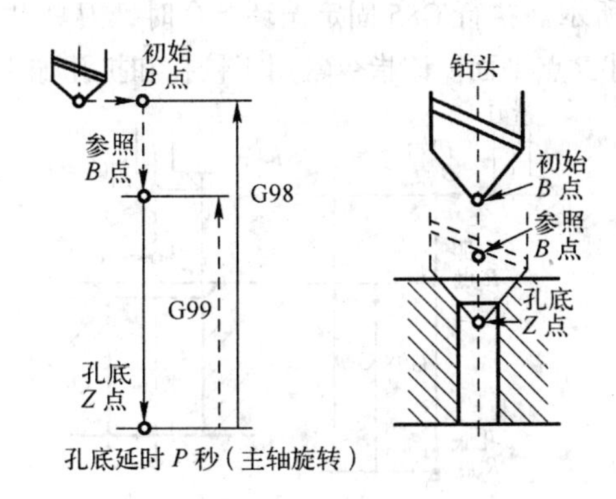

图 3-8 G82 指令动作图

【例 3-1-2】用锪钻锪如图 3-9 所示的沉孔。

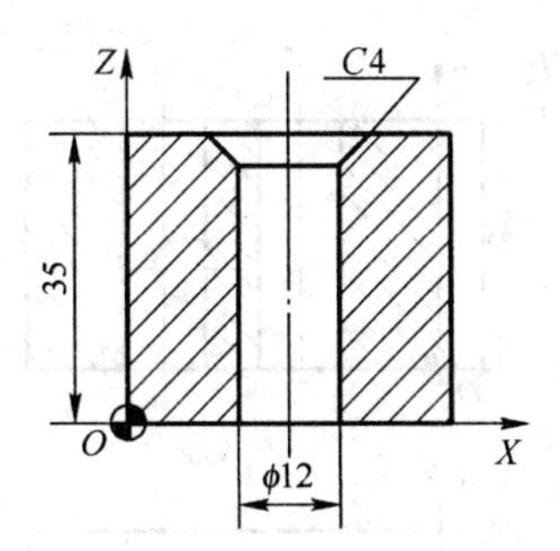

图 3-9 G82 指令应用实例

%3102;

G21;

G17G90G40G49G80G54;

G00Z50;

M03 S600;

G98G82G90X25Y30R40P2Z25F200;

G00 X0 Y0 Z80;

M05;

M30;

3. 暂停指令 G04

【格式】G04P__;

【说明】*X*后面可用小数点或不用小数点来表示，单位为秒（s）。

一般情况下，G04 指令用于主轴有高速、低速挡切换时，暂停一定时间，使主轴真正停止后再行换挡，以防损坏主轴的伺服。用于孔底加工时，暂停几秒，使孔的深度正确及增加孔底面的光洁度。

4. 铰孔循环指令 G85

【格式】

$\begin{Bmatrix} G98 \\ G99 \end{Bmatrix}$G85X__Y__Z__R__P__F__L__

孔加工动作如图 3-10 所示。执行 G85 固定循环指令时，刀具以切削进给方式加工到孔底，然后以切削进给方式返回到 *R* 点平面。该指令常用于铰孔和扩孔加工，也可以用于粗镗孔加工。

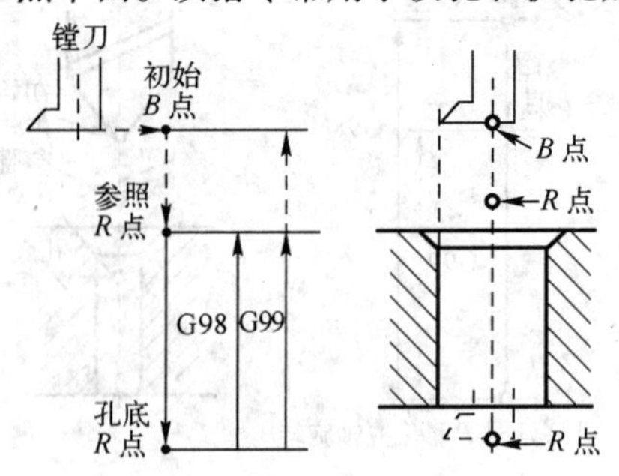

图 3-10　G85 指令动作

【例 3-1-3】如图 3-11 所示，用铰刀铰孔。

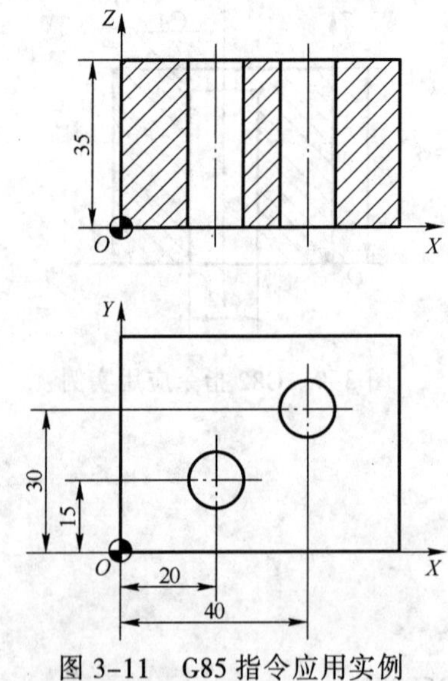

图 3-11　G85 指令应用实例

参考程序如下：

```
%3103;
G21;
G17G90G40G49G80G54;
G00Z50;
M03 S600;
G98G86G90X20Y15R38Q-10K5P2Z-2F200;
G00 X0 Y0 Z80;
M05;
M30;
```

三、孔加工方法的选择

在数控铣床上，常用孔加工的方法有钻孔、扩孔、铰孔、粗/精镗孔及攻螺纹等。通常情况下，在数控铣床上能较方便地加工 IT7~IT9 级精度的孔，对于这些孔的推荐加工方法，见表 3-2。

表 3-2　孔加工方法

孔的精度	有无预孔	孔尺寸 d（mm）				
		$0<d<12$	$12\leqslant d<20$	$20\leqslant d<30$	$30\leqslant d<60$	$60\leqslant d<80$
IT9~IT11	无	钻—铰	钻—扩		钻—扩—镗（或铰）	
	有	粗扩—精扩；或粗镗—精镗（余量少可一次性扩孔或镗孔）				
IT8	无	钻—扩—铰	钻—扩—精镗（或铰）		钻—扩—粗镗—精镗	
	有	粗镗—半精镗—精镗（或精铰）				
IT7	无	钻—粗铰—精铰	钻—扩—粗铰—精铰；或钻—扩—粗镗—半精镗—精镗			
	有	粗镗—半精镗—精镗（如仍达不到精度要求可进一步采用精细镗）				

【说明】

（1）对于直径大于 ϕ30 mm 的已铸出或锻出的毛坯孔的孔加工，一般采用粗镗—半精镗—孔口倒角—精镗的加工方案。

（2）孔径较大的可采用立铣刀粗铣--精铣加工方案。

（3）孔中空刀槽可用锯片铣刀在孔半精镗之后、精镗之前铣削完成，也可用镗刀进行单刀镗削，但单刀镗削效率较低。

（4）对于直径小于 ϕ30 mm 无底孔的孔加工，通常采用锪平端面—打中心孔—钻—扩—孔口倒角—铰加工方案，对有同轴度要求的小孔，需采用锪平端面—打中心孔—钻—半精镗—孔口倒角—精镗(或铰)加工方案。

四、孔加工路线的确定

1. 孔加工引入距离（确定 R 点）

孔加工引入距离如图 3-12 所示，ΔZ 是指刀具由快进转为工进时，刀尖点位置与孔上表面之间的距离。

一般情况下取 2~10 mm，若上表面为已加工表面，则可取 2~5 mm。

2. 孔加工超越量

采用钻削加工不通孔时，超越量如图 3-12 所示，$\Delta Z'$ 大于等于钻尖高度 $Z_p=\dfrac{D}{2}\cos\alpha\approx 0.3D$。

通孔镗孔时，取 1~3 mm。

通孔铰孔时，取 3~5 mm。

采用钻削加工通孔时，超越量应大于或等于钻尖高度（$\approx 1/3D_{钻}$+1~3 mm）。

3. 孔系加工路线的选择

对于位置严谨、要求较高的孔系进行加工时，特别要注意孔的加工顺序安排，避免坐标轴的反向间隙带入，影响孔系间的位置精度。

图 3-13 所示的孔系加工，如按 *A*–1–2–3–4–5–6–*P* 安排加工走刀路线时，在加工 5、6 孔时，X 方向的反向间隙会使定位误差增大，从而影响 5、6 孔与其他孔的位置精度；而采用 *A*–1–2–3–*P*–6–5–4 的走刀路线时，可避免引入反向间隙，提高 5、6 孔与其他孔间的位置精度。

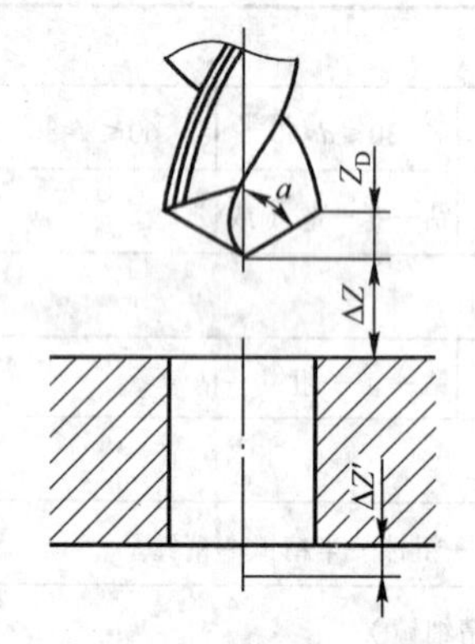

图 3-12　孔加工导入量与超越量

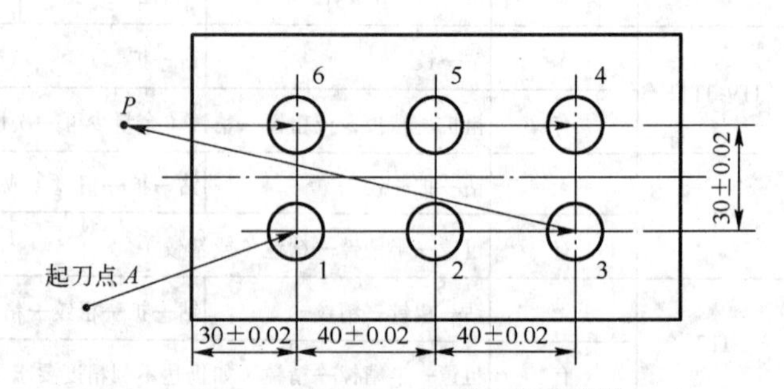

图 3-13　孔系的走刀路线

五、钻头与铰刀

1. 中心钻和定心钻

（1）中心钻。中心钻（见图 3-14）用于钻削中心孔。有三种形式：中心钻、无护锥 60° 复合中心钻及带护锥 60° 复合中心钻。

中心钻在结构上与麻花钻类似。为节约刀具材料，复合中心钻常制成双端的。钻沟一般制成直的。复合中心钻工作部分由钻孔部和锪孔部组成。钻孔部与麻花钻一样，有倒锥度及钻尖几何参数。锪孔部制成 60° 锥度，保护锥制成 120° 锥度。

复合中心钻工作部分的外圆须经斜向铲磨，才能保证锪孔部与钻孔部的过渡部分具有后角。

（2）定心钻。定心钻（见图 3-15）主要用于进行钻孔前的中心定位和孔口倒角加工。中心定位加工可提高孔的位置精度，倒角加工可防止攻螺纹时在端面产生毛刺。

图 3-14　中心钻

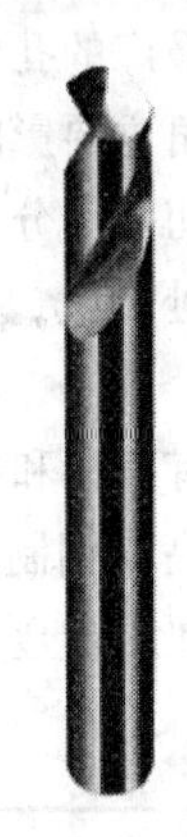

图 3-15　定心钻

2. 钻头

常用的钻头主要有麻花钻、扁钻、中心钻、深孔钻和套料钻。

（1）麻花钻。麻花钻如图 3-16 所示。

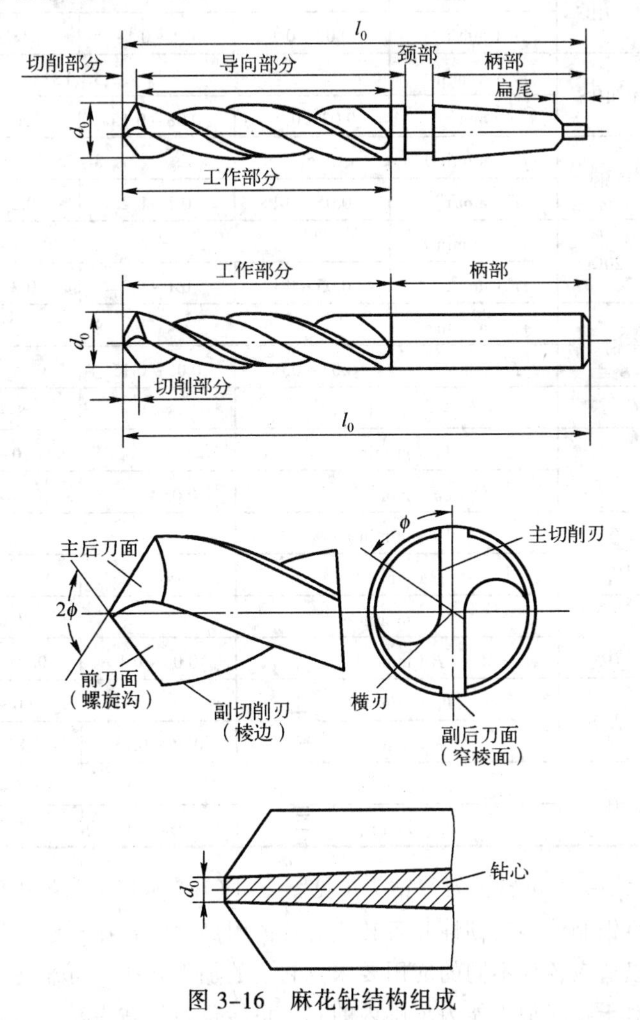

图 3-16　麻花钻结构组成

麻花钻是应用最广的孔加工刀具。通常直径范围为0.25~80mm。它主要由工作部分和柄部构成。麻花钻的螺旋角主要影响切削刃上前角的大小、刃瓣强度和排屑性能，通常为25° ~32° 。

标准麻花钻的切削部分顶角为 118° ，横刃斜角为 40° ，后角为 8° ~20° 。由于结构上的原因，前角在外缘处最大，向中间逐渐减小，横刃处为负前角（可达-55° 左右），钻削时起挤压作用。

麻花钻的柄部有直柄和锥柄两种形式，加工时夹在钻夹头中或专用刀柄中。

一般麻花钻用高速钢制造。有焊硬质合金刀片或齿冠的麻花钻适于加工铸铁、淬硬钢和非金属材料等，整体硬质合金小麻花钻用于加工仪表零件和印刷线路板等。切削用量见表 3-3。

表 3-3　用高速钢钻头钻孔切削用量

工件材料	工件材料牌号或硬度	切削用量	钻头直径 d（mm）			
			1≤d<6	6≤d<12	12≤d<22	22≤d<50
铸铁	160~200HBS	V_C（m/min）	16~24			
		F（mm/r）	0.07~0.12	0.12~0.2	0.2~0.4	0.4~0.8
	200~240HBS	V_C（m/min）	10~18			
		F（mm/r）	0.05~0.1	0.1~0.18	0.18~0.25	0.25~0.4
	300~400HBS	V_C（m/min）	5~12			
		F（mm/r）	0.03~0.08	0.08~0.15	0.15~0.2	0.2~0.3
钢	35、45钢	V_C（m/min）	8~25			
		F（mm/r）	0.05~0.1	0.1~0.2	0.2~0.3	0.3~0.45
	15Cr、20Cr	V_C（m/min）	12~30			
		F（mm/r）	0.05~0.1	0.1~0.2	0.2~0.3	0.3~0.45
	合金钢	V_C（m/min）	8~15			
		F（mm/r）	0.03~0.08	0.05~0.15	0.15~0.25	0.25~0.35
工件材料		钻头直径 d（mm）		3~8	8~28	25~50
铝	纯铝	V_C（m/min）		20~50		
		F（mm/r）		0.03~0.2	0.06~0.5	0.15~0.8
	铝合金（长切屑）	V_C（m/min）		20~50		
		F（mm/r）		0.05~0.25	0.1~0.6	0.2~1.0
	铝合金（短切屑）	V_C（m/min）		20~50		
		F（mm/r）		0.03~0.1	0.05~0.15	0.08~0.36
铜	黄铜、青铜	V_C（m/min）		60~90		
		F（mm/r）		0.06~0.15	0.15~0.3	0.3~0.75
	硬青铜	V_C（m/min）		25~45		
		F（mm/r）		0.05~0.15	0.12~0.25	0.25~0.5

（2）可转位刀片钻头。可转位刀片钻头（见图 3-17）通常用于数控机床和加工中心上的高效率孔加工，它是将钢制钻柄的韧性和可转位刀片的耐磨性结合在一起。使用舍弃式刀片，钻头的寿命更长，可以适应各种不同的应用要求，它们的加工效率、可靠性和加工精度比以往的任何钻头都要高。对于在其加工能力范围内的孔，可转位刀片钻头在大部分应用场合都有明显

的优势。因此，应考虑将这些可转位刀片作为固定钻和旋转钻的首选。

常用的可转位刀片钻头加工范围在ϕ14 ~ ϕ60，钻头长度一般可以达到 4 × D（对于直径大于ϕ60 ~ ϕ110 的孔，可采用可转位套孔钻），其工作部分由中心刀片和周边刀片组成。普通的快速钻中心刀片和周边刀片是使用同一种形状及材质的。2005 年，山特维克公司经过对快速钻中心和周边的受力、受热等因素进行研究，根据其各自的切削环境制作不同形状和材质的刀片，结果大大提升了快速钻的实际切削性能，而且与以往的一些快速钻产品相比，可以有效提高孔的加工精度。

可转位刀片钻头的选择：确定孔的直径、深度和质量要求—选择钻头类型—选择刀片的牌号—选择刀片的槽型—选择钻头柄的类型。使用快速钻头时尽量使用高压中心出水，以增加刀片寿命及良好的排屑功能。

图 3-17　可转位刀片钻头

3. 扩孔钻和锪钻

（1）扩孔钻。扩孔是用扩孔钻对工件上已有的孔（钻出、铸出或锻出）进行加工，以扩大孔径，提高孔的加工质量。其加工精度为 IT9 ~ IT10 级，表面粗糙度 Ra=2.5 ~ 6.3 μm，扩孔加工余量为 0.5 ~ 4 mm。图 3-18 为扩孔钻。其中图 3-18（a）为整体高速钢锥柄扩孔钻，图 3-18（b）为套式扩孔钻，图 3-18（c）为硬质合金扩孔钻。

标准扩孔钻一般有 3~4 条主切削刃，切削部分材料为高速钢或硬质合金，结构上有直柄式、锥柄式和套式等。在小批量生产时，常用麻花钻改制或直接用标准麻花钻代替。

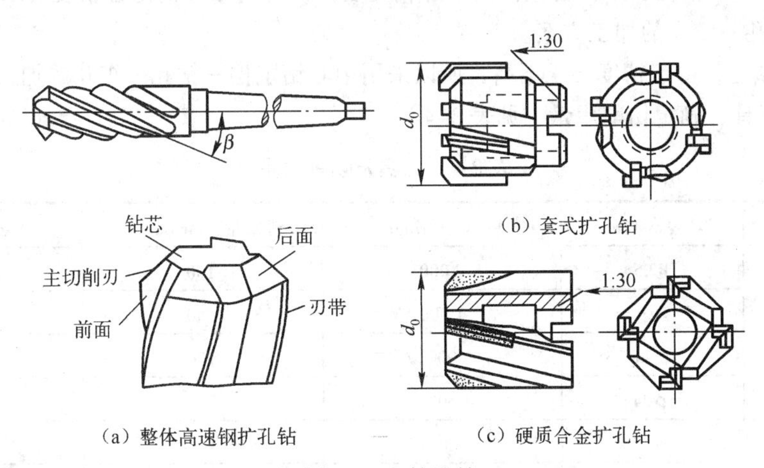

（a）整体高速钢扩孔钻　（b）套式扩孔钻　（c）硬质合金扩孔钻

图 3-18　扩孔钻

（2）锪钻。锪钻主要用加工锥形沉孔或平底沉孔。加工过程中易产生振动。

4. 铰刀

铰孔是用铰刀从工件孔壁上切除微量金属层，以提高孔的尺寸精度和减小粗糙度值的加工方法。它是在扩孔或半精镗孔后进行的一种精加工。铰刀分手用铰刀和机用铰刀两种。手用铰刀为直柄，直径为ϕ1 ~ ϕ50 mm；其工作部分较长，导向作用较好，可防止铰孔时铰刀歪斜。机用铰刀又分直柄、锥柄和套式三种，多为锥柄，直径为ϕ10 ~ ϕ80 mm，铰削切削速度通常取 8 m/min 左右，铰削余量一般为单边 0.5 ~ 0.1 mm。图 3-19 所示为机用铰刀图。

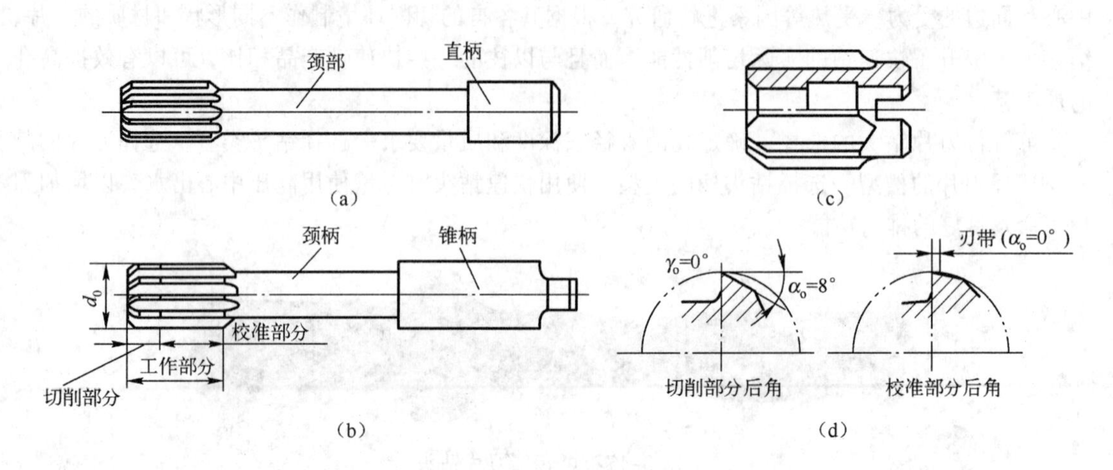

图 3-19 机用铰刀

任务实施

一、程序编制

1. 确定孔的加工方法

① ϕ9 孔为内六角螺栓孔，精度要求不高，采用中心钻定位—钻孔—锪孔的加工方案。

② 2×ϕ10H8 销孔，不仅有很高的尺寸精度要求，还有很高的定位精度要求，所以采用中心钻定位—钻孔—铰孔的加工方案。

③ ϕ24 预孔，由于精度要求不高，所以采用中心钻定位—钻孔—扩孔的加工方法。

2. 选择刀具，确定切削用量（见表 3-4）

表 3-4 刀具及切削用量

刀具名称	刀具规格（mm）	转　速(r/min)	进给量（mm/min）	背吃刀量（mm）
中心钻	B2.5	2 000	100	1.25
标准麻花钻	ϕ9	1 000	150	4.5
	ϕ9.8	900	120	4.9
扩孔钻	ϕ24	600	100	7
机用铰刀	ϕ10	200	100	0.1
键铣刀	ϕ16	500	120	3.5

3. 毛坯

尺寸为 80 mm×80 mm×25 mm，45 钢。

4. 确定工件原点

① 工件零点为毛坯顶面中心，并通过对刀设定零点偏置 G54。

② 以底面为定位基准，用平口钳装夹。

5. 编制程序

%3104;　　　　　　　　　　**中心钻定位程序**

```
N10 G21;
N20 G17G90G40G49G80G54;
N30 G00Z50;
N40 M03S2000;
M08;
G98G81X-30Y-30Z-15R-5F100;
X30;
Y30;
X-30;
X0Y0;
G80;
M09;
M05;
M30;
```

%3105;　　　　　　　　　　**铰孔程序**

```
N10 G21;
N20 G17G90G40G49G80G54;
N30 G00Z50
N40 M03S2000
M08;
G99G85X-30Y-30Z-15R-5F100;
X30Y30;
G80;
M09;
M05;
M30;
```

注：其他钻孔程序比较简单，请自行编程。

在本任务编程过程中，要注意 G98 与 G99 指令的合理选择，本任务在台阶表面进行钻孔，所以刀具回到初始平面。在操作过程中，每换一次刀都要进行一次对刀和设定工件坐标系。通常情况下，*XY* 平面内的工件坐标系不变，只需对刀设定 *Z* 轴方向的坐标系即可。

6. 加工操作

① 机床回零。

② 选用平口钳装夹工件，伸出钳口 13mm 左右，并用百分表找正。

③ 装刀、对刀，确定 G54 坐标系。

④ 输入程序并校验。

⑤ 自动加工。

⑥ 测量检测工件。

注意：

（1）钻孔时，不要调整进给修调开关和主轴转速倍率开关，以提高钻孔表面加工质量。

（2）麻花钻的垂直进给量不能太大，约为平面进给量的 1/4，孔的正下方不能放置垫铁，并应控制钻头的进刀深度，以免损坏平口虎钳和刀具。

任务评价

表 3-5　钻、扩、铰孔编程与加工操作配分权重表

工件编号		项目和配分		总得分		
项目与权重	序号	技术要求	配分	评分标准	检测记录	得分
加工操作（30%）	1	尺寸精度符合要求	10	不合格每处扣 4 分		
	2	表面粗糙度符合要求	10	不合格每处扣 2 分		
	3	形状精度符合要求	5	不合格每处扣 2 分		
	4	位置精度符合要求	5	不合格每处扣 2 分		
程序与工艺（45%）	5	固定循环程序格式规范	10	不规范每处扣 4 分		
	6	程序正确	10	不正确每处扣 5 分		
	7	加工路线合理	5	不合理全扣		
	8	加工工艺参数合理	5	不合格每处扣 2 分		
	9	孔测量方法合理	10	不合理全扣		
	10	孔质量分析合理	5	不合理全扣		
机床操作（15%）	11	对刀正确	5	不正确全扣		
	12	机床操作规范	5	不规范每次扣 2~5 分		
	13	刀具选择正确	5	不正确全扣		
文明生产（10%）	14	安全操作	5	出错每次倒扣 2~10 分		
	15	工作场所整理	5	不合格全扣		

任务二　深孔螺纹的编程与加工

学习目标

- 掌握深孔加工固定循环指令的编程方法。
- 掌握螺纹加工固定循环指令的编程方法。
- 掌握深孔加工和螺纹加工工艺。
- 会合理选择深孔加工和螺纹加工用刀具。
- 会编制深孔与螺纹加工的数控程序。

任务描述

编制图 3-20 所示工件的加工程序。

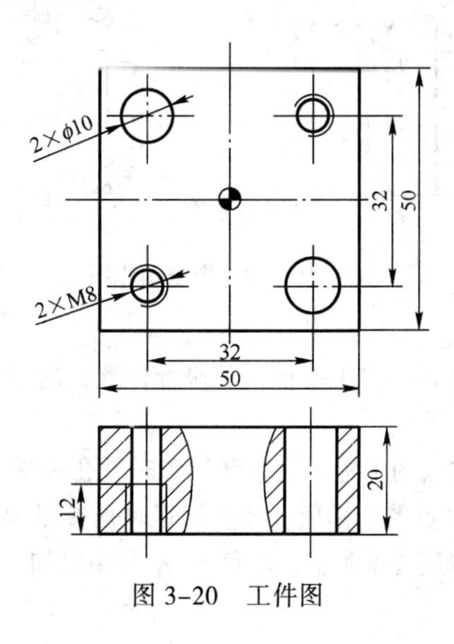

图 3-20　工件图

任务分析

在孔加工过程中，只要求数控铣床定位准确，对数控铣床的移动路线没有要求，但是为了提高加工效率，编程时应尽量采用最短的加工路线。

深孔的加工主要应考虑冷却和排屑的问题，所以在加工的过程中要有刀具停顿和退刀的动作。

知识链接

孔深 L 与孔径 d 之比大于 5~10 的孔称为深孔。数控加工中常遇到深孔的加工，如定位销孔、螺纹底孔、挖槽加工预钻孔等。采用立式加工中心和数控铣床进行孔加工是最普通的加工方法，但深孔加工则较为困难，在深孔加工中除合理选择切削用量外，还需解决三个主要问题：排屑、冷却钻头和使加工周期最小化。大多数数控系统都提供了深孔加工指令。

一、编程指令

1. 深孔钻削循环指令

华中世纪星数控铣床系统提供了 G73 和 G83 两个指令：G73 为高速深孔往复排屑钻孔指令，G83 为深孔往复排屑钻孔指令。

（1）排屑钻孔循环 G83。

【格式】

$\left\{\begin{matrix} G98 \\ G99 \end{matrix}\right\}$G83　X__Y__Z__R__Q__P__K__F__L;

G83 指令动作循环如图 3-21 所示。

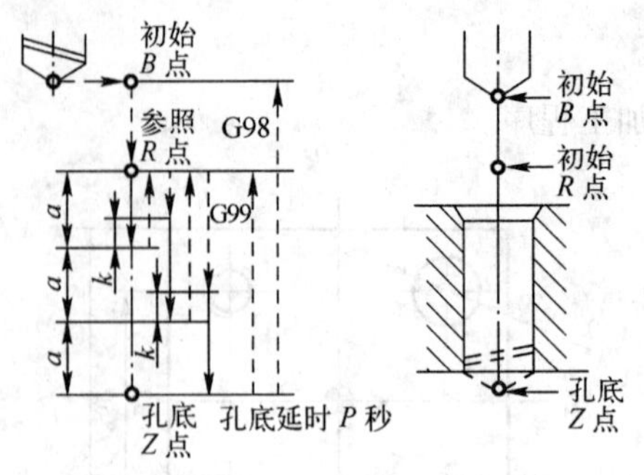

图 3-21　G83 指令动作图

【说明】

X、*Y* 为绝对编程时是孔中心在 *XY* 平面内的坐标位置，增量编程时是孔中心在 *XY* 平面内相对于起点的增量值。

Z 为绝对编程时是孔底 *Z* 点的坐标值，增量编程时是孔底 *Z* 点相对于参照 *R* 点的增量值。

R 为绝对编程时是参照 *R* 点的坐标值，增量编程时是参照 *R* 点相对于初始 *B* 点的增量值。

Q 为为每次向下的钻孔深度（增量值，取负），*K* 为距已加工孔深上方的距离（增量值，取正）。

F 为钻孔进给速度。

L 为循环次数（一般用于多孔加工的简化编程）。

注意：如果 *Z*、*Q* 的移动量为零，则该指令不执行。

【例 3-2-1】图 3-22 所示为编辑孔的加工程序。

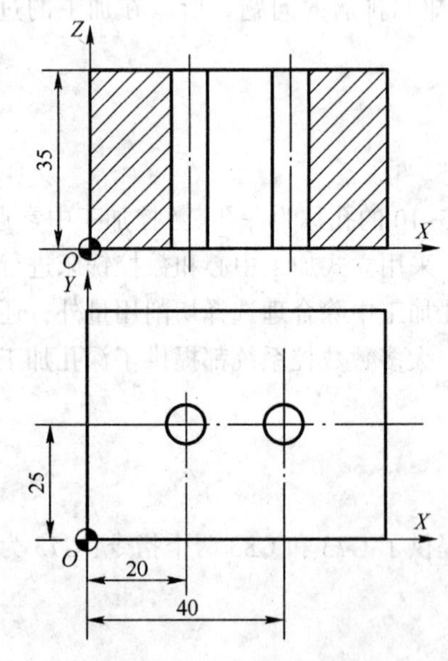

图 3-22　G83 指令应用实例

参考程序如下：

%3201;

G21；

G17G90G40G49G80G54；

G00Z50；

M03 S600；

N60 G98G83G91X20G90R40P2Q-10K5G91Z-43F100L2；

N100 G80；

N110G00 Z100；

N120 X0 Y0；

N130 M05；

N140 M30；

（2）高速排屑钻孔循环 G73。

【格式】

$\begin{Bmatrix} G98 \\ G99 \end{Bmatrix}$G73　X__Y__Z__R__Q__P__K__F__L；

G73 指令动作循环如图 3-23 所示。

G73 用于深孔钻削，在钻孔时采取间断进给，有利于断屑和排屑，适合深孔加工。图 3-23 所示为高速深孔钻加工的工作过程。其中 Q 为增量值，指定每次切削深度。

其含义与 G83 指令相同。

深孔加工动作是通过 Z 轴方向的间断进给，即采用啄钻的方式实现断屑与排屑的。虽然 G73 和 G83 指令均能实现深孔加工，而且指令格式也相同，但二者在 Z 向的进给动作是有区别的。

执行 G73 指令时，每次进给后令刀具退回一个 k 值；而 G83 指令则每次进给后均退回至 R 点，即从孔内完全退出，然后再钻入孔中。深孔加工与退刀相结合可以破碎钻屑，令其切屑能从钻槽顺利排出，并且不会造成表面的损伤，可避免钻头的过早磨损。

G73 指令虽然能保证断屑，但排屑主要是依靠钻屑在钻头螺旋槽中的流动来保证的。因此深孔加工，特别是长径比较大的深孔，为保证顺利打断并排出切屑，应优先采用 G83 指令。

【例3-2-1】对图3-24所示的5×ϕ8 mm深为50mm的孔进行加工。显然，这属于深孔加工。利用G73进行深孔钻加工的程序如下。

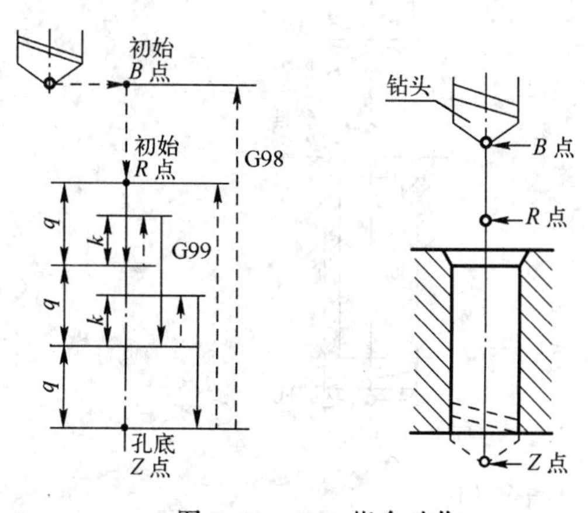

图 3-23　G73 指令动作

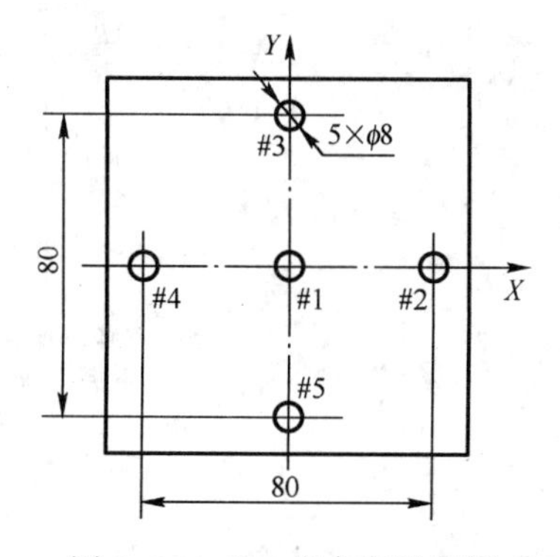

图 3-24　G73 指令应用实例

```
%3202;
G21;
G17G90G40G49G80G54;
G01 Z60 F2000;                        选择 2 号加工坐标系，到 Z 向起始点
M03 S600;                             主轴启动
G98 G73 X0 Y0 Z-50 R30 Q5 F50;        选择高速深孔钻方式加工 1 号孔
G73 X40 Y0 Z-50 R30 Q5 F50;           选择高速深孔钻方式加工 2 号孔
G73 X0 Y40 Z-50 R30 Q5 F50;           选择高速深孔钻方式加工 3 号孔
G73 X-40 Y0 Z-50 R30 Q5 F50;          选择高速深孔钻方式加工 4 号孔
G73 X0 Y-40 Z-50 R30 Q5 F50;          选择高速深孔钻方式加工 5 号孔
G01 Z60 F2000;                        返回 Z 向起始点
M05;                                  主轴停
M30;                                  程序结束并返回起点
```

加工坐标系设置：G56 $X=-400$，$Y=-150$，$Z=-50$。

上述程序中，选择高速深孔钻加工方式进行孔加工，并以 G98 确定每一孔加工完后，回到 *R* 平面。设定孔口表面的 *Z* 向坐标为 0，*R* 平面的坐标为 30，每次切深量 *Q* 为 5。

2. 攻螺纹指令

（1）攻右旋螺纹 G84。

【格式】

$\begin{Bmatrix} G98 \\ G99 \end{Bmatrix}$ G84X_Y_Z_R_P_F_L_；

G84 循环指令为右旋螺纹攻螺纹指令，用于加工右旋螺纹。执行该指令时，主轴正转，在 G17 平面快速定位后快速移至 *R* 点，执行攻螺纹指令到达孔底，然后再主轴反转退回到 *R* 点，主轴恢复正转，完成攻螺纹动作。该指令的动作示意如图 3-25 所示。在 G84 指定的攻螺纹循环中，进给率调整无效，即使使用进给暂停，在返回动作结束之前也不会停止。

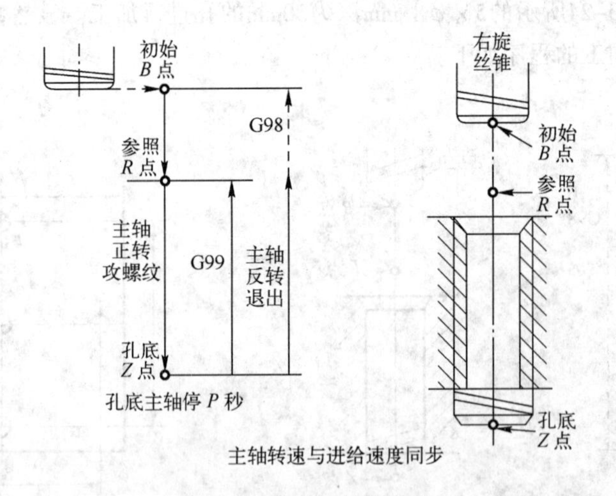

图 3-25 G84 指令动作

【说明】

X、*Y*为绝对编程时是螺孔中心在*XY*平面内的坐标位置，增量编程时是螺孔中心在*XY*平面内相对于起点的增量值。

*Z*为绝对编程时是孔底*Z*点的坐标值，增量编程时是孔底*Z*点相对于参照*R*点的增量值。

*R*为绝对编程时是参照*R*点的坐标值，增量编程时是参照*R*点相对于初始*B*点的增量值

*P*为孔底停顿时间。

*F*为螺纹导程。

*L*为循环次数（一般用于多孔加工，故*X*或*Y*应为增量值）。

【例 3-2-3】图 3-26 所示工件，用 M10×1 正丝锥攻螺纹。

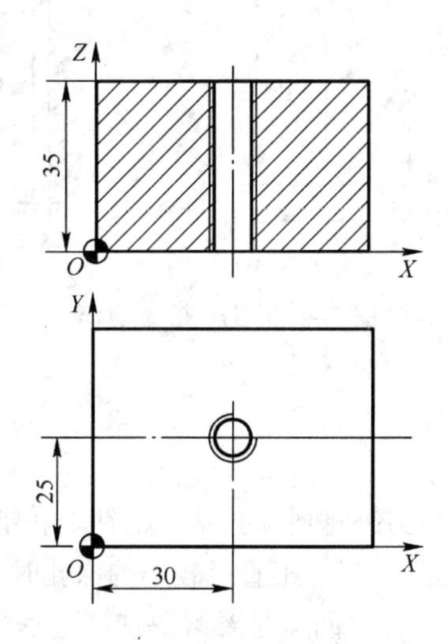

图 3-26　攻螺纹应用实例

参考程序如下：

%3203;

G21;

G17G90G40G49G80G54;

G00Z50;

M03 S200;

G98G84G91X30Y25G90R38P3G91Z-40F1;

G80;

G00 Z100;

X0 Y0;

M05;

M30;

（2）攻螺纹（左螺纹）循环 G74

【格式】

$\begin{Bmatrix} G98 \\ G99 \end{Bmatrix}$G74　X__Y__Z__R__P__F__L__ ;

G74 循环指令为左旋螺纹攻螺纹指令，用于加工左旋螺纹。执行该指令时，主轴反转，在G17 平面快速定位后快速移至 R 点，执行攻螺纹指令到达孔底，然后再主轴正转退回到 R 点，主轴恢复反转，完成攻螺纹动作。在用 G74 攻螺纹之前应先进行换刀并使主轴反转。在 G74 攻螺纹期间速度修调无效。该指令的动作示意如图 3-27 所示。

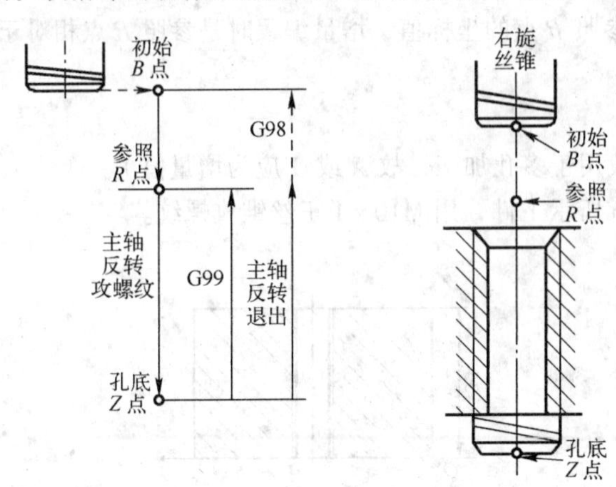

图 3-27　G74 指令动作

二、加工刀具

1. 深孔钻

深孔钻削刀具基本有两种，单刃外排屑深孔钻（枪钻）和错齿内孔排屑深孔钻。

（1）单刃外排屑深孔钻（枪钻）。当加工直径较小的深孔时，由于孔径的限制，钻头的刚性很差。要保证被加工的孔的精度，首要问题是要解决加工过程中的导向问题。单刃外排屑深孔钻（见图 3-28）是加工这种小直径深孔的代表性刀具。用于加工 d= 2 ~ 20mm、长径比达 100 的小深孔。工作是冷却液由钻杆中注入，切屑由钻杆外冲出，即为外排屑。

（2）错齿内孔排屑深孔钻。对于直径比较大的深孔（孔深度和直径之比大于 5 ~ 10），由于切削量很大，必须较好地解决排屑和冷却问题。错齿内排屑深孔钻(见图 3-29）是常用的深孔加工钻头。工作是钻头由浅牙矩形螺纹与钻杆连接，通过刀架带动，经液封头钻入工件。通过刀齿的交错排列实现了分屑，便于切屑的排出；通过钻管与工件孔壁之间的间隙加入冷却液，把切屑从钻头和钻管的内孔冲出。分布在钻头前端圆周上的硬质合金条，使钻头支撑在孔壁上，实现加工过程中的导向功能。

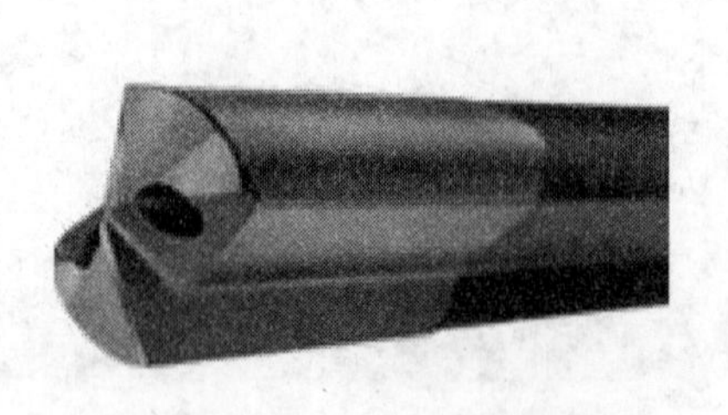

图 3-28　单刃外排屑深孔钻

图 3-29　错齿内孔排屑深孔钻

2. 丝锥

对在机械加工中的内螺纹加工而言，主要采用 3 种加工工艺：攻螺纹法、无切屑的螺纹挤压成形法和先进的螺纹铣削法。内螺纹的加工刀具主要是丝锥、挤压丝锥、螺纹铣刀等（见表 3-6）。

表 3-6 丝锥的种类及用途

分类	特点	用途
螺旋槽丝锥	螺旋槽 可攻螺纹至盲孔的最下部 切屑不会残留 吃入底孔容易 有良好的切削性	切屑呈现连续卷曲状的材料 盲孔 内壁带轴向切槽的孔
刃倾角丝锥	刃倾角槽 切屑从前方排出 无切屑堵塞状况 抗折损强度大 切削性能良好	切屑呈现连续卷曲状的材料 通孔 内壁带轴向切槽的孔 高速加工
挤压丝锥	利用塑性原理加工内螺纹 无切屑排出 内螺纹精度稳定 抗折损强度大	延伸性良好的材料 通孔、盲孔兼用
直槽丝锥	直槽 刃部强度大 切削锥长度选择容易 复磨容易	高硬度的加工材料 易引起刀具磨损的材料 切屑呈现粉末状的材料 攻螺纹深度短的通孔、盲孔

丝锥是加工各种中、小尺寸内螺纹的刀具，它结构简单，使用方便，既可手工操作，也可在机床上工作，在生产中应用得非常广泛。对于小尺寸的内螺纹来说，丝维几乎是唯一的加工刀具。根据丝锥的结构和用途的差异，常用丝维可分为：直槽丝锥、螺旋角丝锥、刃倾角丝锥和挤压丝锥等。

尽管丝锥的种类很多，但它的结构基本上是相同的（见图 3-30）。工作部分是由切削部分和校准部分组成。切削部分齿形是不完整的，后一刀齿比前一刀齿高，当丝锥作螺旋运动时，每一个刀齿都切下一层金属，丝锥主要的切屑工作由切削部分担负。校准部分的齿形是完整的，它主要用来校准及修光螺纹廓形，并起导向作用。柄部是用来传递扭矩的，其结构形式则视丝锥的用途及规格大小而定。

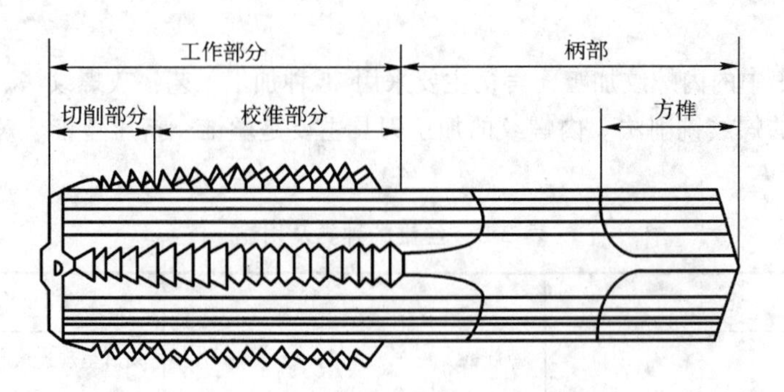

图 3-30　丝锥的结构

在选配丝锥之前关键需要了解：被加工孔的型式（通孔、盲孔）、螺纹的制式（公制、英制）、被加工的螺纹公差级、用户需要的标准型式和加工材料。

工件材料的可加工性是攻螺纹的关键，对于高强度的工件材料，丝锥的前角和下凹量（前面的下凹程度）通常较小，以增加切削刃强度。下凹量较大的丝锥则用在切削扭矩较大的场合，长屑材料需较大的前角和下凹量，以便卷屑和断屑。加工较硬的工件材料需要较大的后角，以减小摩擦和便于冷却液到达切削刃；加工软材料时，太大的后角会导致螺孔扩大。螺旋槽丝锥主要用于盲孔的螺纹加工。加工硬度、强度高的工件材料，所用的螺旋槽丝锥螺旋角较小，可改善其结构强度。

3. 螺纹铣刀

传统的螺纹加工方法主要为采用螺纹车刀车削螺纹或采用丝锥、板牙手工攻螺纹及套螺纹。随着数控加工技术的发展，尤其是三轴联动数控加工系统的出现，使更先进的螺纹加工方式——螺纹的数控铣削（见图 3-31）得以实现。螺纹铣削加工与传统螺纹加工方式相比，在加工精度、加工效率方面具有极大优势，且加工时不受螺纹结构和螺纹旋向的限制，如一把螺纹铣刀可加工多种不同旋向的内、外螺纹。对于不允许有过渡扣或退刀槽结构的螺纹，采用传统的车削方法或丝锥、板牙很难加工，但采用数控铣削却十分容易实现。此外，螺纹铣刀的耐用度是丝锥的 10 多倍甚至数十倍；而且在数控铣削螺纹过程中，对螺纹直径尺寸的调整极为方便，这是采用丝锥、板牙难以做到的。由于螺纹铣削加工的诸多优势，目前发达国家的大批量螺纹生产已较广泛地采用了铣削工艺。

（1）圆柱螺纹铣刀。圆柱螺纹铣刀（见图 3-31）的外形很像是圆柱立铣刀与螺纹丝锥的结合体，但它的螺纹切削刃与丝锥不同，刀具上无螺旋升程，加工中的螺旋升程靠机床运动实现。由于这种特殊结构，该刀具既可加工右旋螺纹，也可加工左旋螺纹，但不适用于较大螺距螺纹的加工。常用的圆柱螺纹铣刀可分为粗牙螺纹和细牙螺纹两种。出于对加工效率和耐用度的考虑，螺纹铣刀大都采用硬质合金材料制造，并可涂覆各种涂层以适应特殊材料的加工需要。圆柱螺纹铣刀适用于钢、铸铁和有色金属材料的中小直径螺纹铣削，切削平稳，耐用度高。缺点是刀具制造成本较高，结构复杂，价格昂贵。

（2）机夹螺纹铣刀及刀片。机夹螺纹铣刀（见图 3-32）适用于较大直径(如 D>25 mm)的螺纹加工。其特点是刀片易于制造，价格较低，有的螺纹刀片可双面切削，但抗冲击性能较整体螺纹铣刀稍差。因此，该刀具常推荐用于加工铝合金材料。

图 3-31　螺纹铣削

图 3-32　螺纹铣刀

（3）组合式多工位专用螺纹镗铣刀。组合式多工位专用螺纹镗铣刀的特点是一刀多刃，一次完成多工位加工，可节省换刀等辅助时间，显著提高生产率。图 3-33 为组合式多工位专用螺纹镗铣刀加工实例。工件需加工内螺纹、倒角和平台 d3。若采用单工位自动换刀方式加工，单件加工用时约 30s。而采用组合式多工位专用螺纹镗铣刀加工，单件加工用时仅约 5s。

（4）螺纹铣削轨迹。螺纹铣削运动轨迹为一螺旋线，可通过数控机床的三轴联动来实现。与一般轮廓的数控铣削一样，螺纹铣削开始进刀时也可采用 1/4 圆弧切入或直线切入。铣削时应尽量选用刀片宽度大于被加工螺纹长度的铣刀，这样，铣刀只需旋转 360° 即可完成螺纹加工。螺纹铣刀的轨迹如图 3-34 所示。

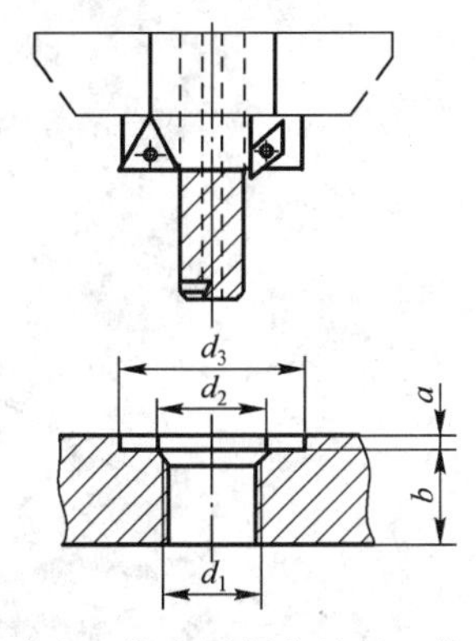

图 3-33　组合式多工位专用螺纹镗铣刀加工示意图

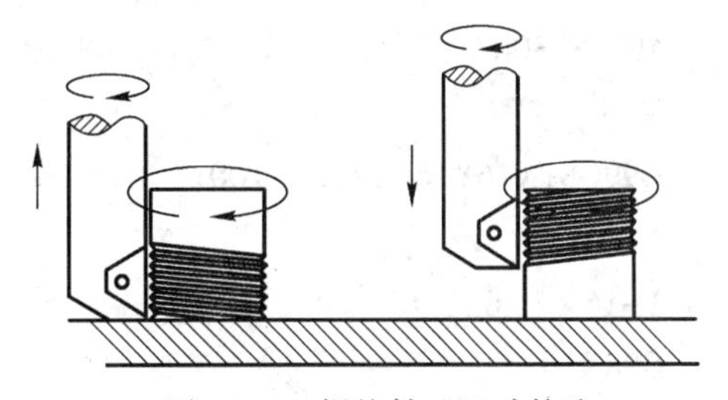

图 3-34　螺纹铣刀运动轨迹

螺纹铣削的优点：

① 免去了采用大量不同类型丝锥的必要性；

② 加工具有相同螺距的任意螺纹直径；

③ 加工始终产生的是短切屑，因此不存在切屑处置方面的问题；

④ 刀具破损的部分可以很容易地从零件中去除；

⑤ 不受加工材料限制，那些无法用传统方法加工的材料可以用螺纹铣刀进行加工；

⑥ 采用螺纹铣刀，可以按所需公差要求加工，螺纹尺寸是由加工循环控制的；

⑦ 与传统HSS(高速钢)攻螺纹相比，采用硬质合金螺纹铣削可以提高生产率。

任务实施

一、程序编制

1. 确定加工方案

（1）工件坐标系原点：为毛坯上表面中心，并通过对刀设定零点偏置G54。

（2）以底面为定位基准，用平口钳装夹。

（3）选择的刀具为ϕ5 mm中心钻、ϕ6.8 mm钻头、ϕ10 mm钻头、M8 mm丝锥，切削用量见表3-7。

表3-7　切削用量

刀具名称	刀具规格	转　速(r/min)	进给量	背吃刀量（mm）
中心钻	B5	1300	100 mm/min	2.5
标准麻花钻	ϕ6.8	750	100 mm/min	3.4
	ϕ10	650	80 mm/min	5
丝锥	M8	150	1.5 mm/r	

2. 编程

参考程序：

%3204；　　　　　钻中心定位程序

```
G21;
G17G90G40G49G80G54;
G00Z50;
M03 S1300;
M08;
G99G81X16Y16R2Z-25F100;
X-16;
Y-16
G98X16;
G80;
G00 Z100;
X0 Y0;
M09;
M05;
M30;
```

%3205；　　　　　钻2×ϕ10孔

```
G21;
G17G90G40G49G80G54;
G00Z50;
M03 S650;
M08;
G99G83X16Y-16R2Z-25P1Q2F80;
G98X-16Y16;
G80;
G90G00Z100;
M09;
M05;
M30;
```

%3206;　　　　　　　　钻 2×M8 底孔

```
G21;
G17G90G40G49G80G54;
G00Z50;
M03 S750;
M08;
G99G83X16Y16R2Z-25P1Q2F100;
G98X-16Y-16;
G80;
G90G00Z100;
M09;
M05;
M30;
```

%3207;　　　　　　　　攻 2×M8 螺纹

```
G21;
G17G90G40G49G80G54;
G00Z50;
M03 S150;
M08;
G99G84X16Y16R5Z-12F1.5;
G98X-16Y-16;
G80;
G90G00Z100;
M09;
M05;
M30;
```

二、加工操作

（1）机床回零。

（2）选用平口虎钳装夹工件，伸出钳口 5 mm 左右，并用百分表找正。

（3）装刀，并对刀，确定 G54 坐标系。

（4）输入程序并校验。

（5）自动加工。

（6）测量检验工件。

表 3-8　深孔和螺纹编程与加工操作配分权重表

工件编号		项目和配分		总得分		
项目与权重	序号	技术要求	配分	评分标准	检测记录	得分
加工操作（30%）	1	尺寸精度符合要求	10	不合格每处扣 4 分		
	2	表面粗糙度符合要求	10	不合格每处扣 2 分		
	3	形状精度符合要求	5	不合格每处扣 2 分		
	4	位置精度符合要求	5	不合格每处扣 2 分		
程序与工艺（45%）	5	固定循环程序格式规范	10	不规范每处扣 4 分		
	6	程序正确	10	不正确每处扣 5 分		
	7	加工路线合理	5	不合理全扣		
	8	加工工艺参数合理	5	不合格每处扣 2 分		
	9	孔测量方法合理	10	不合理全扣		
	10	孔质量分析合理	5	不合理全扣		
机床操作（15%）	11	对刀正确	5	不正确全扣		
	12	机床操作规范	5	不规范每次扣 2~5 分		
	13	刀具选择正确	5	不正确全扣		
文明生产（10%）	14	安全操作	5	出错每次倒扣 2~10 分		
	15	工作场所整理	5	不合格全扣		

任务三　镗孔编程与加工

学习目标

- 掌握镗孔类固定循环的指令格式及镗孔加工原理。
- 掌握镗孔加工工艺及尺寸控制的方法。
- 会进行镗孔加工的编程与操作。

- 会合理选择镗孔用刀具。
- 会合理安排镗孔加工工艺。

任务描述

编制图 3-35 所示工件的加工程序，材料为 45 钢。

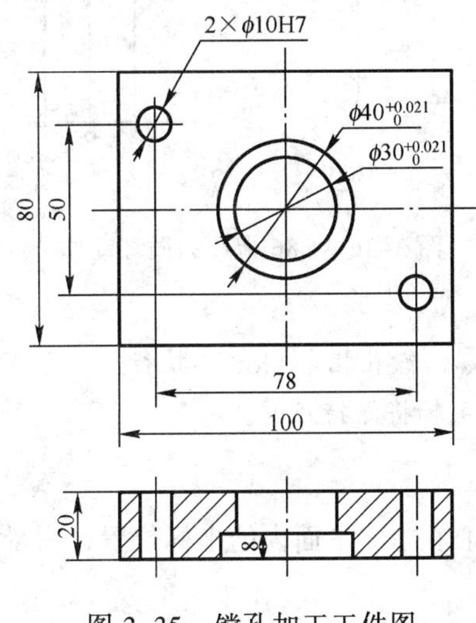

图 3-35　镗孔加工工件图

任务分析

图 3-35 所示工件由 2 × ϕ 10H7、ϕ 30 mm、ϕ 40 mm 四个孔组成，2 × ϕ 10H7 可以用铰削的加工方法完成；因 ϕ 30 mm、ϕ 40 mm 两个孔的孔径很大并且精度要求很高，所以采用先钻削后再镗削的加工方法完成。

知识链接

镗孔加工是在已有孔的基础上，将孔的直径扩大或提高孔的精度，一般作为孔的精加工或半精加工，按照“先面后孔，先粗后精”的加工原则，将镗孔加工安排在表面和轮廓加工结束后再进行，通常有粗镗、半精镗、精镗等。

一、镗孔常用的固定循环指令

1. 镗孔 G86 指令

【格式】G86 X__Y__Z__R__F__L__;

如图 3-36 所示，G86 指令在孔底时主轴停止，然后快速退回。镗孔时，镗刀加工到孔底后主轴停止，返回初始平面或 *R* 点平面后，主轴再重新启动。采用这种方式，如果连续加工的孔间距较小，可能出现刀具已经定位到下一个孔加工的位置而主轴尚未达到指定的转速，为此可以在各孔动作之间加入暂停 G04 指令，使主轴获得指定的转速。本指令属于一般孔镗削加工固定循环。

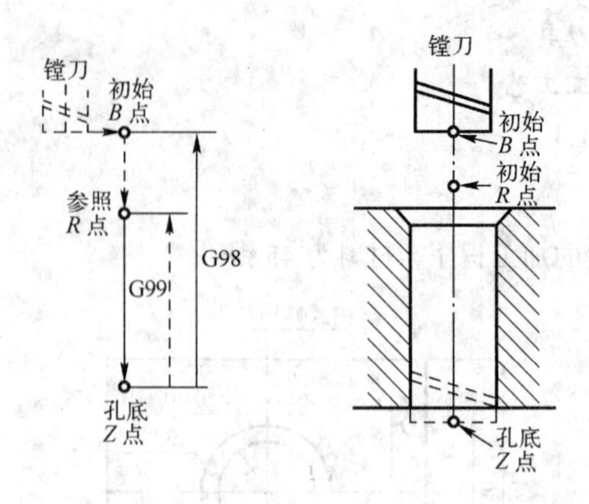

图 3-36　G86 指令的循环动作

注意：

（1）如果 Z 的移动位置为零，镗孔指令 G86 不执行。

（2）调用 G86 指令之后，主轴将保持正转。

【说明】

X、*Y* 为绝对编程时是孔中心在 *XY* 平面内的坐标位置，增量编程时是孔中心在 *XY* 平面内相对于起点的增量值。

Z 为绝对编程时是孔底 *Z* 点的坐标值，增量编程时是孔底 *Z* 点相对于参照 *R* 点的增量值。

R 为绝对编程时是参照 *R* 点的坐标值，增量编程时是参照 *R* 点相对于初始 *B* 点的增量值。

F 为钻孔进给速度。

L 为循环次数（一般用于多孔加工的简化编程）。

2. 背镗孔 G87 指令

【格式】G87 X_Y_Z_R_P_I_J_F_L_;

如图 3-37 所示，*X* 轴和 *Y* 轴定位后，主轴停止，刀具以与刀尖相反方向按指令 *Q* 设定的偏移量位移，并快速定位到孔底。在该位置刀具按原偏移量返回，然后主轴正转，沿 *Z* 轴正向加工到 *Z* 点。在此位置主轴再次停止后，刀具再次按原偏移量反向位移，然后主轴向上快速移动到达初始平面，并按原偏移量返回后主轴正转，继续执行下一个程序段。采用这种循环方式，刀具只能返回到初始平面而不能返回到 *R* 点平面。

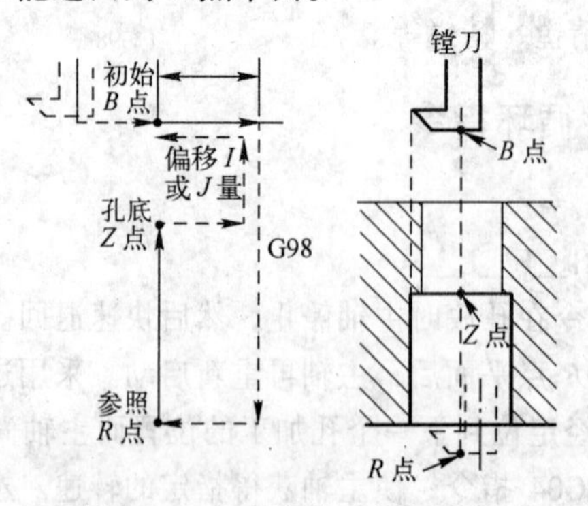

图 3-37　G87 指令的循环动作

【说明】

X、Y 为绝对编程时是孔中心在 XY 平面内的坐标位置，增量编程时是孔中心在 XY 平面内相对于起点的增量值。

Z 为绝对编程时是孔底 Z 点的坐标值，增量编程时是孔底 Z 点相对于参照 R 点的增量值。

R 为绝对编程时是参照 R 点的坐标值，增量编程时是参照 R 点相对于初始 B 点的增量值。

I 为 X 轴方向偏移量。

J 为 Y 轴方向偏移量。

P 为孔底停顿时间。

F 为镗孔进给速度。

L 为循环次数（一般用于多孔加工，故 X 或 Y 应为增量值）。

注意：

（1）该指令一般用于镗削下小上大的孔，其孔底 Z 点一般在参照 R 点的上方，与其他指令不同。

（2）如果 Z 的移动量为零，该指令不执行。

（3）此指令不得使用 G99，如使用则提示“固定循环格式错”报警。

3. 镗孔 G88 指令（手镗）

【格式】G88X__Y__Z__R__P__F__L__;

该指令在镗孔前记忆了初始 B 点或参照 R 点的位置，当镗刀自动加工到孔底后机床停止运行，手动将工作方式转换为“手动”，通过手动操作使刀具抬刀到 B 点或 R 点高度上方，并避开工件。然后工作方式恢复为自动，再循环启动程序，刀位点回到 B 点或 R 点。用此指令一般铣床就可完成精镗孔，不需主轴准停功能。

如图 3-38 所示，刀具到达孔底后暂停，暂停结束后主轴停止且系统进入进给保持状态，在此情况下可以执行手动操作。但是，为了安全起见应先把刀具从孔中退出，再按循环启动按钮启动加工。刀具快速返回到参照 R 点平面或初始 B 点平面，然后主轴正转。

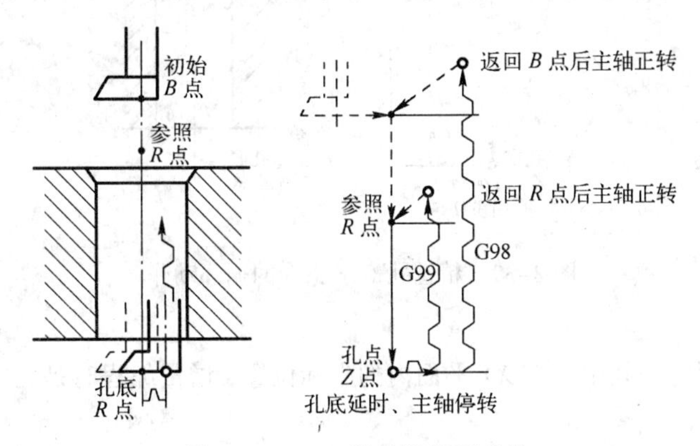

图 3-38　G87 指令的循环动作

【说明】

X、Y 为绝对编程时是孔中心在 XY 平面内的坐标位置，增量编程时是孔中心在 XY 平面内相对于起点的增量值。

Z 为绝对编程时是孔底 Z 点的坐标值，增量编程时是孔底 Z 点相对于参照 R 点的增量值。

R 为绝对编程时是参照 R 点的坐标值，增量编程时是参照 R 点相对于初始 B 点的增量值。

P 为孔底停顿时间。

F 为镗孔进给速度。

L 为循环次数（一般用于多孔加工，故 X 或 Y 应为增量值）

注意：

（1）如果 Z 的移动量为零，该指令不执行。

（2）手动抬刀高度，必须高于 R 点（G99）或 B 点(G98)。

4. 镗孔 G89 指令

G89 指令与 G86 指令相同，但在孔底有暂停。

5. 精镗孔 G76 指令

【格式】G76 X__Y__Z__R__P__I__J__F__L__；

孔加工动作如图 3-39 所示。精镗时，主轴在孔底定向停止后，向刀尖反方向移动，然后快速退刀。刀尖反向位移量用地址 I、J 指定，其值只能为正值。I、J 值是模态的，位移方向由装刀时确定。采用这种镗孔方式可以高精度、高效率地完成孔加工而不损伤工件表面。执行 G76 指令时，镗刀先快速移到 XY 坐标点，再快速定位到 R 点，接着以 F 给定的进给速度镗孔至 Z 指定深度后，主轴定向停止，使刀尖指向一个固定方向后，镗刀中心偏移使刀尖离开加工孔面，然后快速定位退出孔外。当镗刀退回到参照 R 点或者初始 B 点时，刀具中心回复到原来的位置，且主轴恢复转动。

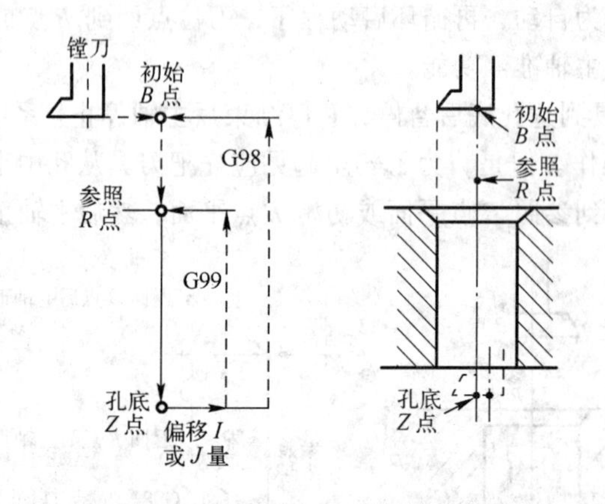

图 3-39　精镗孔 G76 指令的循环动作

【说明】

X、Y 为绝对编程时是孔中心在 XY 平面内的坐标位置，增量编程时是孔中心在 XY 平面内相对于起点的增量值。

Z 为绝对编程时是孔底 Z 点的坐标值，增量编程时是孔底 Z 点相对于参照 R 点的增量值。

R 为绝对编程时是参照 R 点的坐标值，增量编程时是参照 R 点相对于初始 B 点的增量值。

I 为 X 轴方向偏移量，只能为正值。

J 为 Y 轴方向偏移量，只能为正值。

P 为孔底停顿时间。

F 为镗孔进给速度。

L 为循环次数（一般用于多孔加工，故 X 或 Y 应为增量值）。

【例3-3-2】如图3-40所示，用单刃镗刀镗孔。

参考程序如下：

```
%3301;
G21;
G17G90G40G49G80G54;
G00Z50;
M03 S600;
G98G98G76X20Y15R40P2I-5Z-4F100;
X40Y30;
N100 G80;
N110G00 Z100;
N120 X0 Y0;
N130 M05;
N140 M30;
```

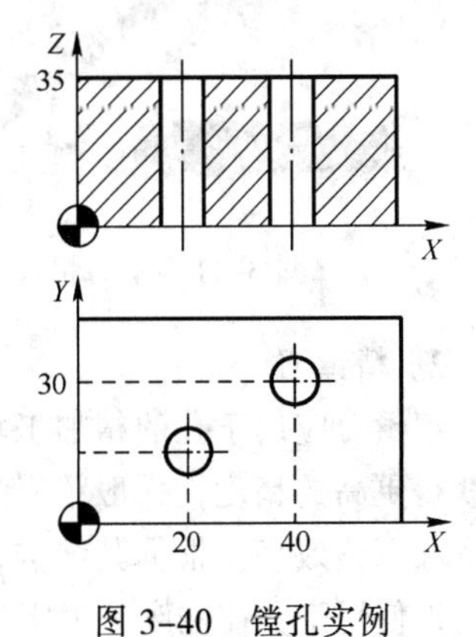

图 3-40　镗孔实例

二、镗削刀具及切削用量的选择

1. 镗削刀具

镗刀用于加工各类直径较大的孔，特别是位置精度要求较高的孔和孔系。镗刀的类型按功能可分为粗镗刀、精镗刀；按切削刃数量可分为单刃镗刀、双刃镗刀和多刃镗刀；按照工件加工表面特征可分为通孔镗刀、盲孔镗刀、阶梯孔镗刀和端面镗刀；按刀具结构可分为整体式、模块式等。

1）粗镗刀

粗镗刀应用于孔的半精加工。常用的粗镗刀按结构可分为单刃和双刃，根据不同的加工场合，也有通孔专用和盲孔加工；一般单刃粗镗刀（见图 3-41）结构简单、制造方便、通用性很强。但是这种刀具刚性较差，易引起振动，镗孔尺寸调节不方便，生产效率低，对人工技术要求较高。为了使镗刀头在镗杆内有较大的安装长度，并具有足够的位置压紧螺钉和调节螺钉，在镗盲孔或阶梯孔时，镗刀头在刀杆上的安装斜角一般取 45°。镗通孔时取 0°，以便于镗杆的制造。通常通孔镗刀压紧螺钉从镗杆的端面来压紧镗刀头，盲孔镗刀则从侧面压紧镗刀头。

可调式双刃粗镗刀（见图 3-42）两端都有切削刃，切削时受力均匀，可消除径向力对镗杆的影响，在数控加工中心的镗铣床上使用得越来越多。这种粗镗刀适用范围广泛，通过各类调整可发挥不同的作用，例如：将一刃调小后可做单刃镗孔，在刀夹下加垫片可做高低台阶刃镗孔，镗孔范围可达 $\phi25\sim\phi450$ mm。可调式双刃粗镗刀最适合在各类型的加工中心或数控铣床上面使用，通常为模块式，加工深度可配合延长杆延伸至所需长度。其侧面的刻度让使用者调整起来更加简单方便。

图 3-41　单刃粗镗刀

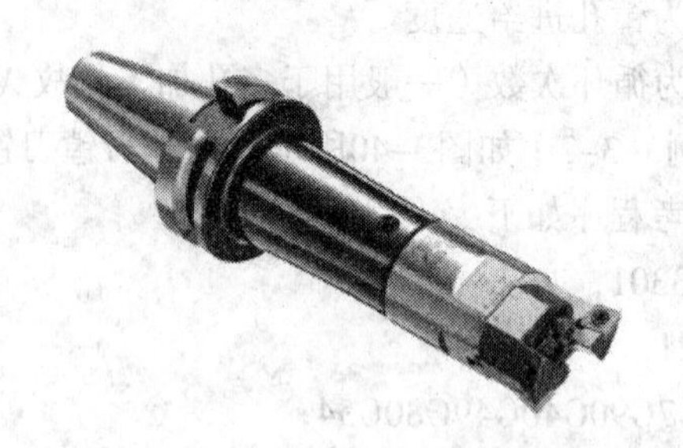

图 3-42　可调式双刃粗镗刀

2）精镗刀

精镗刀应用于孔的精加工场合，能获得较高的直径、位置精度和光洁度。为了在孔加工中能获得更高的精度，一般精镗刀采用的都是单刃形式，刀头带有微调结构，以获得更高的调整精度和调整效率。根据其结构，精镗刀可分为整体式精镗刀、模块式精镗刀和小径精镗刀，均广泛地使用于数控铣床、镗床和加工中心上。

（1）整体式精镗刀。整体式精镗刀（见图 3-43）主要用在批量产品的生产线，但实际上机器的规格有多种多样：NT、MT、BT、IV、CV、DV 等等。即使规格一样，大小也有不同，使规格、大小都一样，有可能拉钉形状、螺纹不一样，或者法兰面形状不一样。这些都使得整体式镗刀在对应上遇到很大的困难。特别是近些年来，市场结构、市场需求日新月异，产品周期日益缩短，这就要求加工机械以及加工刀具具有更充分的柔性。

（2）模块式精镗刀。模块式精镗刀（见图 3-44）即是将镗刀分为基础柄、延长杆、变径杆、镗头、刀片座等多个部分，然后根据具体的加工内容（粗镗、精镗；孔的直径、深度、形状；工件材料等等）进行自由组合。这样不但大大地减少了刀柄的数量，降低了成本，也可以迅速对应各种加工要求，并延长刀具整体的寿命。

图 3-43　整体式精镗刀

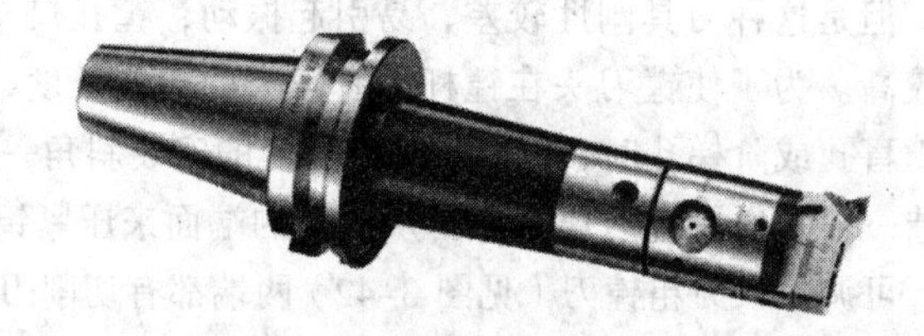

图 3-44　模块式精镗刀

（3）小径精镗刀。小径精镗刀（见图 3-45）是通过更换前部刀杆和调整刀杆偏心获得调整直径目的的。由于调整范围广，且可加工小径孔，所以小径精镗刀在工、模具和产品的单件、小批量生产中得以广泛的应用。

这种刀具的特点为：

① 通过更换不同的刀杆，可以加工 $\phi 8 \sim \phi 50$ mm 的孔，可调范围大，所以成本较低；

② 对于长径比较大的孔，可采用钨钢防震刀杆进行加工；

③ 对于ϕ20以上的孔，由于小径精镗刀的刚性和稳定性不如模块式镗刀，所以在批量生产的情况下，尽量使用模块式镗刀。

在选择镗刀时应考虑以下几点要求。

① 尽量选择直径较大的刀杆，直径尽可能接近镗孔直径。

② 尽可能选择长度较短的刀杆，当工作长度小于4倍刀杆直径时，可选用钢制刀杆;

加工要求较高的孔最好采用硬质合金制刀杆；当工作长度为4~7倍刀杆直径时，小孔采用硬质合金制刀杆，大孔用减震刀杆；大于 7 倍刀杆直径时，必须使用减震刀杆。

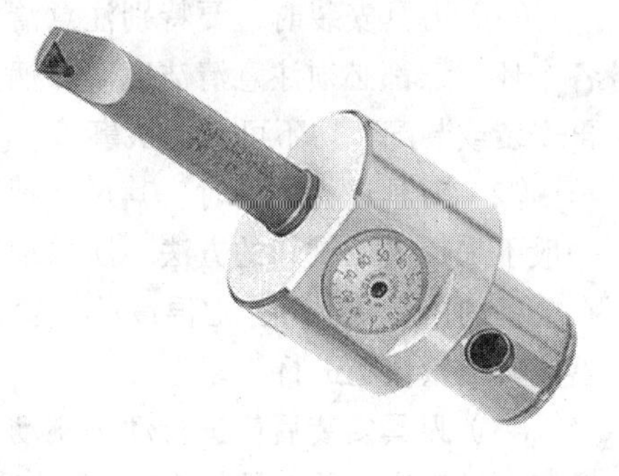

图 3–45　小径精镗刀

③ 选择刀刃圆弧小的无涂层刀片，或者使用较小的刀尖半径，主偏角应大于75°。

④ 精加工时采用正切削刃的刀片和刀具，粗加工时采用负切削刃的刀片和刀具。

⑤ 镗较深的盲孔时，需采用良好的冷却方式。

2. 镗削加工切削用量的选择

常用刀具材料及切削用量（见表3–9）。

表 3-9　镗孔的切削用量

刀具材料＼材料		铸铁		钢		铝及其合金	
		V(mm/min)	S	V(mm/min)	S(mm)	V(mm/min)	S(mm)
粗镗	高速钢	20~25		15~30		100~150	0.5~1.5
	硬质合金	35~50	0.4~1.5 mm	50~70	0.35~0.7	100~250	
半精镗	高速钢	20~35		15~50		100~200	0.2~0.5
	硬质合金	50~70	0.1~0.45 mm	95~135	015~0.45		
精镗	高速钢		D1 级				
	硬质合金	70~90	D 级	100~135	0.12~0.15	150~400	0.06~0.1

注：(1) 当采用高精度的镗头镗孔时，由于余量较小，直径余量不大于0.2 mm，切削速度可提高，铸铁件为100~150 mm/min，铝合金为200~400 mm/min，巴氏合金为250~500 mm/min。

(2) 每转进给量可在 S=0.03~0.1mm 范围内。

三、镗刀刀具参数的测量方法

如图 3–46 所示，数控铣床自动测定每把刀的刀尖至主轴轴线的半径值和刀尖至基准面的刀尖高度，并推算各把刀刀尖高度与标准刀具刀尖高度的差值。把这些刀具参数输入数控系统后，通过刀具的补偿指令，数控机床自动实现刀具的半径补偿和刀具的长度补偿。

图 3–46　对刀仪对刀法

四、镗刀的使用方法及注意事项

（1）刀具安装时，要特别注意清洁。镗孔刀具无论是粗加工还是精加工，在安装和装配的各个环节，都必须注意清洁度。刀柄与机床的装配、刀片的更换等等，都要先擦拭干净，然后再安装或装配，切不可马虎从事。

（2）刀具进行预调时，其尺寸精度、完好状态必须符合要求。除单刃镗刀外，可转位镗刀一般不采用人工试切的方法，所以加工前的预调就显得非常重要。预调的尺寸必须精确，要调在公差的中下限，并考虑温度的因素，进行修正、补偿。刀具预调可在专用预调仪（机）、对刀器或其他量仪上进行。

（3）刀具安装后应进行动态跳动检查。动态跳动检查是一个综合指标，它反映机床主轴精度、刀具精度以及刀具与机床的连接精度。这个精度如果超过被加工孔要求的精度的 1/2 或 2/3 就不能进行加工，需找出原因并消除后，才能进行。这一点操作者必须牢记，并严格执行。否则加工出来的孔就不能符合要求。

（4）应通过统计或检测的方法，确定刀具各部分的寿命，以保证加工精度的可靠性。对于单刃镗刀来讲，这个要求可低一些；但对多刃镗刀来讲，这一点特别重要。可转位镗刀的加工特点是：预先调刀，一次加工达到要求，必须保证刀具不损坏，否则会造成不必要的事故。

任务实施

一、程序编制

1. 确定工艺方案及加工路线

（1）工件坐标系原点：为毛坯上表面中心，并通过对刀设定零点偏置 G54。

（2）以底面为定位基准，用平口钳装夹。

（3）选择的刀具为ϕ9.8 mm 钻头、ϕ22 mm 钻头、ϕ18 mm 立铣刀、微调镗孔刀，切削用量见表 3-10。

表 3-10 切削用量

刀具名称	刀具规格	转速(r/min)	进给量（mm/min）	背吃刀量（mm）
中心钻	B2.5	2000	100	1.25
标准麻花钻	ϕ9.8	650	100	4.9
	ϕ22	450	80	4.9
立铣刀	ϕ18	500	200	7
镗 刀	ϕ30	200	50	

（4）加工路线。

① 钻ϕ9.8 mm 孔的加工路线如图 3-47 所示。

② 用钻头扩孔至ϕ22 mm 的加工路线如图 3-48 所示。

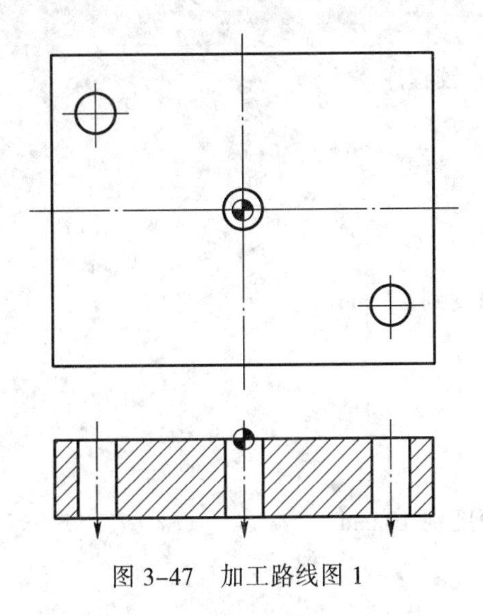

图 3-47　加工路线图 1

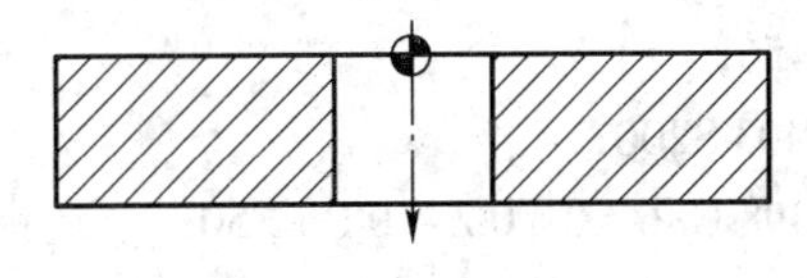

图 3-48　加工路线图 2

③ 用 ϕ18 mm 立铣刀扩孔至 ϕ29.8 mm 的加工路线如图 3-49 所示。

④ 用 ϕ18 mm 立铣刀扩孔至 ϕ39.8 mm、深 9.8 mm 的加工路线如图 3-50 所示。

⑤ 铰孔至尺寸 ϕ10H7 的加工路线如图 3-47 所示。

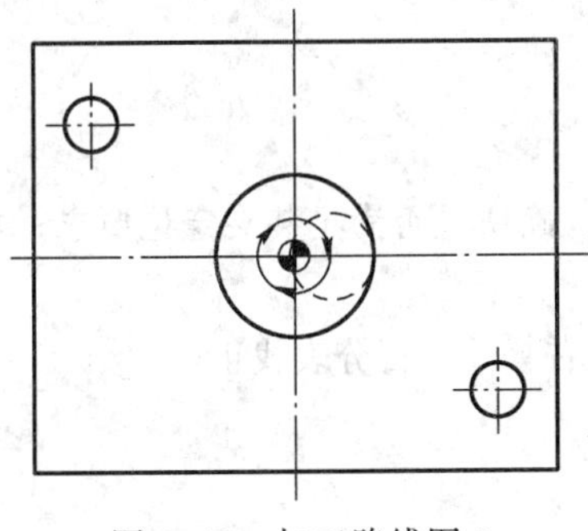

图 3-49　加工路线图 3

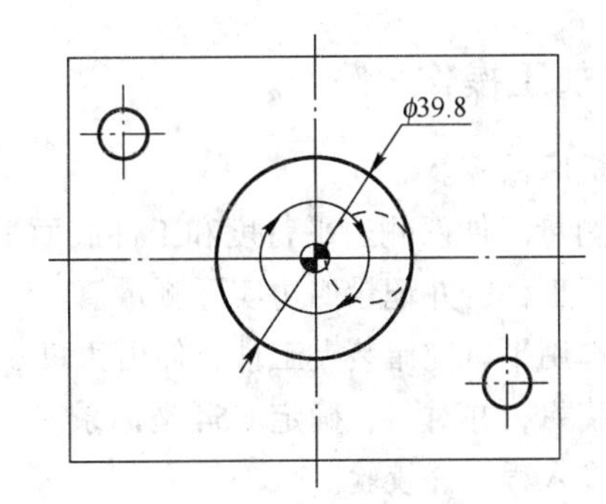

图 3-50　加工路线图 4

⑥ 镗孔至尺寸 $\phi 40^{+0.021}_{0}$ 时的加工路线如图 3-50 所示。

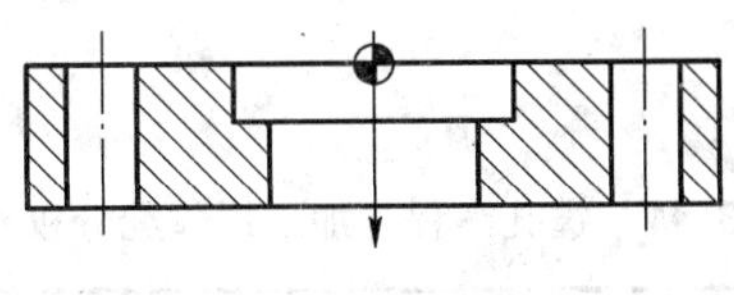

图 3-51　加工路线图 5

2. 编程

参考程序如下：

%3302;

G21;

G17G90G40G49G80G54;

G00Z50;

```
M03 S650;
……;                                    钻、扩、铰程序
M05;
G55;
M03 S200;
G90G00Z10;
G98G86 X0 Y0 Z-22 R5 F50;          镗φ30孔深度到22 mm
G80;
M05;
G56;
M03 S200;
G98 G86 X0 Y0 Z-10 R5 F50;         镗φ40孔深度到10 mm
G80;
G00 Z50;
M05;
X0Y0;
M30;
```

二、加工操作

（1）机床回零。

（2）测量工件两侧边平行度和工件底面平面度，确认是否满足装夹定位要求；如果不满足应增加修正工件，并记录四边实际测量值。

（3）选用平口虎钳装夹工件，伸出钳口5 mm左右，并用百分表找正。

（4）装刀，并对刀，确定G54坐标系。

（5）输入程序并校验。

（6）钻孔加工。

（7）重复（4）（5）步骤进行扩孔、铰孔、镗孔加工。

（8）检验工件。

任务评价

表3-11　镗孔编程与加工操作配分权重表

工件编号		项目和配分		总得分		
项目与权重	序号	技术要求	配分	评分标准	检测记录	得分
加工操作（30%）	1	尺寸精度符合要求	10	不合格每处扣4分		
	2	表面粗糙度符合要求	10	不合格每处扣2分		
	3	形状精度符合要求	5	不合格每处扣2分		
	4	位置精度符合要求	5	不合格每处扣2分		

续表

工件编号		项目和配分		总得分		
程序与工艺（45%）	5	固定循环程序格式规范	10	不规范每处扣 4 分		
	6	程序正确	10	不正确每处扣 5 分		
	7	加工路线合理	5	不合理全扣		
	8	加工工艺参数合理	5	不合格每处扣 2 分		
	9	孔测量方法合理	10	不合理全扣		
	10	孔质量分析合理	5	不合理全扣		
机床操作（15%）	11	对刀正确	5	不正确全扣		
	12	机床操作规范	5	不规范每次扣 2~5 分		
	13	刀具选择正确	5	不正确全扣		
文明生产（10%）	14	安全操作	5	出错每次倒扣 2~10 分		
	15	工作场所整理	5	不合格全扣		

项目四　中级数控铣工技能训练题

任务一　中级数控铣工技能训练实例一

学习目标

- 掌握中等复杂程度零件编程及工艺分析要点。
- 会分析并合理选择刀具及切削用量。
- 会编制完整、合理的数控加工程序。

任务描述

加工图 4-1 所示的工件（毛坯 100 mm × 120 mm × 26 mm，45 钢，顶面为未加工表面）。

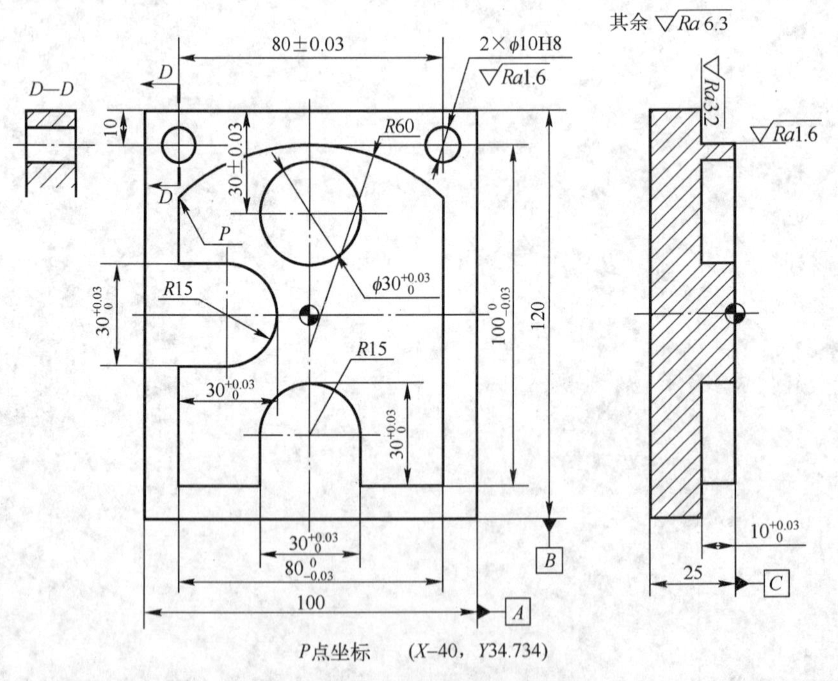

图 4-1　中级数控铣工技能训练题一

任务分析

零件的几何要素

零件加工部位由轮廓、腔槽、孔等组成。其几何形状属于平面二维图形，大部分几何形状特点从图形中能直接求出，不必计算，只有 P点需要进行计算。

工艺要点分析

（1）对图样设计基准的理解：根据在宽度方向有对称度 0.04 mm 的要求，且凸台主要尺寸对称标注，因此在宽度方向上，对称轴为设计基准；在高度方向上有对称度 0.03 mm 的要求，凸台高度总尺寸 $100^{0}_{-0.03}$也对称标注，因此在高度方向的对称轴为设计基准。

（2）对工件加工要求的理解：对凸台周边的轮廓尺寸均有精度要求，因此需采用粗、精加工，以确保加工精度；对于 2×ϕ10H7 的孔，因需达到 H7 级精度，故需采用钻–铰的加工工艺方案；为保证对工件顶面 C的平行度为 0.05 mm，需对工件顶面进行铣削。

任务实施

一、程序编制

1. 制定工艺方案

将工件坐标系设在 X、Y向对称中心，Z向原点设置在零件的顶面。

（1）用ϕ60 面铣刀粗、精铣工件顶面（%4101），刀具运动路线如图 4–2 所示。

（2）用ϕ16 立铣刀粗、精铣外轮廓（%4102），刀具运动路线如图 4–3 所示。

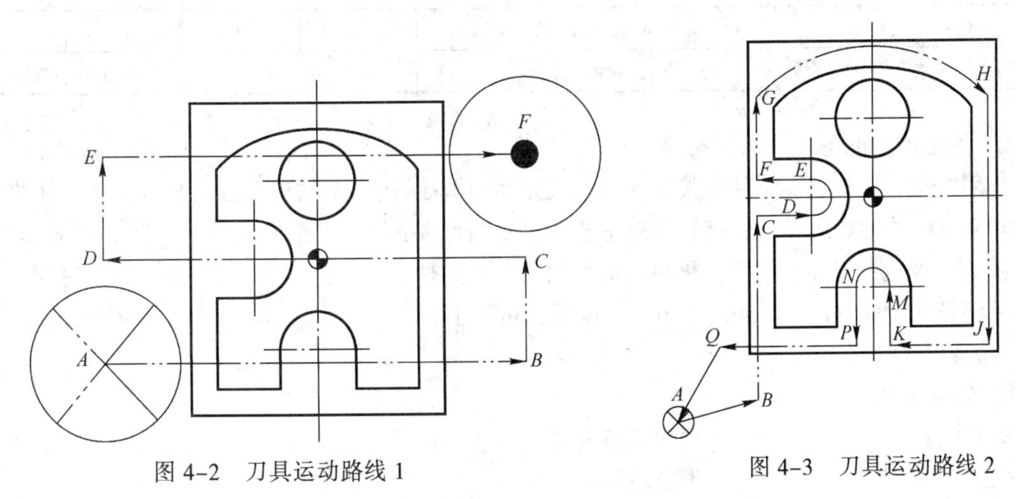

图 4–2　刀具运动路线 1　　　　图 4–3　刀具运动路线 2

（3）用ϕ16 立铣刀粗、精铣ϕ30 盲孔（%4104，粗铣时采用螺旋下刀），刀具运动路线如图 4–4 所示。

（4）用 B3 中心钻钻 2×ϕ10H8 孔的中心孔（%4105），刀具运动路线如图 4–5 所示。

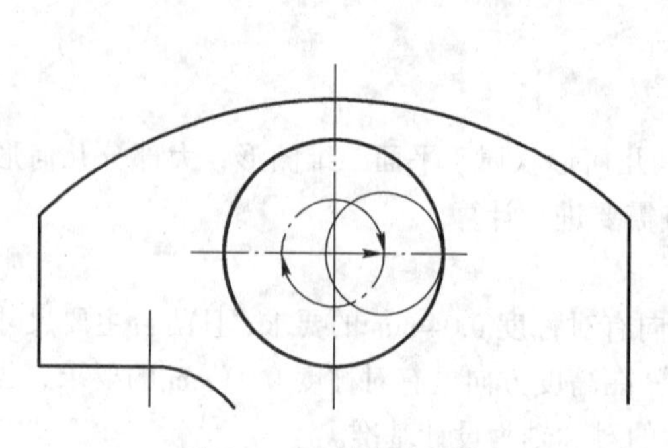

图 4-4　刀具运动路线 3

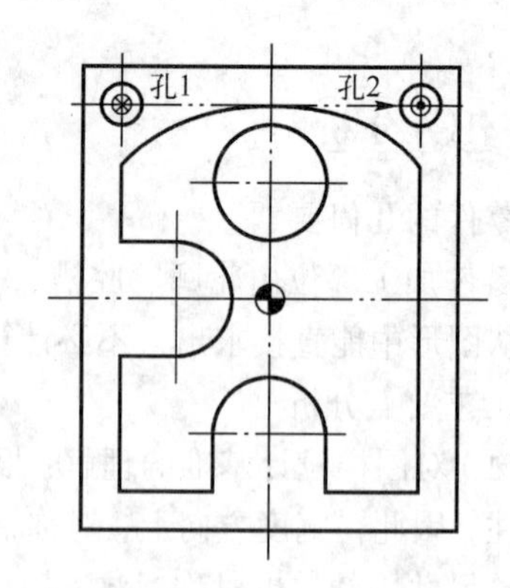

图 4-5　钻、铰刀具运动路线

（5）用 ϕ9.8 钻头钻 2× ϕ10H8 孔至 ϕ9.8（%4106），刀具运动路线如图 4-5 所示。

（6）用 ϕ10H8 机用铰刀铰削 2× ϕ10H8 孔（%4107），刀具运动路线如图 4-5 所示。

工艺卡片见表 4-1。

表 4-1　工艺卡片

工序号	作业内容	刀号	刀具规格	刀补量 (mm)	主轴转速 (r/min)	进给速度 (mm/min)	背吃刀量 (mm)	备注
1	铣削顶面	T1	ϕ60 面铣刀		400	200	1	
2	粗铣外轮廓	T2	ϕ16 立铣刀	8.2	600	100	2.5	
3	精铣外轮廓	T2	ϕ16 立铣刀	8	800	100	2.5	
4	钻中心孔	T3	B3 中心钻		900	50	1.5	
5	钻孔	T4	ϕ9.8 钻头		600	120	4.9	
6	铰孔	T5	ϕ10H8 铰刀		100	30	0.1	
编制	审核		批准		年 月 日		共 页	第 页

2. 加工前的准备

选用机用平口钳装夹工件，校正平口钳固定钳口与工作台 *X* 轴移动方向平行。在工件的下表面与平口钳之间放入精度较高且厚度适当的平行垫块，工件露出钳口表面不得少于 12 mm。利用木锤或铜棒敲击工件，使平行垫块不能移动后夹紧工件。

毛坯尺寸 100 mm×120 mm×26 mm，侧面已精加工。

3. 编程

参考程序：

%4101;	**顶面铣削程序**
G21;	设定单位制
G17G90G40G49G80G54;	程序起始
G00Z50;	刀具快速移至安全高度 *Z*50 处
M03 S600;	主轴正转，转速 *S*600
M08;	冷却液开
G00X-85Y-40;	刀具移至下刀点 *A*

Z0;	下刀至 Z0 处
G01G91X160F200;	增量编程,从 A 铣削至 B(见图 4-2),进给速度为 200 mm/min
Y40;	从 B 铣削至 C(见图 4-2)
X-160;	从 C 铣削至 D(见图 4-2)
Y40;	从 D 铣削至 E(见图 4-2)
X160;	从 E 铣削至 F(见图 4-2)
G00G90Z100;	绝对编程，刀具快速抬刀至 Z100 处
M09;	冷却液关
M05;	主轴停转
M30;	程序结束
%4102;	**外轮廓加工程序**
G21;	设定单位制
G17G90G40G49G80G54;	程序起始
G00Z50;	刀具快速移至安全高度 Z50 处
M03 S800;	主轴正转，转速 S600
M08;	冷却液开
G00X-60Y-80;	刀具快速移至下刀点 A(见图 4-3)
Z0;	刀具移至子程序循环起点
M98P4103L4;	调用子程序%4103
G90G00Z100;	绝对编程，抬刀
M09;	冷却液关
M05;	主轴停转
M30;	程序结束
%4103;	**外轮廓加工子程序**
G91G00Z-2.5;	增量编程，下刀一个切削深度
G90G41G01X-40Y-58D01F100;	绝对编程，从 A 铣削至 B(见图 4-3)，并产生刀具半径补偿，进给速度为 100 mm/min
Y-15;	从 B 铣切削至 C(见图 4-3)
X-25;	从 C 铣切削至 D(见图 4-3)
G03Y15J15;	从 D 铣切削至 E(见图 4-3)
G01X-40;	从 E 铣切削至 F(见图 4-3)
Y34.734;	从 F 铣切削至 G(见图 4-3)
G02X40R60;	从 G 铣切削至 H(见图 4-3)
G01Y-50;	从 H 铣切削至 J(见图 4-3)
X15;	从 J 铣切削至 K(见图 4-3)
Y-35;	从 K 铣切削至 M(见图 4-3)
G03X-15R15;	从 M 铣切削至 N(见图 4-3)
G01Y-50;	从 N 铣切削至 P(见图 4-3)
X-50;	从 P 铣切削至 Q(见图 4-3)

```
G40X-60Y-80;                     从 Q 铣切削至 A（见图 4-3）
M99;                             子程序结束，返回主程序
%4104;                           φ30 盲孔铣削程序
G21;                             设定单位制
G17G90G40G49G80G54;              程序起始
G00Z50;                          刀具快速移至安全高度 Z50 处
M03 S600;                        主轴正转，转速 S600
M08;                             冷却液开
G00X0Y30;                        刀具移至孔中心
G00Z1;                           下刀至 Z1 处
G01Z0F50;                        慢速下刀至 Z0 处
X6.5;                            移至螺旋线起点；
G03X6.5Y30G91Z2I6.5L5F100;       粗铣，螺旋线下刀，螺距 2，共 5 圈
G90G00Z0;                        快速抬刀至 Z0 处
S800;                            改变转速
G91G00Z-2.5;                     下刀第一个切削深度
G41G90G01X15Y30D01F100;          建立刀具半径补偿
G03 X15Y30I15;                   圆弧切削第一层
G40G00X0;                        取消刀具半径补偿
G91G00Z-2.5;                     下刀第二个切削深度
G41G90G01X15Y30D01F100;
G03 X15Y30I15;
G40G00X0;
G91G00Z-2.5;                     下刀第三个切削深度
G41G90G01X15Y30D01F100;
G03 X15Y30I15;
G40G00X0;
G17G00Z-2.5;                     下刀第四个切削深度
G41G90G01X15Y30D01F100;
G03 X15Y30I15;
G40G00X0;
G90G00Z100;
M09;                             冷却液关
M05;                             主轴停转
M30;                             程序结束
%4105;                           加工 2×φ10H8 孔的中心孔
G21;                             设定单位制
G17G90G40G49G80G54;              程序起始
G00Z50;                          刀具快速移至安全高度 Z50 处
```

M03 S900;	主轴正转，转速 *S*900
M08;	冷却液开
G99G81X-40Y50R2Z-5F50;	钻孔循环（孔 1，见图 4-5）
G98X40;	钻孔循环（孔 1，见图 4-5）
G80;	固定循环取消
G00Z100;	抬刀
M09;	冷却液关
M05;	主轴停转
M30;	程序结束
%4106;	**加工 2× ϕ10H8 孔至 ϕ9.8**
G21;	设定单位制
G17G90G40G49G80G54;	程序起始
G00Z50;	刀具快速移至安全高度 *Z*50 处
M03 S600;	主轴正转，转速 *S*600
M08;	冷却液开
G99G83X-40Y50R2Z-30 Q4F120;	钻孔循环（孔 1，见图 4-5）（注：为确保安全，采用深孔加工的固定循环方式）
G98X40;	钻孔循环（孔 2，见图 4-5）
G80;	固定循环取消
G00Z100;	抬刀
M09;	冷却液关
M05;	主轴停转
M30;	程序结束
%4107;	**铰 2× ϕ10H8 孔程序**
G21;	设定单位制
G17G90G40G49G80G54;	程序起始
G00Z50;	刀具快速移至安全高度 *Z*50 处
M03 S100;	主轴正转，转速 *S*100
M08;	冷却液开
G99G85X-40Y50R2Z-30 F30;	铰孔（孔 1，见图 4-5）
G98X40;	铰孔（孔 2，见图 4-5）
G80;	固定循环取消
G00Z100;	抬刀
M09;	冷却液关
M05;	主轴停转
M30;	程序结束

二、加工操作

（1）机床回零。

（2）测量工件两侧边平行度和工件底面平面度，确认是否满足装夹定位要求，如果不满足应增加修正工件，并记录四边实际测量值。

（3）选用平口虎钳装夹工件，伸出钳口不少于 12 mm 左右，并用百分表找正。

（4）装刀，并对刀，确定 G54 坐标系。

（5）输入程序并校验。

（6）钻孔加工。

（7）重复（4）（5）步骤进行扩孔、铰孔、镗孔加工。

（8）检验工件。

表 4-2　中级数控铣工技能训练—配分权重表

工件编号			项目和配分		总得分		
项目与配分		序号	技术要求	配分	评分标准	检测记录	得分
工件加工评分（80%）	外形轮廓	1	$80_{-0.03}^{0}$	4	超差 0.01 扣 1 分		
		2	$100_{-0.03}^{0}$	4	超差 0.01 扣 1 分		
		3	$30_{0}^{+0.03}$	3×4	超差 0.01 扣 1 分		
		4	凸台高 $10_{0}^{+0.03}$	4	超差 0.01 扣 1 分		
		5	对称度 0.03	4×2	超差 0.01 扣 1 分		
		6	平行度 0.03	6	超差 0.01 扣 1 分		
		7	*Ra*1.6	5	每错一处扣 1 分		
		8	*Ra*3.2	4	每错一处扣 1 分		
		9	*R*15、*R*60	3	每错一处扣 2 分		
	内轮廓与孔	10	孔径 $\phi\ 30_{0}^{+0.03}$	4	超差 0.01 扣 1 分		
		11	孔距 30 ± 0.03	4	超差 0.01 扣 1 分		
		12	*Ra*3.2	2	每错一处扣 1 分		
		13	ϕ 10H8	3×2	超差 0.01 扣 1 分		
		14	孔距 80 ± 0.03	4	超差 0.01 扣 1 分		
		15	*Ra*1.6	2×2	每错一处扣 1 分		
	其他	16	工件按时完成	3	未按时完成全扣		
		17	工件无缺陷	3	缺陷一处扣 1 分		
程序与工艺（10%）		18	程序正确合理	5	每错一处扣 2 分		
		19	加工工序卡	5	不合理每处扣 2 分		
机床操作（10%）		20	机床操作规范	5	每错一处扣 2 分		
		21	工件、刀具装夹	5	每错一处扣 2 分		
安全文明生产（倒扣分）		22	安全操作	倒扣	安全事故停止操作或酌扣 5 ~ 30 分		
		23	机床整理	倒扣			

任务二 中级数控铣工技能训练实例二

学习目标

- 进一步掌握子程序的编制方法和要点。
- 掌握中等复杂程度零件编程及工艺分析要点。
- 会分析并合理选择刀具及切削用量。
- 会编制完整、合理的数控加工程序。

任务描述

加工图 4-6 所示的工件（毛坯 100 mm×80 mm×26 mm，45 钢，顶面为未加工表面）。

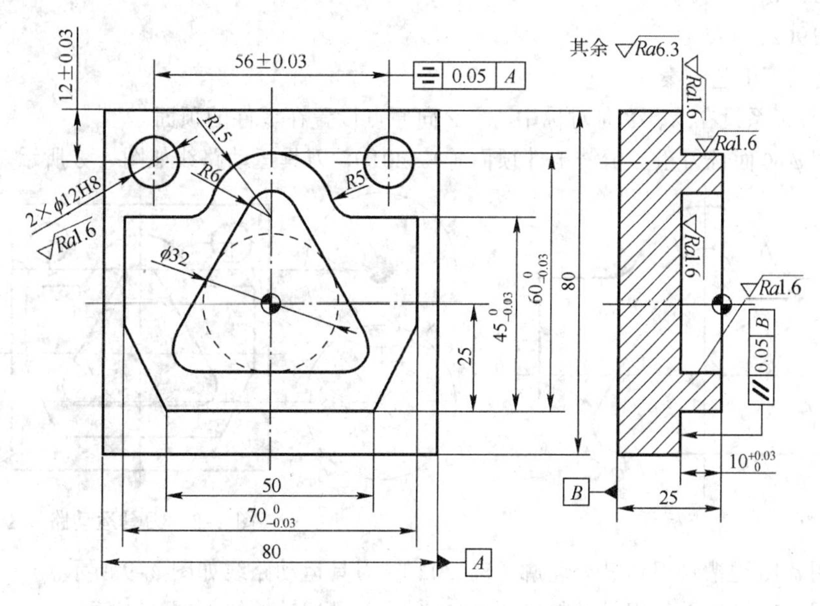

图 4-6 中级数控铣工技能训练题二

任务分析

零件的几何要素

零件加工部位由轮廓、腔槽、孔等组成。其几何形状属于平面二维图形，一部分几何形状特点从图形中能直接求出，但仍有一部分轮廓特征点需要利用三角函数等数学知识进行计算才能得出，如外轮廓的过渡圆弧切点及三角形内轮廓的过渡圆弧点。

工艺要点分析

（1）对图样设计基准的理解：根据在宽度方向有对称度 0.05mm 的要求，且凸台主要尺寸左右对称，因些在宽度方向上，对称轴为设计基准；在高度方向上的尺寸均对称标注，因此在高度方向的对称轴为设计基准。

（2）对工件加工要求的理解：对凸台周边的轮廓尺寸均有精度要求，因此需采用粗、精加工，以确保加工精度；对于 2× ϕ12H8 的孔，因需达到 H8 级精度，故需采用钻-铰的加工工艺方案；为保证对工件顶面 *B* 的平行度 0.05 mm，需对工件顶面进行铣削。

任务实施

一、程序编制

1.计算基点坐标值

各基点如图 4-7 所示。

计算结果如下（过程略）：

A（*X*-20.125，*Y*20）

B（*X*-14.3747，*Y*24.2857）

C（*X*17.3205，*Y*-16）

D（*X*22.5167，*Y*-7）

E（*X*5.1962，*Y*23）

2. 制定加工工艺方案

将工件坐标系设在 *X*、*Y* 向对称中心，*Z* 向原点设置在零件的顶面。

（1）用 ϕ60 面铣刀粗、精铣工件顶面（%4201），刀具运动路线如图 4-8 所示。

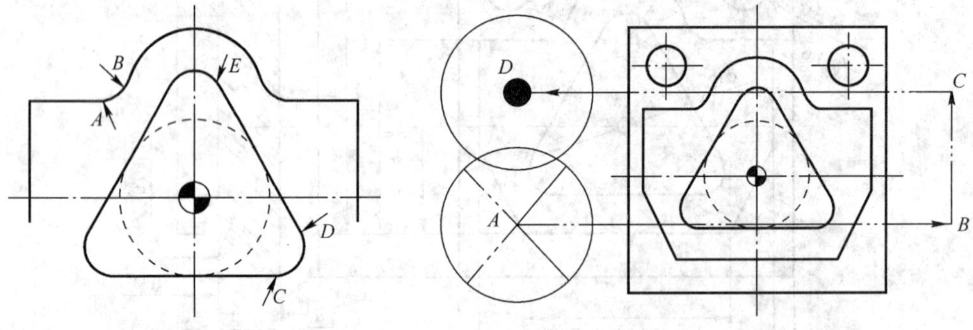

图 4-7　基点标示　　　　图 4-8　刀具运动路线 1

（2）用 ϕ10 键槽铣刀粗铣外轮廓（%4202），刀具运动路线如图 4-9 所示。

（3）用 ϕ10 键槽铣刀粗铣外轮廓（%4204），刀具运动路线如图 4-10 所示。

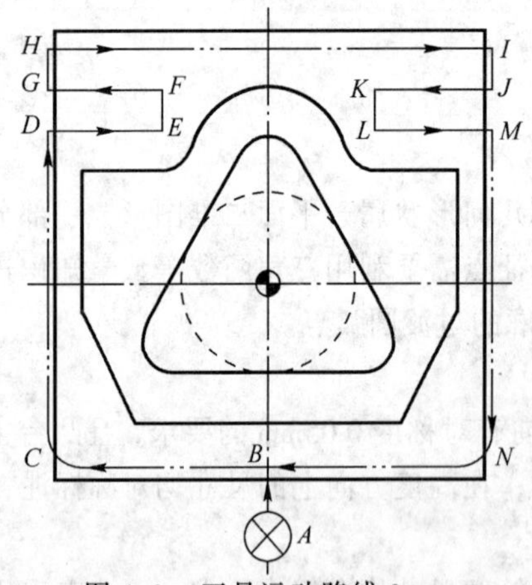

图 4-9　刀具运动路线 2

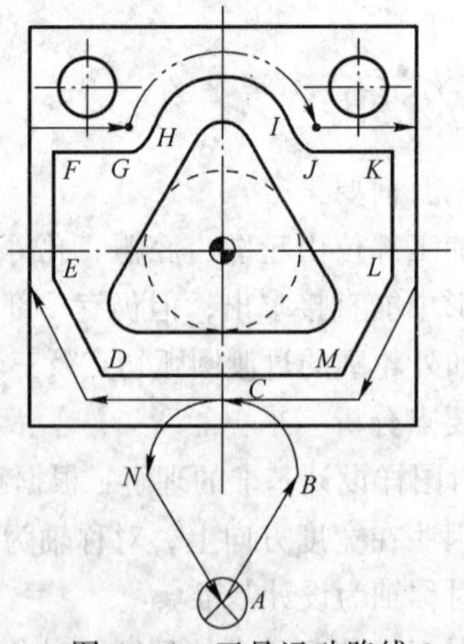

图 4-10　刀具运动路线 3

（4）用 ϕ10 键槽铣刀粗铣内轮廓（%4206），刀具运动路线如图 4-11 所示。

（5）用 ϕ10 键槽铣刀精铣内轮廓（%4208），刀具运动路线如图 4-12 所示。

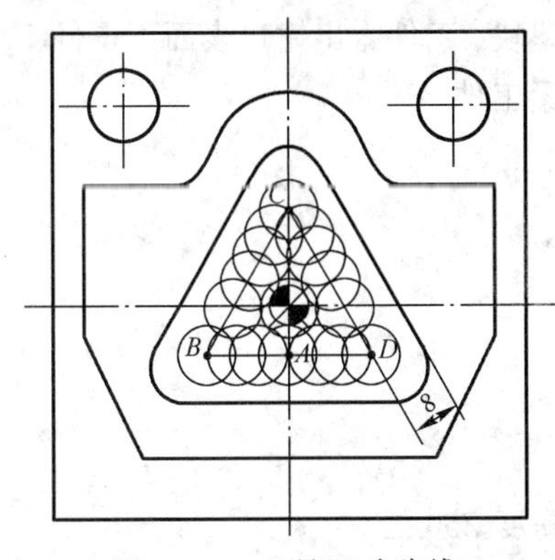

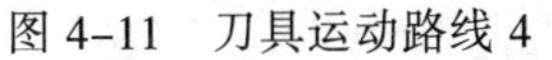
图 4-11　刀具运动路线 4

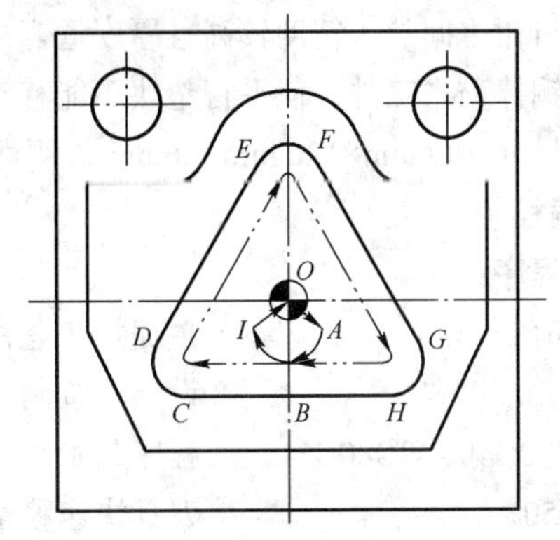

图 4-12　刀具运动路线 5

（6）用 B3 中心钻钻削 2× ϕ12H8 孔之中心孔（%4210），刀具运动路线如图 4-13 所示。

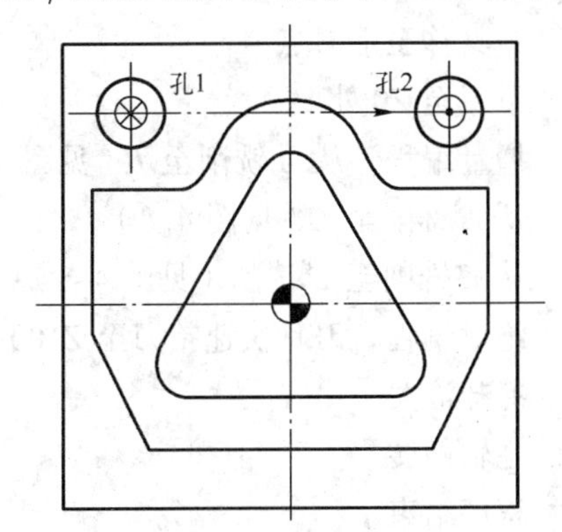

图 4-13　钻、铰刀具运动路线

（7）用 ϕ11.8 钻头钻削 2× ϕ12H8 孔至 ϕ11.8（%4211），刀具运动路线如图 4-13 所示。

（8）用 ϕ12H8 机用铰刀铰 2× ϕ12H8 孔（%4212），刀具运动路线见图 4-13 所示。

工艺卡片见表 4-3。

表 4-3　工艺卡片

工序号	作业内容	刀号	刀具规格	刀补量 (mm)	主轴转速 (r/min)	进给速度 (mm/min)	背吃刀量 (mm)	备注
1	铣削顶面	T1	ϕ60 面铣刀		400	200	1	
2	粗铣外轮廓	T2	ϕ10 键槽铣刀	5.2	500	100	2.5	
3	精铣外轮廓	T2	ϕ10 键槽铣刀	5	800	100	2.5	
4	粗铣内轮廓	T2	ϕ10 键槽铣刀	5.2	500	100	2.5	
5	精铣内轮廓	T2	ϕ10 键槽铣刀	5	800	100	2.5	
6	钻中心孔	T3	B3 中心钻		900	50	1.5	
7	钻孔	T4	ϕ11.8 钻头		400	120	4.9	
8	铰孔	T5	ϕ12H8 铰刀		100	30	0.1	
编制		审核		批准	年　月　日		共　页	第　页

3. 加工前的准备

选用机用平口钳装夹工件，校正平口钳固定钳口与工作台 X 轴移动方向平行。在工件的下表面与平口钳之间放入精度较高且厚度适当的平行垫块，工件露出钳口表面不得低于 12 mm。利用木锤或铜棒敲击工件，使平行垫块不能移动后夹紧工件。

毛坯尺寸 100 mm×120 mm×26 mm，侧面已精加工。

4. 编程

参考程序：

程序	说明
%4201;	**顶面加工程序**
G21;	设定单位制
G17G90G40G49G80G54;	程序起始
G00Z50;	刀具快速移至安全高度 Z50 处
M03 S400;	主轴正转，转速 S600
M08;	冷却液开
G00X-75Y-15;	刀具移至下刀点 A
Z0;	下刀至 Z0 处
G01G91X135F200;	增量编程，从 A 铣削至 B（见图 4-8），进给速度为 200 mm/min
Y40;	从 B 铣削至 C（见图 4-8）
X-135;	从 C 铣削至 D 铣削（见图 4-8）
G00G90Z100;	绝对编程，刀具快速抬刀至 Z100 处
M09;	冷却液关
M05;	主轴停转
M30;	程序结束
%4202;	**外轮廓粗加工程序**
G21;	设定单位制
G17G90G40G49G80G54;	程序起始
G00Z50;	刀具快速移至安全高度 Z50 处
M03 S500;	主轴正转，转速 S500
M08;	冷却液开
G00X0Y-45;	刀具移至下刀点 A（见图 4-9）
Z0;	下刀至 Z0 处
M98P4203L4;	调用子程序%4203
G90G00Z100;	抬刀
M09;	冷却液关
M05;	主轴停转
M30;	程序结束
%4203;	**外轮廓粗加工子程序**
G91G00Z-2.5;	增量编程，下刀一个切削深度

G90G01Y-33F100;　　从 *A* 点铣削至 *B* 点（见图 4-9）
X-41;　　从 *B* 点铣削至 *C* 点（见图 4-9）
Y28;　　从 *C* 点铣削至 *D* 点（见图 4-9）
X-20;　　从 *D* 点铣削至 *E* 点（见图 4-9）
Y35;　　从 *E* 点铣削至 *F* 点（见图 4-9）
X-41;　　从 *F* 点铣削至 *G* 点（见图 4-9）
Y42.5;　　从 *G* 点铣削至 *H* 点（见图 4-9）
X41;　　从 *H* 点铣削至 *I* 点（见图 4-9）
Y35;　　从 *I* 点铣削至 *J* 点（见图 4-9）
X20;　　从 *J* 点铣削至 *K* 点（见图 4-9）
Y28;　　从 *K* 点铣削至 *L* 点（见图 4-9）
X41;　　从 *L* 点铣削至 *M* 点（见图 4-9）
Y-33;　　从 *M* 点铣削至 *N* 点（见图 4-9）
X0;　　从 *N* 点铣削至 *B* 点（见图 4-9）
Y-45;　　从 *B* 点铣削至 *A* 点（见图 4-9）
M99;　　子程序结束，返回主程序
%4204;　　**外轮廓精加工程序**
G21;　　设定单位制
G17G90G40G49G80G54;　　程序起始
G00Z50;　　刀具快速移至安全高度 *Z*50 处
M03 S600;　　主轴正转，转速 *S*600
M08;　　冷却液开
G00X0Y-60;　　刀具移至下刀点 *A*（见图 4-10）
Z0;　　下刀至 *Z*0 处
M98P4205L4;　　调用子程序%4205，4 次
G90G00Z100;　　抬刀
M09;　　冷却液关
M05;　　主轴停转
M30;　　程序结束
%4205;　　**外轮廓精加工子程序**
G91G00Z-2.5;　　增量编程，下刀一个切削深度
G41G90G00X15Y-40D01;　　绝对编程，从 *A* 点移动 *B* 点（见图 4-10）
G03X0Y-25R15;　　圆弧切入（从 *B* 点铣削至 *C* 点，见图 4-10）
G01X-25;　　从 *C* 点铣削至 *D* 点（见图 4-10）
X-35Y-5;　　从 *D* 点铣削至 *E* 点（见图 4-10）
Y20;　　从 *E* 点铣削至 *F* 点（见图 4-10）
X-20.125;　　从 *F* 点铣削至 *G* 点（见图 4-10）
G03 X-14.3747Y 24.2857R6;　　从 *G* 点铣削至 *H* 点（见图 4-10）

```
G02 X14.3747R15;              从H点铣削至I点（见图4-10）
G03 X20.125Y20R6;             从I点铣削至J点（见图4-10）
G01X35;                       从J点铣削至K点（见图4-10）
Y-5;                          从K点铣削至L点（见图4-10）
X25Y-25;                      从L点铣削至M点（见图4-10）
X0;                           从M点铣削至C点（见图4-10）
    G03X15Y-40R15;            圆弧切出，从C点铣削至N点（见图4-10）
G40G00X0Y-60;                 从N点快速移动至A点（见图4-10）
M99;                          子程序结束，返回主程序
%4206;                        内轮廓粗加工程序
G21;                          设定单位制
G17G90G40G49G80G54;           程序起始
G00Z50;                       刀具快速移至安全高度Z50处
M03 S600;                     主轴正转，转速S600
M08;                          冷却液开
G00X0Y0;                      刀具移至工件坐标系原点
Z1;                           下刀至Z1处
M98P2407L4;                   调用子程序%4207，4次
G90G00Z100;                   抬刀
M09;                          冷却液关
M05;                          主轴停转
M30;                          程序结束
%4207;                        内轮廓粗加工子程序
G91G01Z-3.5F50;               切削至Z-2.5 mm处
G90Y-8F100;                   铣削至A点（见图4-11）
X-13.856;                     从A点铣削至B点（见图4-11）
X0Y16;                        从B点铣削至C点（见图4-11）
X13.856Y-8;                   从C点铣削至D点（见图4-11）
X0;                           从D点铣削至A点（见图4-11）
Y0;                           返回至工件坐标系原点
G91G00Z1;                     抬刀1 mm
M99;                          子程序结束，返回主程序
%4208;                        内轮廓精加工程序
G21;                          设定单位制
G17G90G40G49G80G54;           程序起始
G00Z50;                       刀具快速移至安全高度Z50处
M03 S600;                     主轴正转，转速S600
M08;                          冷却液开
```

G00X0Y0;	刀具移至工件坐标系原点
Z0;	下刀至 Z0 处
M98P2409L4;	调用子程序%4209，4 次
G90G00Z100;	抬刀
M09;	冷却液关
M05;	主轴停转
M30;	程序结束
%4209;	**内轮廓精加工子程序**
G91G00Z-2.5;	增量编程，下刀一个切削深度
G90G41G01X6Y-10D01F100;	铣削至 *A* 点，产生刀补（见图 4-12）
G02X0Y-16R6;	圆弧切入，从 *A* 点铣削至 *B* 点（见图 4-12）
G01 X-17.321;	从 *B* 点铣削至 *C* 点（见图 4-12）
G02 X22.517Y -7R6;	从 *C* 点铣削至 *D* 点（见图 4-12）
G01 X-5.196Y 23;	从 *D* 点铣削至 *E* 点（见图 4-12）
G02 X-5.196Y 23R6;	从 *E* 点铣削至 *F* 点（见图 4-12）
G01 X22.517Y -7;	从 *F* 点铣削至 *G* 点（见图 4-12）
G02 X17.3205Y -16R6;	从 *G* 点铣削至 *H* 点（见图 4-12）
G01X0;	从 *H* 点铣削至 *B* 点（见图 4-12）
G02 X-6Y-10R6;	圆弧切出，从 *B* 点铣削至 *I* 点（见图 4-12）
G40X0Y0;	从 *I* 点返回到工件坐标系原点（见图 4-12）
M99;	子程序结束，返回主程序
%4210;	**加工 2× ϕ12H8 孔之中心孔**
G21;	设定单位制
G17G90G40G49G80G54;	程序起始
G00Z50;	刀具快速移至安全高度 Z50 处
M03 S900;	主轴正转，转速 *S*900
M08;	冷却液开
G00X0Y50;	刀具移至 *X*0*Y*50 处
G99G81X-40Y50R2Z-5F50;	钻孔循环（孔 1，见图 4-13）
G98X40;	钻孔循环（孔 2，见图 4-13）
G80;	取消固定循环
G00Z100;	抬刀
M09;	冷却液关
M05;	主轴停转
M30;	程序结束
%4211;	**加工 2× ϕ12H8 孔至 ϕ11.8**
G21;	设定单位制
G17G90G40G49G80G54;	程序起始

```
G00Z50;                         刀具快速移至安全高度Z50处
M03 S500;                       主轴正转，转速S500
M08;                            冷却液开
G00X0Y50;                       刀具移至X0Y50处
G99G83X-40Y50R2Z-30 Q4F120;     钻孔循环（孔1，见图4-13）（注：为确保安全，
                                采用深孔加工的固定循环方式）
G98X40;                         钻孔循环（孔2，见图4-13）
G80;                            取消固定循环
G00Z100;                        抬刀
M09;                            冷却液关
M05;                            主轴停转
M30;                            程序结束
%4212;                          铰2×φ12H8孔程序
G21;                            设定单位制
G17G90G40G49G80G54;             程序起始
G00Z50;                         刀具快速移至安全高度Z50处
M03 S100;                       主轴正转，转速S100
M08;                            冷却液开
G00X0Y50;                       刀具移至X0Y50处
G99G85X-40Y50R2Z-30 F30;        铰孔1（见图4-13）
G98X40;                         铰孔2（见图4-13）
G80;                            取消固定循环
G00Z100;                        抬刀
M09;                            冷却液关
M05;                            主轴停转
M30;                            程序结束
```

二、加工操作

（1）机床回零。

（2）测量工件两侧边平行度和工件底面平面度，确认是否满足装夹定位要求，如果不满足应增加修正工件，并记录四边实际测量值。

（3）选用平口虎钳装夹工件，伸出钳口不少于12 mm左右，并用百分表找正。

（4）装刀，并对刀，确定G54坐标系。

（5）输入程序并校验。

（6）钻孔加工。

（7）重复（4）（5）步骤进行扩孔、铰孔、镗孔加工。

（8）检验工件。

任务评价

表 4-4　中级数控铣工技能训练二配分权重表

工件编号			项目和配分		总得分		
项目与配分		序号	技术要求	配分	评分标准	检测记录	得分
工件加工评分（80%）	外形轮廓	1	$70_{-0.03}^{0}$	4	超差 0.01 扣 1 分		
		2	$60_{-0.03}^{0}$	4	超差 0.01 扣 1 分		
		3	$45_{-0.03}^{0}$	4	超差 0.01 扣 1 分		
		4	凸台高 $10_{0}^{+0.03}$	4	超差 0.01 扣 1 分		
		5	对称度 0.05	8	超差 0.01 扣 1 分		
		6	平行度 0.05	8	超差 0.01 扣 1 分		
		7	25、50	4	每错一处扣 1 分		
		8	$Ra1.6$	4	每错一处扣 1 分		
		9	$R15$	4	每错一处扣 2 分		
	内轮廓与孔	10	$3\times42_{0}^{+0.04}$	6	超差 0.01 扣 1 分		
		11	孔距 56 ± 0.03	6	超差 0.01 扣 1 分		
		12	$R6$	2	每错一处扣 1 分		
		13	$\phi12H8$	2×3	超差 0.01 扣 1 分		
		14	孔距 12 ± 0.03	4	超差 0.01 扣 1 分		
		15	$Ra1.6$	3×2	每错一处扣 1 分		
	其他	16	工件按时完成	3	未按时完成全扣		
		17	工件无缺陷	3	缺陷一处扣 1 分		
程序与工艺（10%）		18	程序正确合理	5	每错一处扣 2 分		
		19	加工工序卡	5	不合理每处扣 2 分		
机床操作（10%）		20	机床操作规范	5	每错一处扣 2 分		
		21	工件、刀具装夹	5	每错一处扣 2 分		
安全文明生产（倒扣分）		22	安全操作	倒扣	安全事故停止操作或酌扣 5~30 分		
		23	机床整理	倒扣			

任务三　中级数控铣工技能训练实例三

学习目标

- 进一步掌握子程序的编制要点。
- 掌握中等复杂程度零件编程及工艺分析要点。
- 会分析并合理选择刀具及切削用量。
- 会编制完整、合理的数控加工程序。

任务描述

加工图 4-14 所示的工件（毛坯 80 mm × 100 mm × 26 mm，45 钢，六面为已加工表面）。

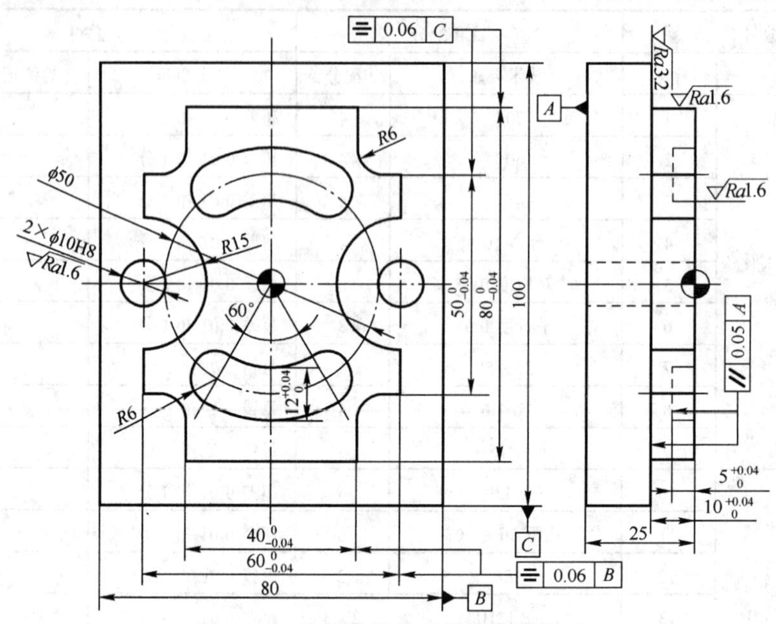

图 4-14　中级数控铣工技能训练题三

任务分析

零件的几何要素

零件加工部位由轮廓、腔槽、孔等组成。其几何形状属于平面二维图形，大部分几何形状特点从图形中能直接求出，不必进行计算；但两个圆弧形凹槽的中心点需进行相关的计算才能获得。

工艺要点分析

（1）对图样设计基准的理解：根据在宽度方向有对称度 0.06 mm 的要求，且凸台主要尺寸对称标注，因此在宽度方向上，对称轴为设计基准；在高度方向上有对称度 0.06 mm 的要求，高度尺寸对称标注，因此在高度方向的对称轴为设计基准。

（2）对工件加工要求的理解：对凸台周边的轮廓尺寸均有精度要求，因此需采用粗、精加工，以确保加工精度；对于 2 × ϕ10H8 的孔，因需达到 H8 级精度，故需采用钻-铰的加工工艺方案；两个圆弧形的凹槽侧面表面粗糙度要求为 *Ra*6.3 μm，粗铣即可满足要求，即用直径等于槽宽的键槽铣刀进行粗铣即可。

任务实施

一、程序编制

1．制定加工工艺

将工件坐标系设在 *X*、*Y* 向对称中心，*Z* 向原点设置在零件的顶面。

（1）用ϕ63 面铣刀粗、精铣工件顶面（%4301），刀具运动路线如图 4–15 所示。

（2）用ϕ10 立铣刀粗铣矩形外轮廓（%4302），留 0.5 mm 精加工余量，刀具运动路线 2 如图 4–16 所示。

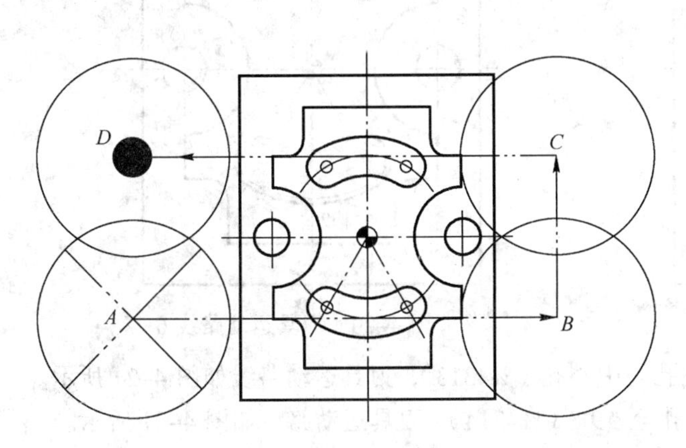

图 4–15　刀具运动路线 1

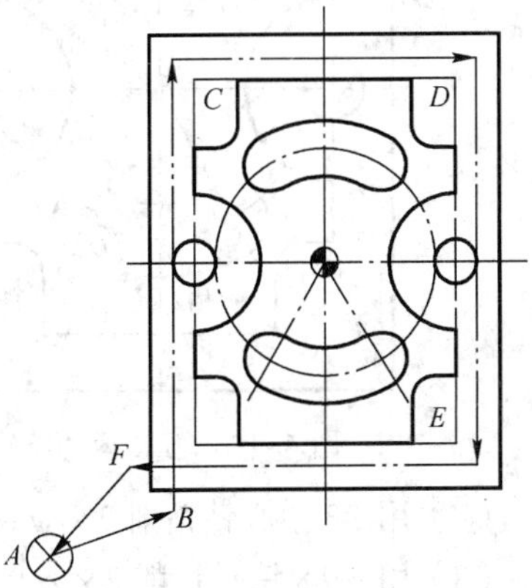

图 4–16　刀具运动路线 2

（3）用ϕ10 立铣刀粗铣两侧开口槽矩形外轮廓（%4304），留 0.5 mm 精加工余量，刀具运动路线 3 如图 4–17 所示。

（4）用ϕ10 立铣刀精铣外轮廓（%4307），刀具运动路线 4 如图 4–18 所示。

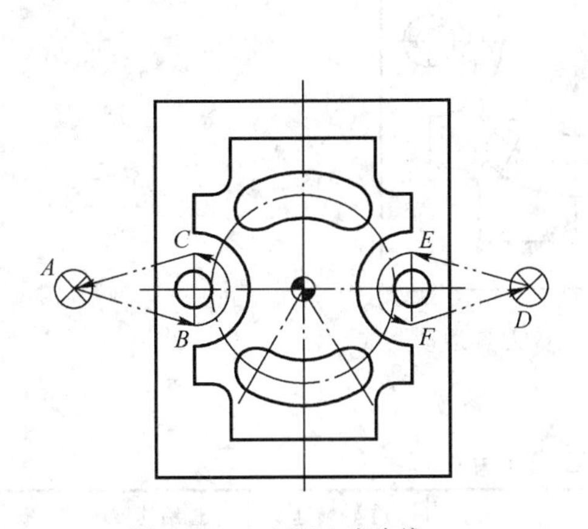

图 4–17　刀具运动路线 3

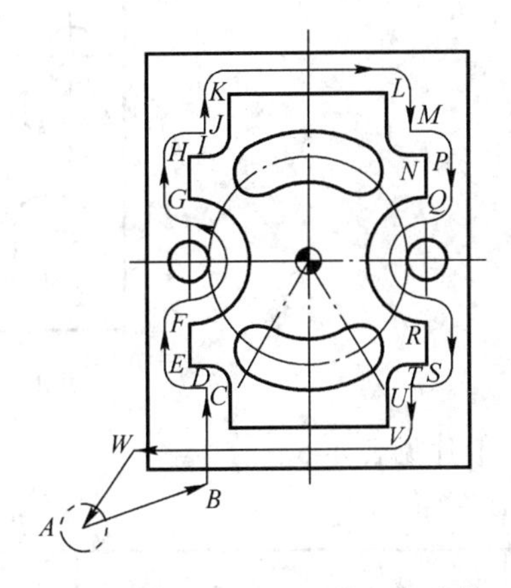

图 4–18　刀具运动路线 4

（5）用ϕ8 键槽铣刀粗铣腰形槽（%4309），刀具运动路线如图 4–19 所示。

（6）用ϕ8 键槽铣刀精铣腰形槽（%4312），刀具运动路线如图 4–20 所示。

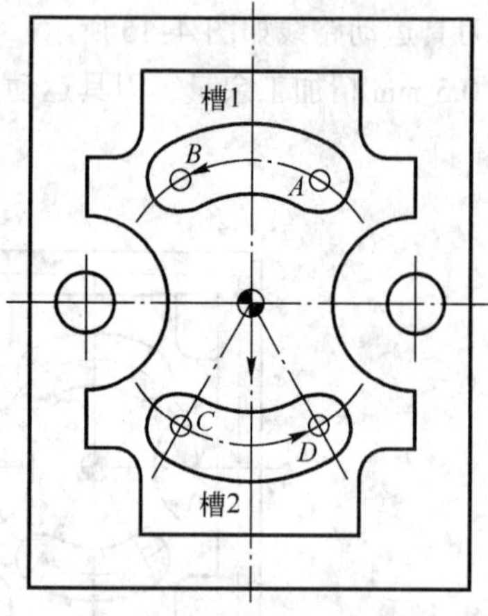

图 4-19 刀具运动路线 5

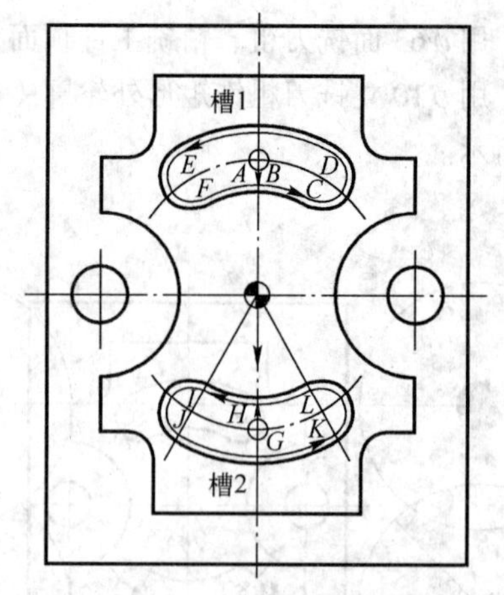

图 4-20 刀具运动路线 6

（7）用 B3 中心钻钻削 2× ϕ10H8 孔之中心孔（%4313），刀具运动路线如图 4-21 所示。

（8）用 ϕ9.8 钻头钻削 2× ϕ10H8 孔至 ϕ9.8（%4314），刀具运动路线如图 4-21 所示。

（9）用 ϕ10H8 机用铰刀铰 2× ϕ10H8 孔（%4315），刀具运动路线如图 4-21 所示。

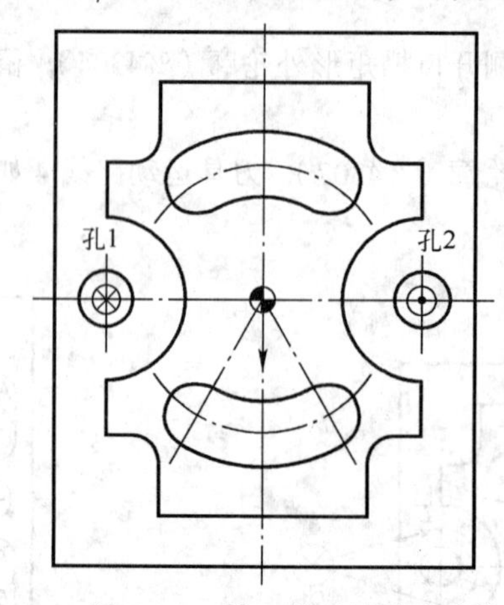

图 4-21 钻、铰刀具运动路线

工艺卡片见表 4-5。

表 4-5 工艺卡片

工序号	作业内容	刀号	刀具规格	主轴转速 (r/min)	进给速度 (mm/min)	备注
1	铣削顶面	T1	ϕ60 面铣刀	400	200	
2	粗铣外轮廓	T2	ϕ10 立铣刀	500	100	
3	精铣外轮廓	T2	ϕ10 立铣刀	800	100	
4	粗铣腰形槽	T2	ϕ8 键槽铣刀	500	100	
5	精铣腰形槽	T2	ϕ8 键槽铣刀	800	100	
6	钻中心孔	T3	B3 中心钻	900	50	
7	钻孔	T4	ϕ9.8 钻头	400	120	
8	铰孔	T5	ϕ10H8 铰刀	100	30	

2. 加工前的准备

选用机用平口钳装夹工件，校正平口钳固定钳口与工作台 *X* 轴移动方向平行。在工件的下表面与平口钳之间放入精度较高且厚度适当的平行垫块，工件露出钳口表面不得少于 12 mm。利用木锤或铜棒敲击工件，使平行垫块不能移动后夹紧工件。

毛坯尺寸 80 mm×100 mm×26 mm，侧面已精加工。

3. 编程

参考程序：

%4301;	**顶面加工程序**
G21;	设定单位制
G17G90G40G49G80G54;	程序起始
G00Z50;	刀具快速移至安全高度 *Z*50 处
M03 S400;	主轴正转，转速 *S*400
M08;	冷却液开
G00X-75Y-25;	刀具移至下刀点 *A*（见图 4-15）
Z0;	下刀至 *Z*0 处
G01G91X130F200;	增量编程，从 *A* 点铣削至 *B* 点（见图 4-15）
Y50;	从 *B* 点铣削至 *C* 点（见图 4-15）
X-130;	从 *C* 点铣削至 *D* 点（见图 4-15）
G00G90Z100;	绝对编程，刀具快速抬刀至 *Z*100 处
M09;	冷却液关
M05;	主轴停转
M30;	程序结束
%4302;	**粗铣矩形轮廓程序**
G21;	设定单位制
G17G90G40G49G80G54;	程序起始
G00Z50;	刀具快速移至安全高度 *Z*50 处
M03 S500;	主轴正转，转速 *S*500
M08;	冷却液开
G00X-60Y-65;	刀具移至下刀点 *A*（见图 4-16）
Z0;	下刀至 *Z*0 处
M98P4303L4;	调用子程序%4303，4 次
G00G90Z100;	绝对编程，刀具快速抬刀至 *Z*100 处
M09;	冷却液关
M05;	主轴停转
M30;	程序结束
%4303;	**粗铣矩形轮廓子程序**
G91G00Z-2.5;	增量编程，下刀一个切削深度
G90G41G01X-30Y-50D01F100;	绝对编程，从 *A* 铣削至 *B*（见图 4-16），并产生刀具半径补偿，进给速度为 100 mm/min

Y40;　　从 *B* 铣切削至 *C*（见图 4-16）

X30;　　从 *C* 铣切削至 *D*（见图 4-16）

Y-40;　　从 *D* 铣切削至 *E*（见图 4-16）

X-50;　　从 *E* 铣切削至 *F*（见图 4-16）

G40G00X-60Y-65;　　从 *E* 铣切削至 *F*，取消刀补（见图 4-16）

M99;　　子程序结束，返回主程序

%4304;　　粗铣开口槽程序

G21;　　设定单位制

G17G90G40G49G80G54;　　程序起始

G00Z50;　　刀具快速移至安全高度 *Z*50 处

M03 S500;　　主轴正转，转速 *S*500

M08;　　冷却液开

G00X-60Y0;　　刀具移至下刀点 *A*（见图 4-17）

Z0;　　下刀至 *Z*0 处

M98P4305L4;　　调用子程序%4305，4 次

G90G00Z5;　　抬刀

X60Y0;　　移至下刀点 *D*（见图 4-17）

Z0;　　下刀至 *Z*0 处

M98P4306L4;　　调用子程序%4306，4 次

G00G90Z100;　　绝对编程，刀具快速抬刀至 *Z*100 处

M09;　　冷却液关

M05;　　主轴停转

M30;　　程序结束

%4305;　　铣左侧开口槽子程序

G91G00Z-2.5;　　增量编程，下刀一个切削深度 2.5 mm

G41G90G01X-30Y-15D01F100;　　绝对编程，从 *A* 铣削至 *B*（见图 4-17），并产生刀具半径补偿，进给速度为 100 mm/min

G03Y15R15;　　圆弧铣削，从 *B* 点铣削至 *C* 点（见图 4-17）

G40G01X-60Y0;　　从 *C* 点铣削至 *A* 点，取消刀补（见图 4-17）

M99;　　子程序结束，返回主程序

%4306;　　铣右侧开口槽子程序

G91G00Z-2.5;　　增量编程，下刀一个切削深度 2.5 mm

G41G90G01X30Y15D01F100;　　绝对编程，从 *D* 铣削至 *E*（见图 4-17），并产生刀具半径补偿，进给速度为 100 mm/min

G03Y-15R15;　　圆弧铣削，从 *E* 点铣削至 *F* 点（见图 4-17）

G40G01X60Y0;　　从 *F* 点铣削至 *D* 点，取消刀补（见图 4-17）

M99;　　子程序结束，返回主程序

%4307;　　精铣外轮廓程序

G21;　　设定单位制

G17G90G40G49G80G54;	程序起始
G00Z50;	刀具快速移至安全高度 Z50 处
M03 S800;	主轴正转，转速 S600
M08;	冷却液开
G00X-55Y-65;	刀具快速移至下刀点 A（见图 4-18）
Z0;	刀具移至子程序循环起点
M98P4308L4;	调用子程序%4308，4 次
G90G00Z100;	绝对编程，抬刀
M09;	冷却液关
M05;	主轴停转
M30;	程序结束
%4308;	**精铣外轮廓子程序**
G91G00Z-2.5;	增量编程，下刀一个切削深度
G90G41G01X-20Y-50D01F100;	绝对编程，从 A 铣削至 B（见图 4-18），并产生刀具半径补偿，进给速度为 100 mm/min
Y-31;	从 B 铣切削至 C（见图 4-18）
G03X-26Y-25R6;	圆弧切削，从 C 铣切削至 D（见图 4-18）
G01X-30;	从 D 铣切削至 E（见图 4-18）
Y-15;	从 E 铣切削至 F（见图 4-18）
G02Y15R15;	圆弧切削，从 F 铣切削至 G（见图 4-18）
Y25;	从 G 铣切削至 H（见图 4-18）
X-26;	从 H 铣切削至 I（见图 4-18）
G03X-20Y-31R6;	圆弧切削，从 I 铣切削至 J（见图 4-18）
G01Y40;	从 J 铣切削至 K（见图 4-18）
X20;	从 K 铣切削至 L（见图 4-18）
Y31;	从 L 铣切削至 M（见图 4-18）
G02X26Y25R6;	从 M 铣切削至 N（见图 4-18）
G01X30;	从 N 铣切削至 P（见图 4-18）
Y15;	从 P 铣切削至 Q（见图 4-18）
G03Y-15R15;	圆弧切削，从 Q 铣切削至 R（见图 4-18）
G01Y-25;	从 R 铣切削至 S（图 4-18）
X26;	从 S 铣切削至 T（图 4-18）
G03X20Y-31R6;	圆弧切削，从 T 铣切削至 U（见图 4-18）
G01Y-40;	从 U 铣切削至 V（见图 4-18）
X-45;	从 V 铣切削至 W（见图 4-18）
G40G00 X-55Y-65;	从 W 铣切削至 A（见图 4-18），取消刀补
M99;	子程序结束，返回主程序
%4309;	**腰形槽粗铣程序**
G21;	设定单位制

G17G90G40G49G80G54；	程序起始
G00Z50；	刀具快速移至安全高度 Z50 处
M03 S500；	主轴正转，转速 S500
M08；	冷却液开
G00X12.5 Y21.651；	刀具移至下刀点 A（见图 4-19）
Z1；	下刀至 Z1 处
G01Z-2.5F50；	慢速进给，下刀一个切削深度
G03 X-12.5 Y21.651R25F100；	圆弧插补，从 A 点铣削至 B 点（见图 4-19）
G01Z-5F50；	慢速进给，下刀一个切削深度
G02 X12.5 Y21.651R25F100；	圆弧插补，从 B 点铣削至 A 点（见图 4-19）
G00Z5；	抬刀
G00 X12.5 Y-21.651；	刀具快速移至 D 点（见图 4-19）
Z1；	下刀至 Z1 处
G01Z-2.5F50；	慢速进给，下刀一个切削深度
G02 X-12.5 Y-21.651R25F100；	圆弧插补，从 D 点铣削至 C 点（见图 4-19）
G01Z-5F50；	慢速进给，下刀一个切削深度
G03 X12.5 Y-21.651R25F100；	圆弧插补，从 C 点铣削至 D 点（见图 4-19）
G00G90Z100；	绝对编程，刀具快速抬刀至 Z100 处
M09；	冷却液关
M05；	主轴停转
M30；	程序结束
%4310；	**腰形槽精铣程序**
G21；	设定单位制
G17G90G40G49G80G54；	程序起始
G00Z50；	刀具快速移至安全高度 Z50 处
M03 S800；	主轴正转，转速 S600
M08；	冷却液开
G00X0Y-25；	刀具快速移至下刀点 A（见图 4-20）
Z1；	刀具移至子程序循环起点
M98P4311L2；	加工槽 1，调用子程序%4311，2 次
G90G00Z5；	抬刀
X0Y-25；	刀具快速移至下刀点 B（见图 4-20）
Z1；	刀具移至子程序循环起点
M98P4312L2；	加工槽 2，调用子程序%4312，2 次
G90G00Z100；	绝对编程，抬刀
M09；	冷却液关
M05；	主轴停转
M30；	程序结束
%4311；	**加工槽 1 子程序**

G91G00Z-3.5；	增量编程，下刀一个切削深度
G90G41G01X0Y19D01F100；	绝对编程，从 *A* 点铣削至 *B* 点（见图 4-20），并产生刀具半径补偿，进给速度为 100 mm/min
G02X 9.5Y16.455R19；	从 *B* 点铣削至 *C* 点（见图 4-20）
G03X 15.5Y26.847R6；	从 *C* 点铣削至 *D* 点（见图 4-20）
G03X -15.5Y26.847R31；	从 *D* 点铣削至 *E* 点（见图 4-20）
G03X- 9.5Y16.455R6；	从 *E* 点铣削至 *F* 点（见图 4-20）
G02X0Y19R19；	从 *F* 点铣削至 *B* 点（见图 4-20）
G40G01 G01X0Y25；	从 *B* 点铣削至 *A* 点（见图 4-20）
G91G00Z1；	抬刀 1 mm
M99；	子程序结束，返回主程序
%4312；	**加工槽 2 子程序**
G91G00Z-3.5；	增量编程，下刀一个切削深度
G90G41G01X0Y-19D01F100；	绝对编程，从 *G* 点铣削至 *H* 点（见图 4-20），并产生刀具半径补偿，进给速度为 100 mm/min
G02X -9.5Y-16.455R19；	从 *H* 点铣削至 *I* 点（见图 4-20）
G03X -15.5Y-26.847R6；	从 *I* 点铣削至 *J* 点（见图 4-20）
G03X 15.5Y-26.847R31；	从 *J* 点铣削至 *K* 点（见图 4-20）
G03X9.5Y-16.455R6；	从 *K* 点铣削至 *L* 点（见图 4-20）
G02X0Y-19R19；	从 *L* 点铣削至 *H* 点（见图 4-20）
G40G01 G01X0Y25；	从 *H* 点铣削至 *G* 点（见图 4-20）
G91G00Z1；	抬刀 1 mm
M99；	子程序结束，返回主程序
%4313；	**加工 2×ϕ10H8 孔之中心孔**
G21；	设定单位制
G17G90G40G49G80G54；	程序起始
G00Z50；	刀具快速移至安全高度 *Z*50 处
M03 S900；	主轴正转，转速 *S*900
M08；	冷却液开
G00X0Y0；	刀具移至 *X*0*Y*0 处
G99G81X-30Y0R2Z-5F50；	钻孔循环（孔 1，见图 4-21）
G98X30；	钻孔循环（孔 2，见图 4-21）
G80；	取消固定循环
G00Z100；	抬刀
M09；	冷却液关
M05；	主轴停转
M30；	程序结束
%4314；	**加工 2×ϕ10H8 孔至 ϕ11.8**
G21；	设定单位制

```
G17G90G40G49G80G54;                  程序起始
G00Z50;                              刀具快速移至安全高度Z50处
M03 S600;                            主轴正转，转速S600
M08;                                 冷却液开
G00X0Y0;                             刀具移至X0Y0处
G99G83X-30Y0R2Z-30 Q4F120;           钻孔循环（孔1，见图4-21）（注：为确保安全，采用深
                                     孔加工的固定循环方式）
G98X30;                              钻孔循环（孔2，见图4-21）
G80;                                 取消固定循环
G00Z100;                             抬刀
M09;                                 冷却液关
M05;                                 主轴停转
M30;                                 程序结束
%4315;                               铰2×φ10H8孔程序
G21;                                 设定单位制
G17G90G40G49G80G54;                  程序起始
G00Z50;                              刀具快速移至安全高度Z50处
M03 S900;                            主轴正转，转速S600
M08;                                 冷却液开
G00X0Y0;                             刀具移至X0Y0处
G99G85X-30Y0R2Z-30 F30;              铰孔1（见图4-21）
G98X30;                              铰孔2（见图4-21）
G80;                                 取消固定循环
G00Z100;                             抬刀
M09;                                 冷却液关
M05;                                 主轴停转
M30;                                 程序结束
```

二、加工操作

（1）机床回零。

（2）测量工件两侧边平行度和工件底面平面度，确认是否满足装夹定位要求；如果不满足应增加修正工件，并记录四边实际测量值。

（3）选用平口虎钳装夹工件，伸出钳口不少于12 mm，并用百分表找正。

（4）装刀，并对刀，确定G54坐标系。

（5）输入程序并校验。

（6）钻孔加工。

（7）重复（4）（5）步骤进行扩孔、铰孔、镗孔加工。

（8）检验工件。

任务评价

表 4-6　中级数控铣工技能训练三配分权重表

工件编号			项目和配分		总得分		
项目与配分		序号	技术要求	配分	评分标准	检测记录	得分
工件加工评分（80%）	外形轮廓	1	$80^{0}_{-0.04}$	5	超差 0.01 扣 1 分		
		2	$60^{0}_{-0.04}$	5	超差 0.01 扣 1 分		
		3	$50^{0}_{-0.04}$	5	超差 0.01 扣 1 分		
		4	$40^{0}_{-0.04}$	5	超差 0.01 扣 1 分		
		5	$10^{+0.04}_{0}$	5	超差 0.01 扣 1 分		
		6	对称度 0.06	5	超差 0.01 扣 1 分		
		7	侧面 *Ra*1.6	3	每错一处扣 1 分		
		8	底面 *Ra*3.2	3	每错一处扣 1 分		
		9	*R*6、*R*15	4	每错一处扣 2 分		
	腰形孔与槽	10	$12^{+0.04}_{0}$	5	超差 0.01 扣 1 分		
		11	孔距 $60^{0}_{-0.04}$	5	超差 0.01 扣 1 分		
		12	ϕ12H8	2×3	每错一处扣 1 分		
		13	平行度 0.04	5	超差 0.01 扣 1 分		
		14	$5^{+0.04}_{0}$	5	超差 0.01 扣 1 分		
		15	*R*6	3	每错一处扣 2 分		
		16	侧面 *Ra*1.6	3	每错一处扣 1 分		
		17	底面 *Ra*3.2	2	每错一处扣 1 分		
	其他	18	工件按时完成	3	未按时完成全扣		
		19	工件无缺陷	3	缺陷一处扣 1 分		
程序与工艺（10%）		20	程序正确合理	5	每错一处扣 2 分		
		21	加工工序卡	5	不合理每处扣 2 分		
机床操作（10%）		22	机床操作规范	5	每错一处扣 2 分		
		23	工件、刀具装夹	5	每错一处扣 2 分		
安全文明生产（倒扣分）		24	安全操作	倒扣	安全事故停止操作或酌扣 5～30 分		
		25	机床整理	倒扣			

任务四　中级数控铣工技能训练实例四

学习目标

- 进一步掌握子程序的编制要点。

- 掌握中等复杂程度零件编程及工艺分析要点。
- 会分析并合理选择刀具及切削用量。
- 会编制完整、合理的数控加工程序。

任务描述

加工图 4-22 所示的工件（毛坯 80 mm × 80 mm × 30 mm，45 钢，六面为已加工表面）。

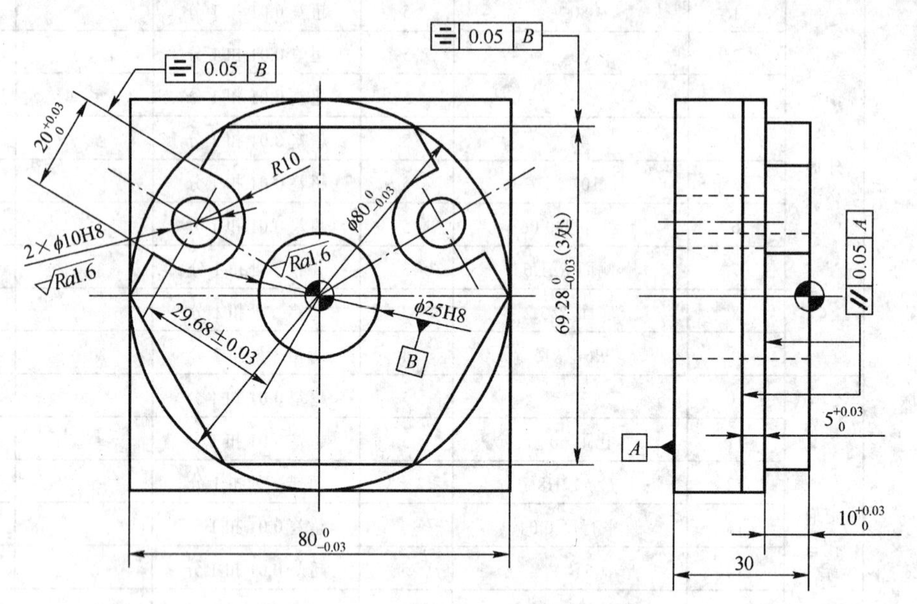

图 4-22 中级数控铣工技能训练题四

任务分析

零件的几何要素

零件加工部位由轮廓、腔槽、孔等组成。其几何形状属于平面二维图形，大部分几何形状特点从图形中能直接求出，不必进行计算；但两个圆弧形凹槽的中心点需进行相关的计算才能获得。

工艺要点分析

（1）对图样设计基准的理解：根据在宽度方向有对称度 0.06 mm 的要求，且凸台主要尺寸对称标注，因此在宽度方向上，对称轴为设计基准；在高度方向上有对称度 0.06 mm 的要求，高度尺寸对称标注，因此在高度方向的对称轴为设计基准。

（2）对工件加工要求的理解：对凸台周边的轮廓尺寸均有精度要求，因此需采用粗、精加工，以确保加工精度；对于 2 × ϕ 10H8 的孔，因需达到 H8 级精度，故需采用钻-铰的加工工艺方案；因毛坯厚度和工件厚度尺寸相等，即工件顶面不允许加工，为保证对工件顶面 *B* 的平行度为 0.04 mm，在装夹工件时需对工件进行细致的调整；两个圆弧形的凹槽侧面表面粗糙度要求为 *Ra*6.3 μm，粗铣即可满足要求，即用直径等于槽宽的键槽铣刀进行粗铣即可。

任务实施

一、程序编制

1. 制定加工工艺

将工件坐标系设在 *X*、*Y* 向对称中心，*Z* 向原点设置在零件的顶面。

（1）用 ϕ16 立铣刀粗精铣圆形外轮廓（%4401），刀具运动路线 1 如图 4-23 所示。

（2）用 ϕ16 立铣刀粗精铣六边形外轮廓（%4403），刀具运动路线 1 如图 4-24 所示。

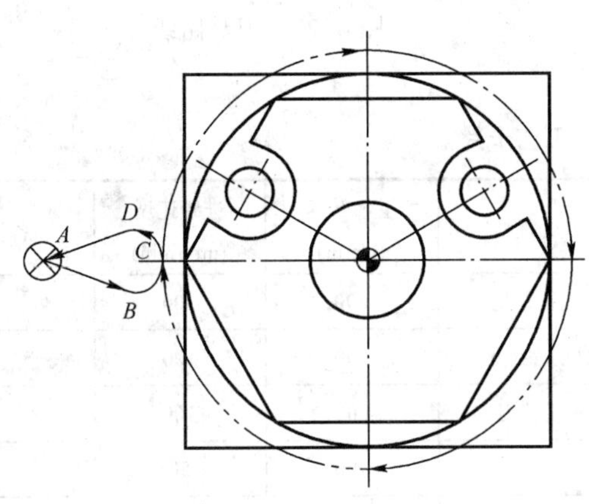

图 4-23　刀具运动路线 1

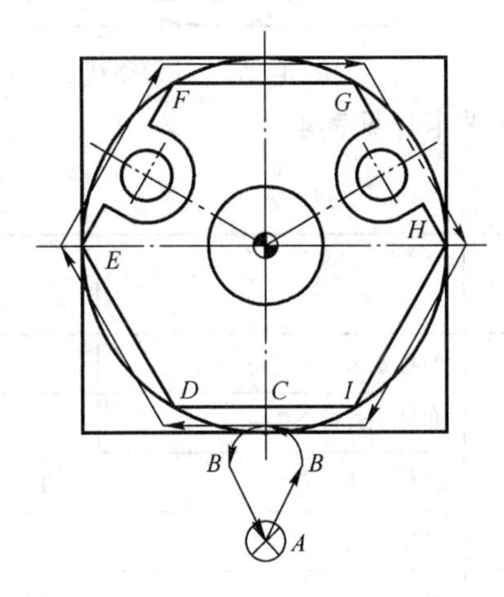

图 4-24　刀具运动路线 2

（3）用 ϕ16 立铣刀粗、精开口槽（%4405），刀具运动路线 3 如图 4-25 所示。

（4）用 B3 中心钻钻孔（%4408~%4409），刀具运动路线 4 如图 4-26 所示。

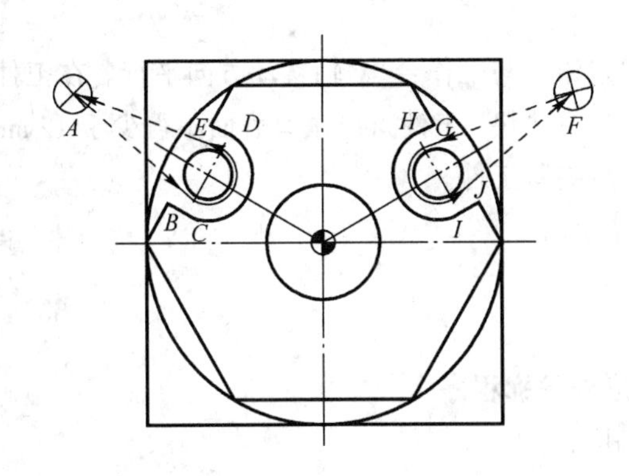

图 4-25　刀具运动路线 3

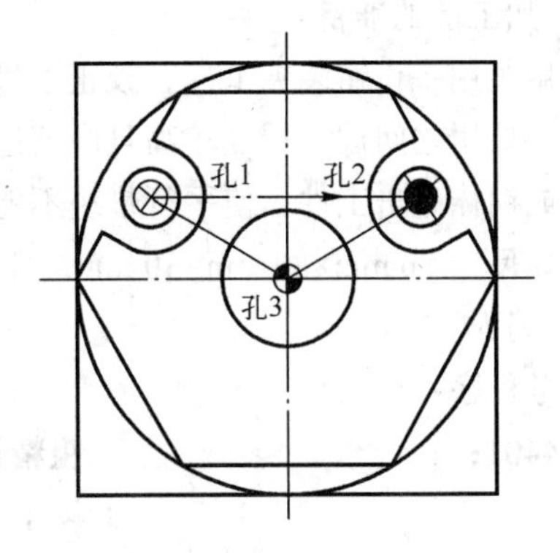

图 4-26　钻孔路线

（5）用 ϕ10H8 铰刀铰孔（%4410），刀具运动路线 5 如图 4-27 所示。

（6）用 ϕ10 立铣刀铣孔（%4411），刀具运动路线 6 如图 4-28 所示。

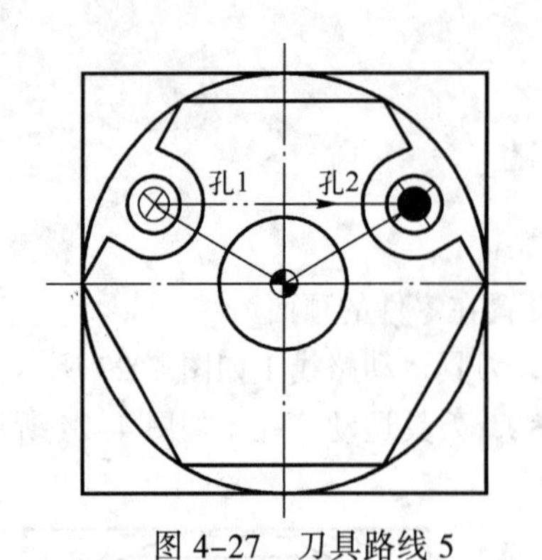

图 4-27　刀具路线 5

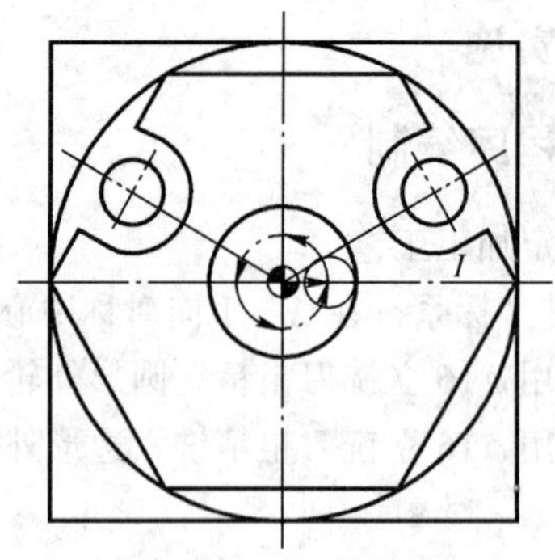

图 4-28　刀具路线 6

工艺卡片见表 4-7。

表 4-7　工艺卡片

工序号	作业内容	刀号	刀具规格	主轴转速 (r/min)	进给速度 (mm/min)	备注
1	粗精铣圆形外轮廓	T2	ϕ16 立铣刀	600	100	
2	粗精铣六边形轮廓	T2	ϕ16 立铣刀	600	100	
3	粗精铣开口槽	T2	ϕ16 立铣刀	600	100	
4	钻中心孔	T3	B3 中心钻	900	50	
5	钻孔	T4	ϕ9.8 钻头	400	120	
6	铰孔	T5	ϕ10H8 铰刀	100	30	
7	铣孔	T6	ϕ10 立铣刀	600	100	

2. 加工前的准备

选用机用平口钳装夹工件，校正平口钳固定钳口与工作台 *X* 轴移动方向平行。在工件的下表面与平口钳之间放入精度较高且厚度适当的平行垫块，工件露出钳口表面不得少于 12 mm。利用木锤或铜棒敲击工件，使平行垫块不能移动后夹紧工件。

毛坯尺寸 80 mm×80 mm×30 mm，侧面已精加工。

3. 编程

参考程序：

%4401;	**粗精铣圆形外轮廓程序**
G21;	设定单位制
G17G90G40G49G80G54;	程序起始
G00Z50;	刀具快速移至安全高度 *Z*50 处
M03 S600;	主轴正转，转速 *S*600
M08;	冷却液开
G00X-70Y0;	刀具快速移至下刀点 *A*（见图 4-23）
Z0;	刀具移至子程序循环起点
M98P4402L5;	调用子程序%4402，5 次

程序	说明
G90G00Z100;	绝对编程，抬刀
M09;	冷却液关
M05;	主轴停转
M30;	程序结束
%4402;	**圆形外轮廓加工子程序**
G91G00Z-3;	增量编程，下刀一个切削深度
G90G41G01X-50Y-10D01F100;	绝对编程，从 *A* 点铣削至 *B* 点（见图 4-23），并产生刀具半径补偿，进给速度为 100 mm/min
G03X-40Y0R10;	圆弧切入，从 *B* 点铣切削至 *C* 点（见图 4-23）
G02I40J0;	铣削整圆（见图 4-23）
G03X-50Y10R10;	圆弧切出，从 *C* 点铣切削至 *D* 点（见图 4-23）
G40G00 X-70Y0;	从 *D* 点铣削至 *A* 点，取消刀补
M99;	子程序结束，返回主程序
%4403;	**六边形轮廓铣削程序**
G21;	设定单位制
G17G90G40G49G80G54;	程序起始
G00Z50;	刀具快速移至安全高度 *Z*50 处
M03 S600;	主轴正转，转速 *S*600
M08;	冷却液开
G00X0Y-60;	刀具快速移至下刀点 *A*（见图 4-24）
Z0;	刀具移至子程序循环起点
M98P4404L4;	调用子程序%4404，4 次
G90G00Z100;	绝对编程，抬刀
M09;	冷却液关
M05;	主轴停转
M30;	程序结束
%4404;	**六边形轮廓铣削子程序**
G91G00Z-2.5;	增量编程，下刀一个切削深度
G90G41G01X10Y-44.64D01F100;	绝对编程，从 *A* 点铣削至 *B* 点（见图 4-24），并产生刀具半径补偿，进给速度为 100 mm/min
G03X0Y-34.64R10;	圆弧切入，从 *B* 点铣切削至 *C* 点（见图 4-24）
G01X-20;	从 *C* 铣切削至 *D*（见图 4-24）
X-40Y0;	从 *D* 铣切削至 *E*（见图 4-24）
X-20Y34.64;	从 *E* 铣切削至 *F*（见图 4-24）
X20;	从 *F* 铣切削至 *G*（见图 4-24）
X40Y0;	从 *G* 铣切削至 *H*（见图 4-24）
X20Y-34.64;	从 *H* 铣切削至 *I*（见图 4-24）
X0;	从 *I* 切削至 *C*（见图 4-24）

G03X-10Y-44.64R10;	圆弧切出，从 *C* 切削至 *J*（见图 4-24）
G40G00 X0Y-60;	从 *J* 铣削至 *A* 点，取消刀补
M99;	子程序结束，返回主程序
%4405;	**粗精铣开口槽程序**
G21;	设定单位制
G17G90G40G49G80G54;	程序起始
G00Z50;	刀具快速移至安全高度 *Z*50 处
M03 S600;	主轴正转，转速 *S*600
M08;	冷却液开
G00X-57.089Y32.96;	刀具快速移至下刀点 *A*（见图 4-25）
Z0;	刀具移至子程序循环起点
M98P4406L4;	调用子程序%4406，4 次
G90G00Z5;	抬刀
G00X-57.089Y32.96;	刀具快速移至下刀点 *F*（见图 4-25）
Z0;	刀具移至子程序循环起点
M98P4407L4;	调用子程序%4407，4 次
G90G00Z100;	绝对编程，抬刀
M09;	冷却液关
M05;	主轴停转
M30;	程序结束
%4406;	**左侧开口槽铣削子程序**
G91G00Z-2.5;	增量编程，下刀一个切削深度
G90G41G01X-35Y8.66D01F100;	绝对编程，从 *A* 点铣削至 *B* 点（见图 4-25），并产生刀具半径补偿，进给速度为 100 mm/min
G01X-30.67Y6.16;	从 *B* 点铣切削至 *C* 点（见图 4-25）
G03X-20.67Y23.481R10;	圆弧铣削，从 *C* 点铣切削至 D 点（见图 4-25）
G01 X-25Y25.981;	从 *D* 铣切削至 *E*（见图 4-25）
G40 X-57.089Y32.96;	从 *E* 铣切削至 *A*（见图 4-25），取消刀补
M99;	子程序结束，返回主程序
%4407	**右侧开口槽铣削子程序**
G91G00Z-2.5;	增量编程，下刀一个切削深度
G90G41G01 X25Y25.981D01F100;	绝对编程，从 *F* 点铣削至 *G* 点（见图 4-25），并产生刀具半径补偿，进给速度为 100 mm/min
G01 X20.67Y23.481;	从 *G* 点铣切削至 *H* 点（见图 4-25）
G03 X30.67Y6.16R10;	圆弧铣削，从 *H* 点铣切削至 *I* 点（见图 4-25）
G01 X35Y8.66;	从 *I* 铣切削至 *J*（见图 4-25）
G40 X57.089Y32.96;	从 *J* 铣切削至 *F*（见图 4-25），取消刀补
M99;	子程序结束，返回主程序

程序	说明
%4408;	**加工 3 孔之中心孔**
G21;	设定单位制
G17G90G40G49G80G54;	程序起始
G00Z50;	刀具快速移至安全高度 *Z*50 处
M03 S900;	主轴正转，转速 *S*900
M08;	冷却液开
G99G81X-25.67Y14.821R2Z-5F50;	钻孔循环（孔 1，见图 4-26）
X25.67;	钻孔循环（孔 2，见图 4-26）
G98X0Y0;	钻孔循环（孔 3，见图 4-26）
G80;	固定循环取消
G00Z100;	抬刀
M09;	冷却液关
M05;	主轴停转
M30;	程序结束
%4409;	**钻 3 孔至 ϕ9.8**
G21;	设定单位制
G17G90G40G49G80G54;	程序起始
G00Z50;	刀具快速移至安全高度 *Z*50 处
M03 S600;	主轴正转，转速 *S*600
M08;	冷却液开
G99G83 X-25.67Y14.821R2Z-30 Q4F120;	钻孔循环（孔 1，见图 4-26 所示）（注：为确保安全，采用深孔加工的固定循环方式）
X25.67;	钻孔循环（孔 2，见图 4-26 所示）
G98X0Y0;	钻孔循环（孔 3，见图 4-26 所示）
G80;	固定循环取消
G00Z100;	抬刀
M09;	冷却液关
M05;	主轴停转
M30;	程序结束
%4410;	**铰 2× ϕ10H8 孔**
G21;	设定单位制
G17G90G40G49G80G54;	程序起始
G00Z50;	刀具快速移至安全高度 *Z*50 处
M03 S100;	主轴正转，转速 *S*100
M08;	冷却液开
G99G85 X-25.67Y14.821R2Z-30 F30;	铰孔（孔 1，见图 4-27 所示）
G98 X25.67;	铰孔（孔 2，见图 4-27 所示）
G80;	固定循环取消

G00Z100;	抬刀
M09;	冷却液关
M05;	主轴停转
M30;	程序结束
%4411;	**铣 ϕ25H8 孔**
G21;	设定单位制
G17G90G40G49G80G54;	程序起始
G00Z50;	刀具快速移至安全高度 *Z*50 处
M03 S600;	主轴正转，转速 *S*600
M08;	冷却液开
G00X0Y0;	移至孔 3 中心（见图 4-28）
G00Z1;	下刀
X6.5;	移至螺旋线插补起点
G03I-6.5J0G91Z2L15F50;	螺旋线插补，15 圈
G90G00X0Y0;	移至孔中心
Z0;	抬刀至 *Z*0
M98P4412L10;	调用子程序%4412，10 次
G90G00Z100;	抬刀
M09;	冷却液关
M05;	主轴停转
M30;	程序结束
%4412;	**ϕ25H8 孔精铣子程序**
G91G00Z-3;	增量编程，下刀一个切削深度
G90G41G01X12.5Y0D01F100;	绝对编程，产生刀具半径补偿，进给速度为 100 mm/min
G02I-12.5J0;	铣削整圆
G40G0X0;	取消刀补
M99;	子程序结束，返回主程序

二、加工操作

（1）机床回零。

（2）测量工件两侧边平行度和工件底面平面度，确认是否满足装夹定位要求；如果不满足应增加修正工件，并记录四边实际测量值。

（3）选用平口虎钳装夹工件，伸出钳口不少于 12 mm，并用百分表找正。

（4）装刀，并对刀，确定 G54 坐标系。

（5）输入程序并校验。

（6）钻孔加工。

（7）重复（4）（5）步骤进行扩孔、铰孔、镗孔加工。

（8）检验工件。

任务评价

表 4-8　中级数控铣工技能训练四配分权重表

工件编号			项目和配分		总得分		
项目与配分		序号	技术要求	配分	评分标准	检测记录	得分
工件加工评分（80%）	外形轮廓孔	1	$69.28_{-0.03}^{0}$	3×3	超差 0.01 扣 1 分		
		2	$\phi 80_{-0.03}^{0}$	3	超差 0.01 扣 1 分		
		3	$20_{0}^{+0.03}$	3×2	超差 0.01 扣 1 分		
		4	$10_{0}^{+0.03}$	3	超差 0.01 扣 1 分		
		5	$5_{0}^{+0.03}$	3	超差 0.01 扣 1 分		
		6	对称度 0.05	3×2	超差 0.01 扣 1 分		
		7	平行度 0.05	2×5	超差 0.01 扣 1 分		
		8	*Ra*1.6	8	每错一处扣 1 分		
		9	*R*10 等一般尺寸	2	每错一处扣 2 分		
		10	ϕ10H8	3×2	超差 0.01 扣 1 分		
		11	ϕ25H8	6	超差 0.01 扣 1 分		
		12	29.68 ± 0.03	3×2	超差 0.01 扣 1 分		
		13	*R*1.6	2×3	每错一处扣 1 分		
	其他	14	工件按时完成	6	未按时完成全扣		
		15	工件无缺陷	3	缺陷一处扣 1 分		
程序与工艺（10%）		16	程序正确合理	5	每错一处扣 2 分		
		17	加工工序卡	5	不合理每处扣 2 分		
机床操作（10%）		18	机床操作规范	5	每错一处扣 2 分		
		19	工件、刀具装夹	5	每错一处扣 2 分		
安全文明生产（倒扣分）		20	安全操作	倒扣	安全事故停止操作或酌扣 5 ~ 30 分		
		21	机床整理	倒扣			

任务五　中级数控铣工技能训练实例五

学习目标

- 进一步掌握子程序的编制要点。
- 掌握中等复杂程度零件编程及工艺分析要点。
- 会分析并合理选择刀具及切削用量。
- 会编制完整、合理的数控加工程序。

任务描述

加工图 4-29 所示的工件（毛坯 100 mm × 80 mm × 25 mm，45 钢，六面为已加工表面）。

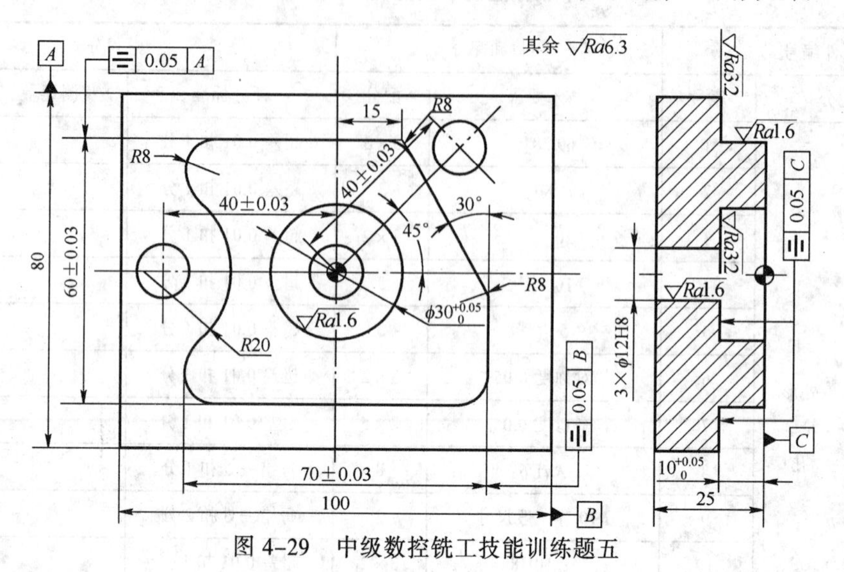

图 4-29　中级数控铣工技能训练题五

任务分析

零件的几何要素

零件加工部位由轮廓、腔槽、孔等组成。其几何形状属于平面二维图形，大部分几何形状特点从图形中能直接求出，不必进行计算；但两个圆弧形凹槽的中心点需进行相关的计算才能获得。

工艺要点分析

（1）对图样设计基准的理解：根据在宽度方向有对称度 0.06 mm 的要求，且凸台主要尺寸对称标注，因此在宽度方向上，对称轴为设计基准；在高度方向上有对称度 0.06 mm 的要求，高度尺寸对称标注，因此在高度方向的对称轴为设计基准。

（2）对工件加工要求的理解：对凸台周边的轮廓尺寸均有精度要求，因此需采用粗、精加工，以确保加工精度；对于 2 × ϕ10H8 的孔，因需达到 H8 级精度，故需采用钻-铰的加工工艺方案；因毛坯厚度和工件厚度尺寸相等，即工件顶面不允许加工，为保证对工件顶面 B 的平行度 0.04 mm，在装夹工件时需对工件进行细致的调整；两个圆弧形的凹槽侧面表面粗糙度要求为 6.3 μm，粗铣即可满足要求，即用直径等于槽宽的键槽铣刀进行粗铣即可。

任务实施

一、程序编制

1. 基点计算

A（28，-30）；B（-28，-30）；C（31.95，-15.71）；D（31.95，15.71）；E（-28，30）；

F（10.38，30）；*G*（17.31，26）；*H*（33.93，-2.78）；*J*（35，-6.78）；*K*（35，-22）

2. 制定加工工艺

将工件坐标系设在 *X*、*Y* 向对称中心，*Z* 向原点设置在零件的顶面。

（1）用 ϕ16 键槽铣刀粗精铣圆形外轮廓（%4501），刀具运动路线如图 4-31 所示。

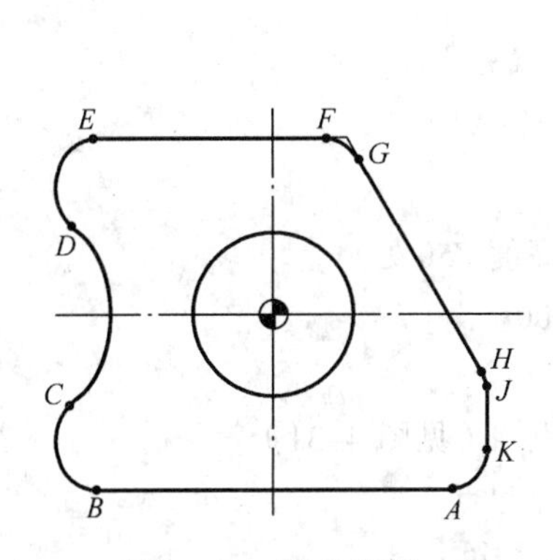

图 4-30　基点计算

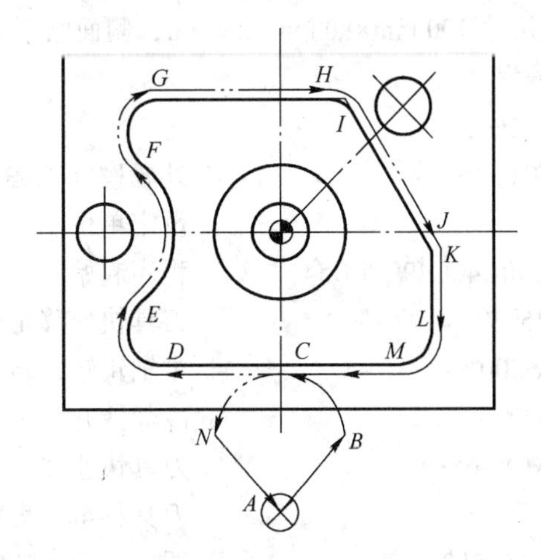

图 4-31　刀具运动路线 1

（2）用 ϕ16 键槽铣刀粗精铣内轮廓（%4503），刀具运动路线如图 4-32 所示。

（3）用 B3 中心钻钻削、铰孔（%4505~%4506）刀具运动路线如图 4-33 所示。

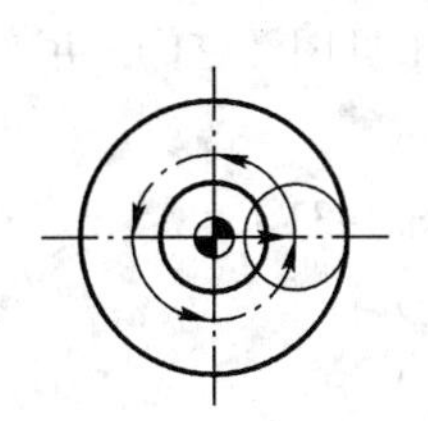

图 4-32　刀具运动路线 2

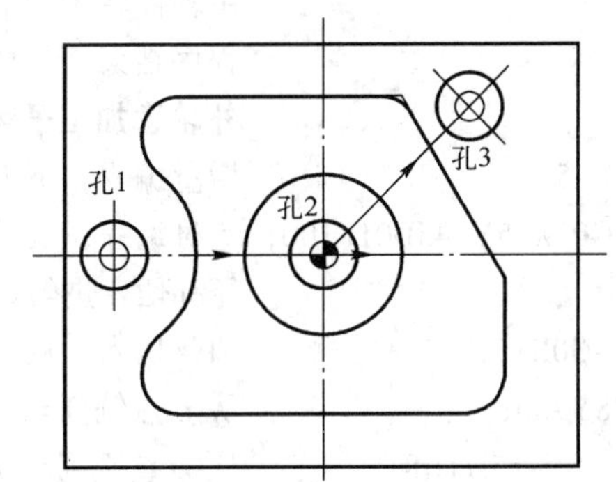

图 4-33　刀具运动路线 3

工艺卡片见表 4-9。

表 4-9　工艺卡片

工序号	作业内容	刀号	刀具规格	主轴转速 (r/min)	进给速度 (mm/min)	备注
1	粗精铣外轮廓	T2	Φ16 键槽铣刀	500	100	
2	粗精铣内轮廓	T2	Φ16 键槽铣刀	800	100	
3	钻中心孔	T3	B3 中心钻	900	50	
4	钻孔	T4	Φ11.8 钻头	400	120	
5	铰孔	T5	Φ12H8 铰刀	100	30	

3. 加工前的准备

选用机用平口钳装夹工件，校正平口钳固定钳口与工作台 X 轴移动方向平行。在工件的下表面与平口钳之间放入精度较高且厚度适当的平行垫块，工件露出钳口表面不得少于 12 mm。利用木锤或铜棒敲击工件，使平行垫块不能移动后夹紧工件。

毛坯尺寸 100 mm×80 mm×25 mm，侧面已精加工。

4. 编程

参考程序：

程序	说明
%4501;	**外轮廓加工程序**
G21;	设定单位制
G17G90G40G49G80G54;	程序起始
G00Z50;	刀具快速移至安全高度 Z50 处
M03 S500;	主轴正转，转速 S500
M08;	冷却液开
G00X0Y-65;	刀具快速移至下刀点 A（见图 4-31）
Z0;	刀具移至子程序循环起点
M98P4502L2;	调用子程序%4502，2 次
G90G00Z100;	绝对编程，抬刀
M09;	冷却液关
M05;	主轴停转
M30;	程序结束
%4502;	**外轮廓加工子程序**
G91G00Z-5;	增量编程，下刀一个切削深度
G90G41G01X15Y-45D01F100;	绝对编程，从 A 点铣削至 B 点（见图 4-31），并产生刀具半径补偿，进给速度为 100 mm/min
G03X0Y-30R15;	圆弧切入，从 B 铣削至 C（见图 4-31）
G01X-28Y-30;	从 C 点铣削至 D 点（见图 4-31）
G02X31.95Y-15.71R8;	从 D 点铣削至 E 点（见图 4-31）
G03X31.95Y15.71R20;	从 E 点铣削至 F 点（见图 4-31）
G02 X-28Y-30R8;	从 F 点铣削至 G 点（见图 4-31）
G01X10.38;	从 G 点铣削至 H 点（见图 4-31）
G02X17.31Y26R8;	从 H 点铣削至 I 点（见图 4-31）
G01X33.93Y-2.78;	从 I 点铣削至 J 点（见图 4-31）
G02X35Y-6.78R8;	从 J 点铣削至 K 点（见图 4-31）
G01Y-22;	从 K 点铣削至 L 点（见图 4-31）
G02X28Y-30R8;	从 L 点铣削至 M 点（见图 4-31）
G01X0;	从 M 点铣削至 C 点（见图 4-31）
G03X-15Y-45R15;	从 C 点铣削至 N 点（见图 4-31）
G40G00X0Y-65;	从 N 点铣削至 A 点（见图 4-31），取消刀补
M99;	子程序结束，返回主程序

%4503;	**内轮廓加工程序**
G21;	设定单位制
G17G90G40G49G80G54;	程序起始
G00Z50;	刀具快速移至安全高度 *Z*50 处
M03 S600;	主轴正转，转速 *S*600
M08;	冷却液开
G00X0Y0;	刀具移至工件坐标系原点（即孔中心）
Z1;	下刀至 *Z*1 处
X6.5;	移至螺旋线下刀的起点
G03I-6.5J0G91Z1L10F100;	螺旋插补，螺距为 1 mm，共 10 圈
G90G03I-6.5J0;	铣孔底平面
G01X0Y0;	刀具移至孔中心
G00Z0;	抬刀至 *Z*0 处
M98P4504L2;	调用精加工子程序
G00G90Z100;	绝对编程，刀具快速抬刀至 *Z*100 处
M09;	冷却液关
M05;	主轴停转
M30;	程序结束
%4504;	**精加工子程序**
G91G01Z-5F100;	增量编程，下刀一个切削深度
G90G41G01X15Y0D01;	绝对编程，并产生刀具半径补偿
G03I-15J0;	加工整圆
G40G01X0Y0;	移至孔中心，取消刀补
M99;	子程序结束，返回主程序
%4505;	**加工 2×ϕ10H8 孔之中心孔**
G21;	设定单位制
G17G90G40G49G80G54;	程序起始
G00Z50;	刀具快速移至安全高度 *Z*50 处
M03 S900;	主轴正转，转速 *S*900
M08;	冷却液开
G98G81X-40Y0R2Z-5F50;	钻孔循环（孔 1，如图 4-33 所示）
X0;	钻孔循环（孔 2，如图 4-33 所示）
X 28.2843Y28.2843;	钻孔循环（孔 3，如图 4-33 所示）
G80;	固定循环取消
G00Z100;	抬刀
M09;	冷却液关
M05;	主轴停转
M30;	程序结束
%4506;	**加工 2×ϕ10H8 孔至 ϕ9.8**

```
G21;                            设定单位制
G17G90G40G49G80G54;             程序起始
G00Z50;                         刀具快速移至安全高度Z50处
M03 S600;                       主轴正转，转速S600
M08;                            冷却液开
G99G83 X-40Y0R2Z-30 Q4F120;     钻孔循环（孔1，如图4-33所示）（注：为确保安全，
                                采用深孔加工的固定循环方式）
X0;                             钻孔循环（孔2，如图4-33所示）
X 28.2843Y28.2843;              钻孔循环（孔3，如图4-33所示）
G80;                            固定循环取消
G00Z100;                        抬刀
M09;                            冷却液关
M05;                            主轴停转
M30;                            程序结束
%4507;                          铰2×φ10H8孔
G21;                            设定单位制
G17G90G40G49G80G54;             程序起始
G00Z50;                         刀具快速移至安全高度Z50处
M03 S100;                       主轴正转，转速S100
M08;                            冷却液开
G99G85 X-40Y0R7Z-30 F30;        铰孔（孔1，如图4-33所示）
X0;                             钻孔循环（孔2，如图4-33所示）
X 28.2843Y28.2843;              钻孔循环（孔3，如图4-33所示）
G80;                            固定循环取消
G00Z100;                        抬刀
M09;                            冷却液关
M05;                            主轴停转
M30;                            程序结束
```

二、加工操作

（1）机床回零。

（2）测量工件两侧边平行度和工件底面平面度，确认是否满足装夹定位要求，如果不满足应增加修正工件，并记录四边实际测量值。

（3）选用平口虎钳装夹工件，伸出钳口不少于12 mm，并用百分表找正。

（4）装刀，并对刀，确定G54坐标系。

（5）输入程序并校验。

（6）钻孔加工。

（7）重复（4）（5）步骤进行扩孔、铰孔、镗孔加工。

（8）检验工件。

任务评价

表 4-10 中级数控铣工技能训练五配分权重表

工件编号			项目和配分		总得分		
项目与配分		序号	技术要求	配分	评分标准	检测记录	得分
工件加工评分（80%）	轮廓	1	凸台宽 60 ± 0.03	5	超差 0.01 扣 1 分		
		2	凸台长 70 ± 0.03	5	超差 0.01 扣 1 分		
		3	铣孔 $\phi30^{+0.05}_{0}$	5	超差 0.01 扣 1 分		
		4	凸台高 $10^{+0.05}_{0}$	5	超差 0.01 扣 1 分		
		5	对称度 0.05	3 × 2	每错一处扣 3 分		
		6	平行度 0.05	3 × 2	每错一处扣 3 分		
		7	$Ra1.6$	5	每错一处扣 1 分		
		8	$Ra3.2$	4	每错一处扣 1 分		
		9	$R8$、$R20$、30°	4	每错一处扣 2 分		
	孔	10	ϕ12H8	3 × 4	超差 0.01 扣 1 分		
		11	孔距 40 ± 0.03	3 × 2	每错一处扣 4 分		
		12	$R1.6$	2 × 3	每错一处扣 2 分		
	其他	13	工件按时完成	5	未按时完成全扣		
		14	工件无缺陷	5	缺陷一处扣 1 分		
程序与工艺（10%）		16	程序正确合理	5	每错一处扣 2 分		
		17	加工工序卡	5	不合理每处扣 2 分		
机床操作（10%）		18	机床操作规范	5	每错一处扣 2 分		
		19	工件、刀具装夹	5	每错一处扣 2 分		
安全文明生产（倒扣分）		20	安全操作	倒扣	安全事故停止操作或酌扣 5 ~ 30 分		
		21	机床整理	倒扣			

项目五　简化编程指令的应用

任务一　对称件及相似件的编程与加工

学习目标

- 掌握比例缩放、镜像指令的格式及编程方法。
- 理解刀具半径补偿在比例缩放和镜像编程中的应用。
- 理解比例缩放和镜像编程的注意事项。
- 会运用比例缩放和镜像指令编写零件的加工程序。

任务描述

加工图 5–1 所示的工件（毛坯 120 mm × 100 mm × 25 mm，45 钢，六面均已加工表面）。

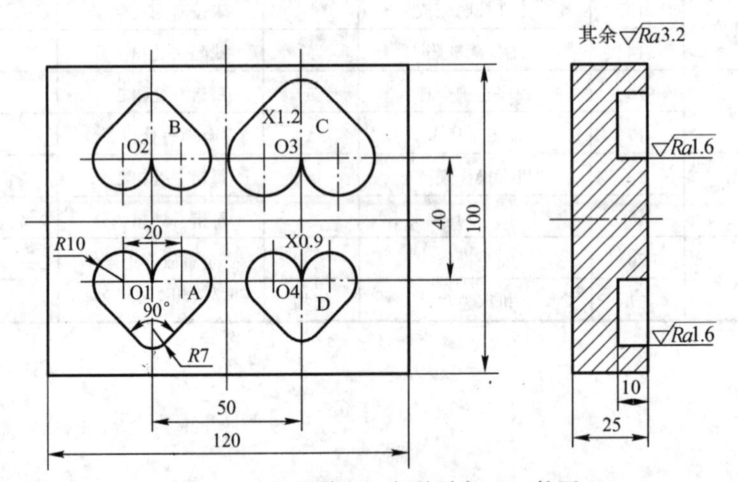

图 5–1　坐标镜像与坐标缩放加工工件图

任务分析

该任务的四个轮廓形状相似，尺寸按比例进行缩小或放大，而且这四个轮廓沿某条中心线对称分布。因此，如果在编程中灵活运用坐标镜像和比例缩放指令，会使所编程序简单明了。

知识链接

1.镜像功能 G24、G25

【格式】G24X__Y__Z__;

M98P__;

G25X__Y__Z__;

【说明】G24 为建立镜像。

G25 为取消镜像。

X、*Y*、*Z* 为镜像位置。

当工件相对于某一轴具有对称形状时，可以利用镜像功能和子程序，只对工件的一部分进行编程，而能加工出工件的对称部分，这就是镜像功能。

当某一轴的镜像有效时，该轴执行与编程方向相反的运动。G24、G25 为模态指令，可以相互注销，G25 为缺省值。

【例 5-1-1】利用镜像功能指令编写加工图 5-2 所示轮廓。

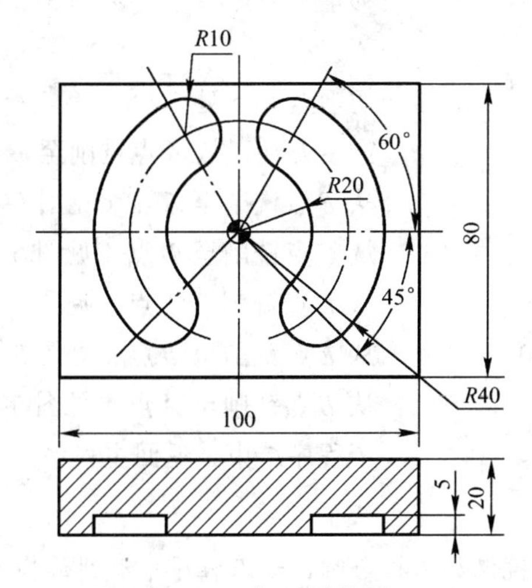

图 5-2　加工零件图

计算基点尺寸，如图 5-3 所示。

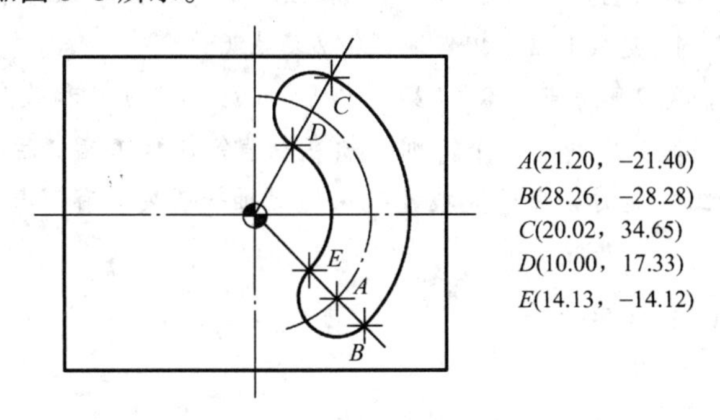

图 5-3　凹槽基点计算

%5101;	**主程序**
G21;	设定单位制
G17G40G49G90G80G54;	单指令，调用工件坐标系
G00 Z100;	刀具移至安全高度

M03 S600；	主轴正转，转速 600 r/min
X0 Y0；	刀具移至工件中心处
M98 P5102；	调用子程序，加工左侧腰形槽
G24 X0；	启动镜像功能，*Y* 轴对称
M98 P5102；	调用子程序，加工右侧腰形槽
G25；	取消镜像功能
G00Z100；	刀具提升至安全高度
M05；	主轴停转
M30；	程序结束
%5102；	**加工左侧腰形槽子程序**
G00 X21.20 Y-21.20；	移至下刀点 *A* 点（见图 5-3）
Z5；	下刀
G01 Z-5 F200；	切削至 *Z*-5 处
G41 X28.26Y-28.26 D01；	产生刀补，从 *A* 点铣削至 *B* 点（见图 5-3）
G03 X20 Y34.65 R40；	从 *B* 点铣削至 *C* 点（见图 5-3）
G03 X10 Y17.33 R10；	从 *C* 点铣削至 *D* 点（见图 5-3）
G02X14.13 Y-14.12 R20；	从 *D* 点铣削至 *E* 点（见图 5-3）
G03 X28.26 Y-28.26 R10；	从 *E* 点铣削至 *B* 点（见图 5-3）
G40 X0 Y0；	从 *B* 点铣削至 *A* 点（见图 5-3），取消刀补
M99；	子程序结束，返回主程序

注意：

（1）在指定平面内执行镜像加工指令时，如果程序中有圆弧指令，则圆弧的旋转方向相反，即 G02 变成 G03，相应地，G03 变成 G02。

（2）在指定平面内执行镜像加工指令时，如果程序中有刀具半径补偿指令，则刀具半径补偿的偏置方向相反，即 G41 变成 G42，相应地，G42 变成 G41。

（3）在镜像指令中，返回参考点指令（G27， G28； G29； G30 ）和改变坐标系指令 G54～59、G92 不能指定。如果要指定其中的某一个，则必须在取消镜像加工指令后指定。

（4）在使用镜像加工功能时，由于数控镗铣床的 *Z* 轴一般安装有刀具，所以，*Z* 轴一般都不进行镜像加工。

2. 比例缩放功能 G51、G50

【格式】G51X__Y__Z__P__；

M98P__；

G50；

【说明】G51 为建立缩放。

G50 为取消缩放。

X、*Y*、*Z* 为缩放中心的坐标值。

P 为缩放比例。

G51 既可指定平面缩入，也可指定空间缩放。在 G51 后，运动指令的坐标值以（*X*，*Y*，*Z*）为缩放中心，按 *P* 规定的缩放比例进行计算。在有刀具补偿的情况下，先进行缩放，然后才进行刀具半径、刀具长度补偿。

G51、G50 为模态指令，可相互注销，G50 为缺省值。

【例 5-1-2】应用比例缩放指令编写图 5-4 所示工件的程序。

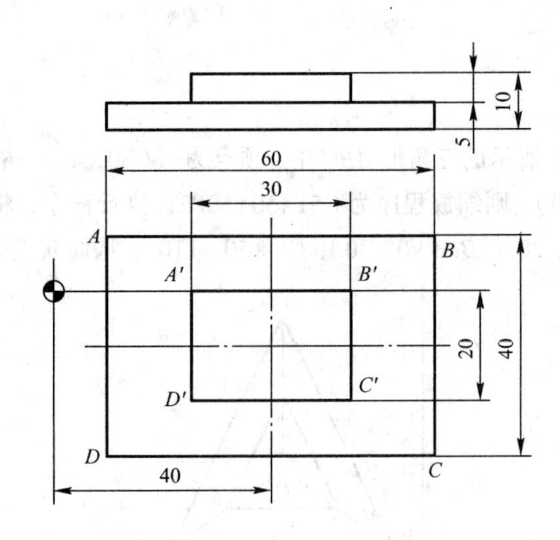

图 5-4　加工零件图

参考程序如下：

%5103;	**主程序**
G21;	设定单位制
G17G40G49G90G80G54;	单指令，调用工件坐标系
G00 Z100;	刀具移至安全高度
M03 S600;	主轴正转，转速 600 r/min
X0 Y0;	刀具移至工件中心处
X0 Y20;	刀具移至起始点处
Z5;	刀具快速下降至 *Z*5 处
G01 Z-10 F100;	慢速下刀至 *Z*-10 处
M98 P5104;	调用子程序加工外轮廓 *ABCD*
G01 Z-5 F200;	*Z* 向抬刀至 *Z*-5 处
G51 X40 Y-10 P0.5;	启动比例缩放功能，缩放中心（40，-10），比例系数为 0.5
M98 P5104;	调用子程序加工外轮廓 *A′ B′ C′ D′*
G50;	取消比例缩放功能
G00 Z100;	刀具抬刀至安全高度
M05;	主轴停转
M30;	程序结束

```
%5104;                      加工轮廓ABCD子程序
G41 G01X0 Y0 D01;
X70;
Y-30;
X10;
Y20;
G40 X0;
M99;
```

【例 5-1-3】在图 5-5 所示的三角形 *ABC* 中，顶点为 *A*(30，40)、*B*(70，40)、*C*(50，80)，若缩放中心为 *D*(50，50)，则缩放程序为 G51X50Y50P2，执行程序，将自动计算 *A*′、*B*′、*C*′ 三点坐标数据为 *A*′(10，30)、*B*′(90，30)、*C*′(50，110)，从而获得放大 1 倍的 Δ*A*′ *B*′ *C*′。

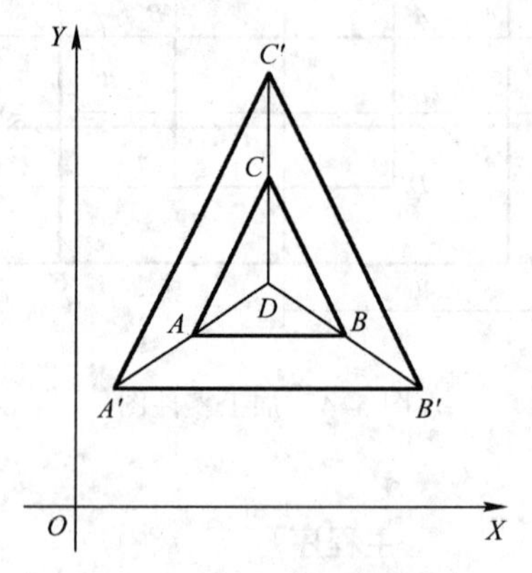

图 5-5　比例缩放实例图

```
%5105;                      主程序
G21;                        设定单位制
G17G40G49G90G80G54;         单指令，调用工件坐标系
G00 Z100;                   刀具移至安全高度
M03 S600;                   主轴正转，转速600 r/min
X0 Y0;                      刀具移至工件坐标系原点处
Z0;                         刀具快速下降至Z0处
M98 P5106;                  调用子程序，加工外轮廓ABC
G51 X50 Y50 P2;             缩放中心(50，50)，比例系数为2
M98 P5106;                  加工外轮廓A′ B′ C′
G50;                        取消缩放
G90 G00 Z100;               刀具抬至Z100处
M05;                        主轴停转
M30;                        程序结束
%5106;                      加工轮廓ABC的子程序
```

```
G91 G00 Z-4;
G41 G01 X30 Y40 D01 F100;
X20 Y40;
X20 Y-40;
X-45;
G90 G01 G40 X0 Y0;
M99;
```

注意：

（1）比例缩放对固定循环中 *Q* 值无效，在比例缩放过程中，禁止在 *Z* 轴方向上进行比例缩放。

（2）比例缩放对工件坐标系零点偏移值和刀具补偿值无效。

（3）在比例缩放状态下，不能指定返回参考点的 G 指令（G27～G30），也不能指定坐标系设定指令（G54～G59、G92）。若一定要指令这些 G 代码，应在取消缩放功能后指定。

任务实施

一、程序编制

1．确定加工方案

本任务（见图 5-1）采用坐标镜像加工及比例缩放指令加工内轮廓。加工内轮廓 *B* 时，采用坐标镜像加工编程；加工内轮廓 *C* 时，采用坐标镜像加工与比例缩放编程；而加工内轮廓 *D* 时，则采用比例缩放编程。

由于缩放后内轮廓最小凹圆弧直径为 ϕ12.6 mm，所以，本任务内轮廓精加工刀具选择 ϕ12 mm 的立铣刀。

2．编程

参考程序如下：

%5107;	**主程序**
G21;	设定单位制
G17G40G49G90G80G54;	单指令，调用工件坐标系
G00 Z100;	刀具移至安全高度
M03 S1200;	主轴正转，转速 1 200 r/min
M08;	冷却液开
G00X-25 Y-25;	刀具移至下刀点
M98 P5108;	调用子程序%5108，加工轮廓 *A*
G90G00X-25Y25;	
G24Y0;	关于 *X* 轴镜像
M98 P5108;	调用子程序%5108，加工轮廓 *B*
G25Y0;	取消镜像

```
G90G00X25Y25;
G24 X0 Y0;
G51X25Y25P1.2;
M98P5108;                      调用子程序%5108，加工轮廓 C
G50;
G25X0Y0;
G90G00X25Y-25;
G51X25Y-25P0.8;
M98P5108;                      调用子程序%5108，加工轮廓 D
G50;
G90G00Z100;
M09;
M05;
M30;
%5108;                         轮廓加工子程序
G91G00X-10Y0;
G01Z-10F100;
G41G01X0Y0D01;
Y0;
G03X-17.07Y-7.07R-10;
G01X-4.95Y19.19;
G03X4.95R7;
G01X17.07Y-7.07;
G03X0Y0R-10;
G01Y-10;
G40G01X10Y0;
Z20;
M99;
```

二、加工操作

（1）机床回零。

（2）选用平口虎钳装夹工件，伸出钳口 5 mm 左右，并用百分表找正。

（3）装刀，并对刀，确定 G54 坐标系。

（4）输入程序并校验。

（5）自动加工。

（6）测量检验工件。

表 5-1　对称件及相似件编程与加工操作配分表

工件编号		项目和配分		总得分		
项目与权重	序号	技术要求	配分	评分标准	检测记录	得分
加工操作（30%）	1	尺寸精度符合要求	10	不合格每处扣 4 分		
	2	表面粗糙度符合要求	10	不合格每处扣 2 分		
	3	形状精度符合要求	5	不合格每处扣 2 分		
	4	位置精度符合要求	5	不合格每处扣 2 分		
程序与工艺（45%）	5	程序格式规范	5	不规范每处扣 4 分		
	6	程序正确	15	不正确每处扣 5 分		
	7	加工路线合理	5	不合理全扣		
	8	加工工艺参数合理	5	不合格每处扣 2 分		
	9	测量方法合理	10	不合理全扣		
	10	质量分析合理	5	不合理全扣		
机床操作（15%）	11	对刀正确	5	不正确全扣		
	12	机床操作规范	5	不规范每次扣 2~5 分		
	13	刀具选择正确	5	不正确全扣		
文明生产（10%）	14	安全操作	5	出错每次倒扣 2~10 分		
	15	工作场所整理	5	不合格全扣		

任务二　斜方凸台的编程与加工

学习目标

- 掌握坐标旋转指令格式及应用注意事项。
- 掌握倒角指令格式。
- 会灵活运用坐标系旋转指令进行编程。

任务描述

试编写图 5-6 所示工件（毛坯尺寸为 80 mm × 80 mm × 25 mm）外形轮廓的数控铣削加工程序，并在数控铣床上进行加工。

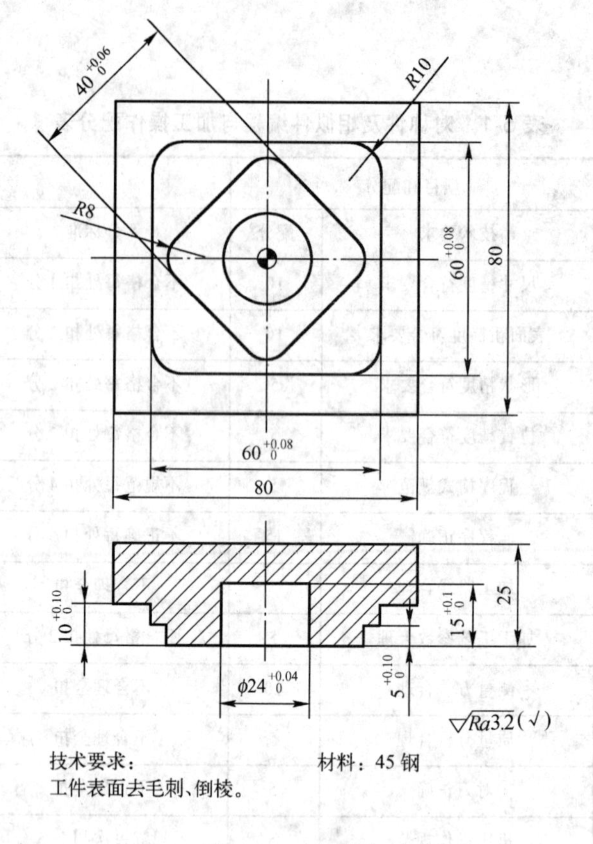

图 5-6　工件图

任务分析

任务中带圆角的凸台(见图 5-6)，在编程时需要计算 2 个点的坐标值（如图 5-7 所示，由于图形对称，因此只需计算 *A*、*B* 点两者之一或 *C*、*D* 点中两者之一），计算工作量较大。如采用坐标旋转编程，则所编程序简单明了。

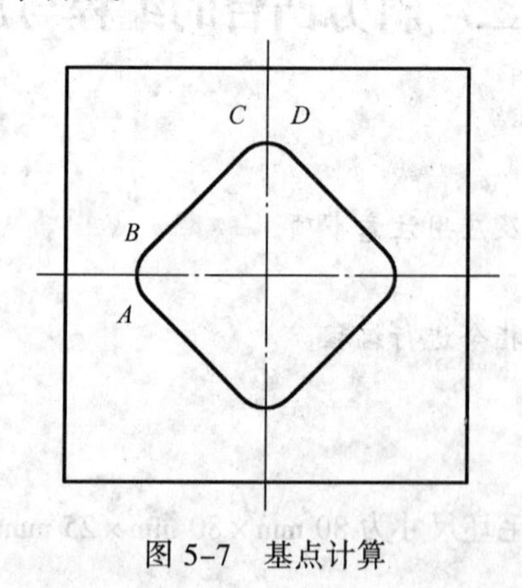

图 5-7　基点计算

知识链接

一、坐标系旋转功能 G68、G69

对于某些围绕中心旋转得到的特殊的轮廓加工，如果根据旋转后的实际加工轨迹进行编程，就可能使坐标计算的工作量大大增加，而通过图形旋转功能，可以大大简化编程的工作量。

【格式】

G17 G68 X__Y__P__；

G18 G68 X__Z__P__；

G19 G68 Y__Z__P__；

M98 P_；

G69；

【说明】

G68 为建立旋转。

G69 为取消旋转。

X、*Y*、*Z* 为旋转中心的坐标值。

P 为旋转角度，单位为度(°)，0≤*P*≤360°。在有刀具补偿的情况下，先旋转后刀补（刀具半径补偿、长度补偿）；在有缩放功能的情况下，先缩放后旋转。

G68、G69 为模态指令，可相互注销，G69 为缺省值。

【例 5-2-1】使用旋转功能编制图 5-8 所示轮廓的加工程序。设刀具起点距工件上表面 50 mm，切削深度 5 mm。

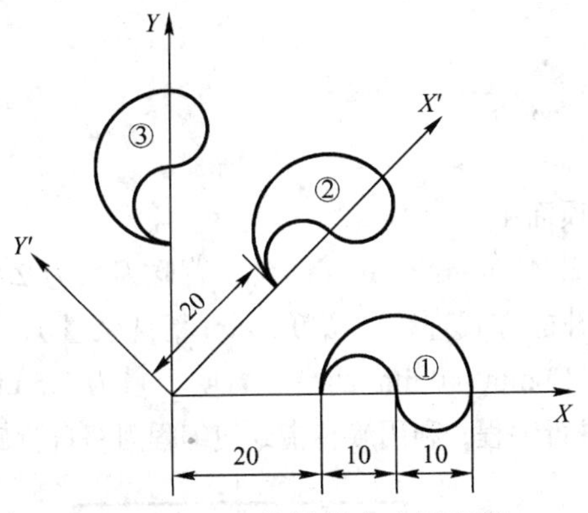

图 5-8　G68 旋转指令应用实例

%5201;	**主程序**
G21;	设定单位制
G17G40G49G90G80G54;	单指令，调用工件坐标系
G00 Z100;	刀具移至安全高度
M03 S600;	主轴正转，转速 600 r/min
X0 Y0;	刀具移至工件坐标系原点处

```
Z1;                        刀具快速下降至Z1处
G01 Z-5 F100;              慢速切削至Z-5处；
M98 P5202;                 加工①
G68 X0 Y0 P45;             旋转45°
M98 P5202;                 加工②
G68 X0 Y0 P90;             旋转90°
M98 P5202;                 加工③
G00 Z50;                   抬刀至安全高度
G69;                       取消旋转
M05;                       主轴停转
M30;                       程序结束
%5202;                     子程序（①的加工程序)
G41 G01 X20 Y-5 D02 F300;
Y0;
G02 X40 I10;
X30 I-5;
G03 X20 I-5;
G00 Y-6;
G40 X0 Y0;
M99;
```

任务实施

一、程序编制

1. 确定加工方案

工件坐标系原点为工件顶面中心。

（1）用ϕ16键槽铣刀粗铣40 mm×40 mm凸台，背吃刀量为2.5 mm，分2层，在水平方向则分多次铣削（利用修改刀补的方式进行，留0.2 mm精铣余量）。

（2）用ϕ16立铣刀精铣40 mm×40 mm凸台，背吃刀量为2.5 mm，分2次切削。

（3）将凸台按摆正位置进行编程，利用旋转指令使编程刀路自行旋转45°，刀路如图5-9所示。

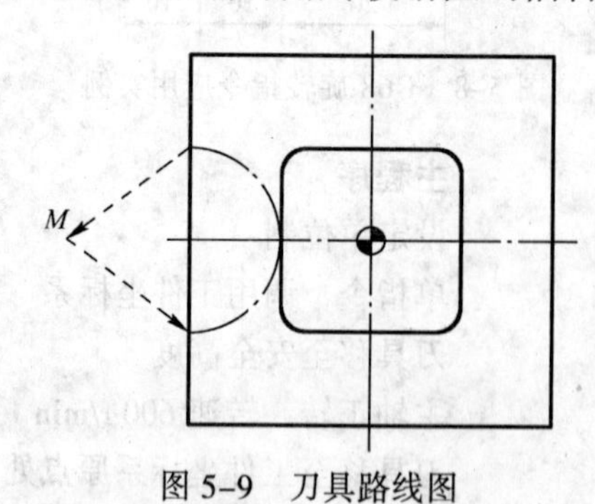

图5-9　刀具路线图

工艺卡片见表5-2。

表5-2　工艺卡片

工序号	作业内容	刀号	刀具规格	刀补量(mm)	主轴转速(r/min)	进给速度(mm/min)	背吃刀量(mm)	备注
1	粗铣40mm×40mm	T1	ϕ16键槽铣刀	—	450	120	2.5	
2	精铣40mm×40mm	T1	ϕ16键槽铣刀	8	600	100	2.5	
编制	审核		批准		年　月　日		共　页	第　页

2. 编程

参考程序：

```
%5202;                      主程序
G21;                        设定单位制
G17G40G49G90G80G54;         单指令，调用工件坐标系
G00 Z100;                   刀具移至安全高度
M03 S600;                   主轴正转，转速600 r/min
X-60 Y0;                    刀具移至下刀点（见图5-13中的M点）
Z1;                         刀具快速下降至Z1处
G68X0Y0P45;                 坐标系旋转；
M98 P5203 L2;               调用加工轮廓子程序2次
G69;                        坐标系旋转取消
G90G00Z100;
M09;
M05;
M30;
%5203;                      加工轮廓子程序
G91G01Z-3.5F120;
G41G01X-40Y-20D01;
G03X-20Y0R20;               圆弧切入
G01Y20R8;                   倒角指令
X20R8;
Y-20R8;
X-20R8;
Y0;
G03X-40Y20R20;              圆弧切出
G40X-60Y0;
G0Z1;
M99;
```

二、加工操作

（1）机床回零。

（2）选用平口虎钳装夹工件，伸出钳口 5 mm 左右，并用百分表找正。

（3）装刀，并对刀，确定 G54 坐标系。

（4）输入程序并校验。

（5）自动加工。

（6）测量检验工件。

表 5-3　斜方凸台的编程与加工操作配分表

工件编号		项目和配分		总得分		
项目与权重	序号	技术要求	配分	评分标准	检测记录	得分
加工操作（30%）	1	尺寸精度符合要求	10	不合格每处扣 4 分		
	2	表面粗糙度符合要求	10	不合格每处扣 2 分		
	3	形状精度符合要求	5	不合格每处扣 2 分		
	4	位置精度符合要求	5	不合格每处扣 2 分		
程序与工艺（45%）	5	程序格式规范	5	不规范每处扣 4 分		
	6	程序正确	15	不正确每处扣 5 分		
	7	加工路线合理	5	不合理全扣		
	8	加工工艺参数合理	5	不合格每处扣 2 分		
	9	孔测量方法合理	10	不合理全扣		
	10	孔质量分析合理	5	不合理全扣		
机床操作（15%）	11	对刀正确	5	不正确全扣		
	12	机床操作规范	5	不规范每次扣 2~5 分		
	13	刀具选择正确	5	不正确全扣		
文明生产（10%）	14	安全操作	5	出错每次倒扣 2~10 分		
	15	工作场所整理	5	不合格全扣		

项目六　宏程序编程及应用

任务一　斜方圆凸台的编程与加工

学习目标

- 了解宏程序的作用。
- 理解变量种类及应用。
- 掌握宏程序中的函数及其用法。
- 会运用宏变量对刀具半径补偿值进行赋值。
- 会运用宏程序进行简单的编程与计算。

任务描述

加工图 6-1 所示的切圆台与斜方台（其高度均为 4 mm），各自加工 3 个循环（刀具直径 ϕ10，精加工余量为 0.5 mm，第二道加工余量为 3 mm），要求倾斜 10° 的斜方台与圆台相切，圆台在方台之上。

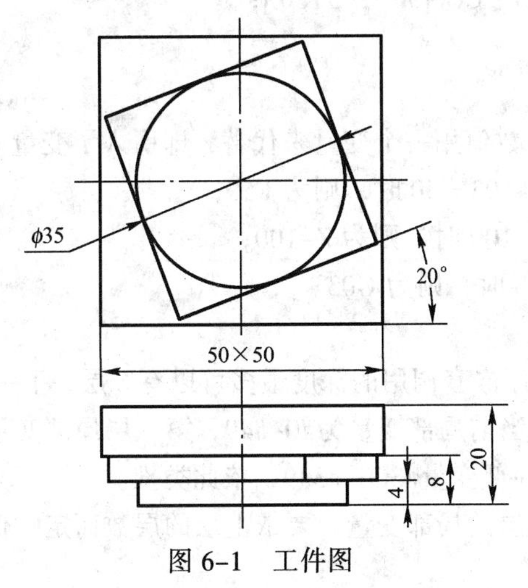

图 6-1　工件图

任务分析

图 6-1 中包含了一个圆形凸台和旋转了 20° 的方形凸台。方形凸台可以采用坐标系旋转的

方法进行编程，也可以采用本任务要学习的宏程序进行编程。

在加工圆形凸台时，需要多次改变刀补值才能达到所需尺寸，可以在加工时多次修改刀补值来完成，但比较麻烦。也可以利用本任务所学习的对刀具补偿值进行赋值的方法，实现自动改变刀补值。采用赋值的方法，在操作时不需进入刀具半径补偿界面内进行手工修改刀补，而改由程序自动修改，简化了操作。

知识链接

HNC-21/22M 系统为用户配备了强有力的类似于高级语言的宏程序功能，用户可以使用变量进行算术运算、逻辑运算和函数的混合运算，此外宏程序还提供了循环语句、分支语句和子程序调用语句，适合编制各种复杂的零件加工程序，减少乃至免除手工编程时烦琐的数值计算；适合抛物线、椭圆、双曲线等没有插补指令的曲线编程；适合图形一样、只是尺寸不同的系列零件的编程；适合工艺路径一样、只是位置参数不同的系列零件的编程，因此可较大地简化编程，并扩展应用范围。

一、宏变量及常量

1. 变量的定义

变量可以用“#”号和跟随其后的变量序号来表示：#i(i = 1，2，3，…)

例如：#5， #109， #501。

2. 变量的赋值与引用

（1）赋值。

【格式】宏变量=常数或表达式

把常数或表达式的值送给一个宏变量称为赋值。

例如：#2 = 175/SQRT[2] * COS[55 * PI/180];

#3 = 124.0;

（2）引用。

将跟随在一个地址后的数值用一个变量来代替，即引入了变量。

例如：对于 F#103，若#103 = 50 时，则为 F50;

对于 Z-#110，若#110 = 100 时，则为 Z-100;

对于 G#130，若#130 = 3 时，则为 G03。

3. 变量的种类

HNC-21/22M 系统子程序嵌套调用的深度最多可以有 8 层，每一层子程序都有自己独立的局部变量（变量个数为 50）。当前局部变量为#0~#49，第一层局部变量为#200~#249，第二层局部变量为#250~#299，第三层局部变量#300~#349，依此类推。

在子程序中如何确定上层的局部变量，要依上层的层数而定，例：

%0099

G21;　　　　　　　　　　设定单位制

G17G90G40G49G80G54;　　　程序起始

N100 #10=98

```
M98 P100
M30
%100
N200 #10=100;              此时 N100 所在段的局部变量#10 为第一层#210
M98 P110
M99
%110
N300 #10=200;              此时 N200 所在段的局部变量为第二层#260
                           N100 所在段的局部变量#10 为第一层#210
M99;
```

#0 ~ #49	当前局部变量
#50 ~ #199	全局变量（#100~#199 全局变量可以在子程序中，定义半径补偿量）
#200 ~ #249	0 层局部变量
#250 ~ #299	1 层局部变量
#300 ~ #349	2 层局部变量
#350 ~ #399	3 层局部变量
#400 ~ #449	4 层局部变量
#450 ~ #499	5 层局部变量
#500 ~ #549	6 层局部变量
#550 ~ #599	7 层局部变量

注意：*用户编程仅限使用#0~#599 局部变量。#599 以后变量用户不得使用，仅供系统程序编辑人员参考。*

4. 常量

PI：圆周率π。

TRUE：条件成立（真）。

FALSE：条件不成立（假）。

二、运算符与表达式

（1）算术运算符。

+，–，*，/

（2）条件运算符。

EQ（=），NE（≠），GT（>），GE（≥），LT（<），LE（≤）

（3）逻辑运算符。

AND，OR，NOT

（4）函数。

SIN（正弦）、COS（余弦）、TAN（正切）、ATAN（反正切-π/2~-π/2）、ABS（绝对值）、INT（取整）、SIGN（取符号）、SQRT（开方）、EXP（指数）

注意：在华中 HNC-21/22M 系统中，三角函数所用角度单位为弧度。

（5）表达式。

用运算符连接起来的常数，宏变量构成表达式，相关函数类型及格式见表 6-1。

例如：

175/SQRT[2] * COS[55 * PI/180];

#3*6 GT 14;

表 6-1　有关函数的类型及格式

类型	功能	格式	举例	备注
算术运算	加法	#i=#j+#k	#1=#2+#3	常数可以代替变量
	减法	#i=#j-#k	#1=#2-#3	
	乘法	#i=#j*#k	#1=#2*#3	
	除法	#I=#j*#k	#1=#2/#3	
三角函数运算	正弦	#i=SIN[#j]	#1=SIN[#2]	角度单位为弧度
	反正弦	#i=ASI[#j]	#1=ASIN[#2]	
	余弦	#i=COS[#j]	#1=COS[#2]	
	反余弦	#i=ACOS[#j]	#1=ACOS[#2]	
	正切	#i=TAN[#j]	#1=TAN[#2]	
	反正切	#i=ATAN[#j]	#1=ATAN[#2]	
其他函数运算	平方根	#i=SQRT[#j]	#1=SQRT[#2]	常数可以代替变量
	绝对值	#i=ABS[#j]	#1=ABS[#2]	
	舍入	#i=ROUN[#j]	#1=ROUN[#2]	
	上取整	#i=FIX[#j]	#1=FIX[#2]	
	下取整	#i=FUP[#j]	#1=FUP[#2]	
	自然对数	#i=LN[#j]	#1=LN[#2]	
	指数对数	#i=EXP[#j]	#1=EXP[#2]	
逻辑运算	与	#i=#jAND#k	#1=#2AND#2	按位运算
	或	#i=#j OR #k	#1=#2OR#2	
	异或	#i=#j XOR #k	#1=#2XOR#2	

任务实施

一、程序编制

1. 确定加工方案

本任务（见图 6-1）中的圆台加工可以利用修改刀具半径补偿值的方法实现粗精加工。方凸台则可以利用宏程序进行基点坐标值的计算，然后采用修改刀具半径补偿值的方法实现加工。

本任务加工用刀具选择 ϕ10 mm 的立铣刀，刀具半径补偿值分别为 9 mm、6 mm 和 5.5 mm。

工艺卡片见表 6-2。

表 6-2　工艺卡片

工序号	作业内容	刀号	刀具规格	刀补量(mm)	主轴转速(r/min)	进给速度(mm/min)	背吃刀量(mm)	备注
1	粗铣圆台	T01	ϕ10 立铣刀	9	600	280		
2	粗铣圆台	T01	ϕ10 立铣刀	6	600	280		
3	精铣圆台	T01	ϕ10 立铣刀	5	600	280		
4	粗铣方台	T01	ϕ10 立铣刀	9	600	280		
5	粗铣方台	T01	ϕ10 立铣刀	6	600	280		
6	精铣方台	T01	ϕ10 立铣刀	5	600	280		
编制	审核		批准		年　月　日		共　页	第　页

2. 编程

参考程序：

```
%6101;
#10=4;                                  圆台阶高度
#11=4;                                  方台阶高度
#12=70.0;                               圆外定点的 X 坐标值
#13=70.0;                               圆外定点的 Y 坐标值
#101=9;                                 刀具半径补偿值赋值
G21;                                    设定单位制
G17G40G49G90G80G54;                     单指令，调用工件坐标系
G00 Z100;                               刀具移至安全高度
M03 S600;                               主轴正转，转速 600 r/min
X0 Y0;                                  刀具移至工件坐标系原点处
Z10.0;                                  刀具快速下降至 Z10 处
G00 X[-#12] Y[-#13]
Z[-#10];
G01 G41 X[-35/2] Y [-#12/2] F280.0 D101;  加工圆台
X[-35/2] Y0;
G02 I[35/2];
G01 X[-35/2] Y[#12/2];
G40 X[-#12] Y[#13];
G00 X[-#12] Y[-#13];
Z[-#10-#11];
#2=35/SQRT[2]*COS[65*PI/180];           计算方凸台基点坐标值
#3=35/SQRT[2]*SIN[65*PI/180]
#4=35*COS[20*PI/180]
#5=35*SIN[20*PI/180]
```

```
G01 G90 G42 X[-#2] Y[-#3] F280.0 D101;      加工方凸台
G91 X[+#4] Y[+#5];
X[-#5] Y[+#4];
X[-#4] Y[-#5];
X[+#5] Y[□#4];
G00 G90 G40 X[-#12] Y[-#13];
G00 X0 Y0;
M05;
M30;
```

注：每运行一次程序，刀补值参数#101值修改一次，分别为为 9 mm、6 mm 和 5.5 mm。

二、加工操作

（1）机床回零。
（2）选用平口虎钳装夹工件，伸出钳口 5mm 左右，并用百分表找正。
（3）装刀，并对刀，确定 G54 坐标系。
（4）输入程序并校验。
（5）自动加工。
（6）测量检验工件。

任务评价

表 6-3　斜方圆凸台的编程与加工操作配分权重表

工件编号		项目和配分		总得分		
项目与权重	序号	技术要求	配分	评分标准	检测记录	得分
加工操作（30%）	1	尺寸精度符合要求	10	不合格每处扣 4 分		
	2	表面粗糙度符合要求	10	不合格每处扣 2 分		
	3	形状精度符合要求	5	不合格每处扣 2 分		
	4	位置精度符合要求	5	不合格每处扣 2 分		
程序与工艺（45%）	5	程序格式规范	10	不规范每处扣 4 分		
	6	程序正确	10	不正确每处扣 5 分		
	7	加工路线合理	5	不合理全扣		
	8	加工工艺参数合理	5	不合格每处扣 2 分		
	9	测量方法合理	10	不合理全扣		
	10	质量分析合理	5	不合理全扣		
机床操作（15%）	11	对刀正确	5	不正确全扣		
	12	机床操作规范	5	不规范每次扣 2~5 分		
	13	刀具选择正确	5	不正确全扣		
文明生产（10%）	14	安全操作	5	出错每次倒扣 2~10 分		
	15	工作场所整理	5	不合格全扣		

任务二　椭圆球的编程与加工

学习目标

- 掌握条件语句和循环语句的编程格式及应用。
- 理解循环语句的应用注意事项。
- 会使用循环语句进行复杂曲面的编程。

任务描述

编制图 6-2 所示工件的加工程序。

任务分析

本任务中的椭圆球，需要利用多层循环才能完成加工。在 Z 向，刀具由上至下进给，Z 向下每层下刀量为定值，求得 X_i；在 XY 平面内，根据求得的 X_i 值为长半径的值，由长轴为 60 mm、短轴为 40 mm 的椭圆的比例求得 Y_i，据此加工 i 平面内的椭圆。用如此嵌套宏程序的方法将工件加工成椭圆球，如图 6-3 所示。

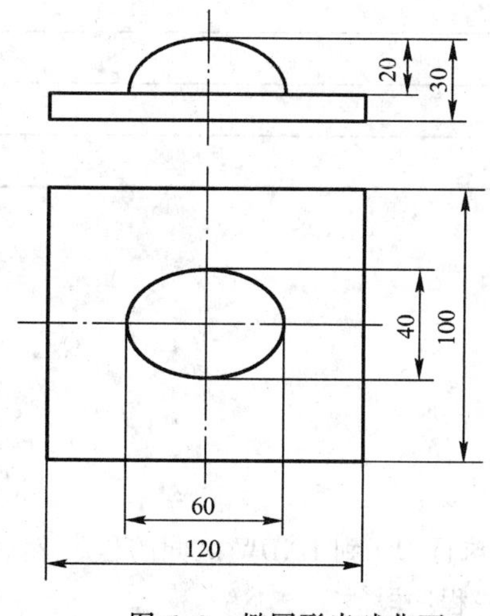

图 6-2　椭圆形半球曲面

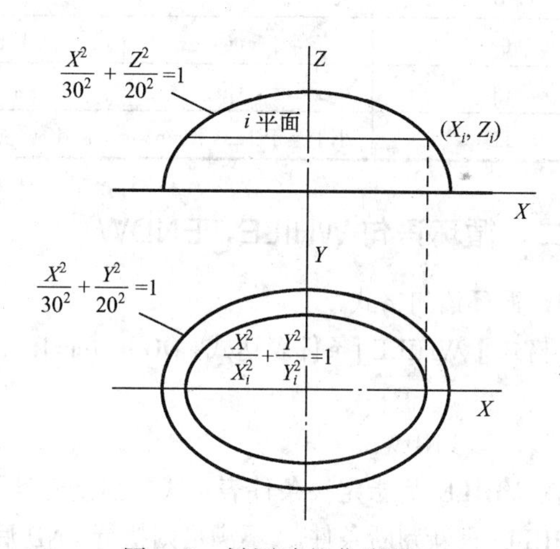

图 6-3　椭圆球的曲线图

此外，本任务中的椭圆，其参数方程为：$X=30\cos\alpha$，$Y=20\sin\alpha$。

知识链接

一、条件判别语句 IF，ELSE，ENDIF

1. 条件判别语句格式

【格式 1】IF [条件表达式]

…

```
ELSE
…
ENDIF
```

【格式 2】 IF [条件表达式]

```
…
ENDIF
```

2. 条件表达式

条件表达式由两变量或一变量一常数中间夹比较运算符组成，条件表达式必须包含在一对方括号内。条件表达式可直接用变量代替。

3. 比较运算符

比较运算符由两个字母组成，用于比较两个值，来判断它们是相等，或一个值比另一个小或大，运算符及其含义见表 6-4。注意不能用不等号。

表 6-4 比较运算符

运算符	含 义
EQ	相等 equal to （=）
NE	不等于 not equal to （≠）
GT	大于 greater than （>）
GE	大于等于 greater than or equal to（≥）
LT	小于 less than （<）
LE	小于等于 less than or equal to （≤）

二、循环语句 WHILE，ENDW

1. 循环语句格式

【格式】WHILE [条件表达式] DO m; (m=1, 2, 3)

```
…
ENDW m
```

在 WHILE 后指定一条件表达式，当条件满足时，执行 DO 到 ENDW 之间的程序(然后返回到 WHILE 重新判断条件)，不满足则执行 END 后的下一程序段。

条件表达式与 IF 语句类似。

2. While 语句的嵌套

（1）识别号（1~3）可随意使用且可多次使用。

```
WHILE […] DO1;
    Processing
ENDW1;
…
```

```
WHILE […] DO1;
    Processing
  ENDW1;
```

（2）DO 范围不能重叠。

```
WHILE […] DO1;
  Processing
WHILE […] DO2;
…
  ENDW1;
  Processing
ENDW2;
```

（3）DO 循环体最大嵌套深度为三重。

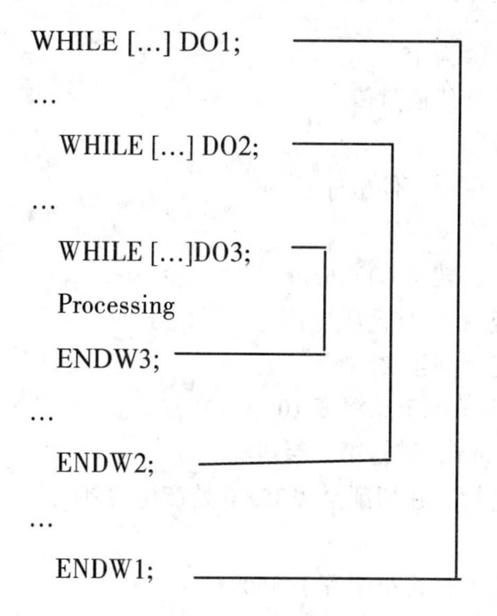

三、宏程序编制举例

【例 6–2–1】编制图 6–4 所示椭圆的加工程序（用 ϕ8 立铣刀）。

【分析】

（1）根据图 6–4 所示，此椭圆的参数方程为：X=35cos α，Y=20sin α。

（2）编程时 α 为变量，α 的变化范围为 0~360°，角度增量取 1°。

（3）由于此椭圆是外轮廓，为提高椭圆台侧面表面粗糙度，采用左刀补的方式进行铣削，即刀路为 A–B–C–D–E–B–F（见图 6–5）。

（4）在高度方向，每一次切削深度为 2.5 mm，分 4 次切削。

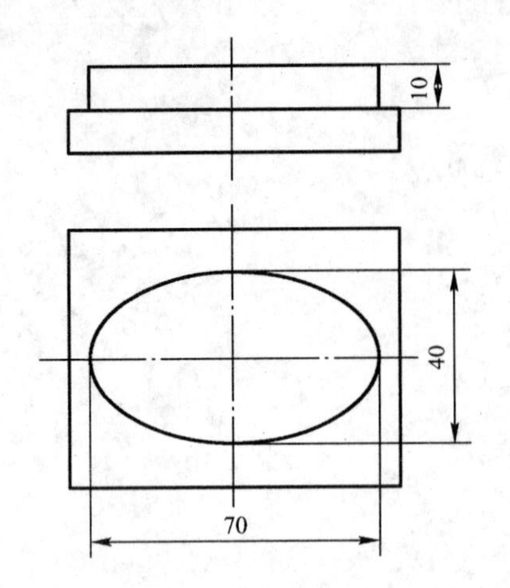

图 6-4　椭圆加工

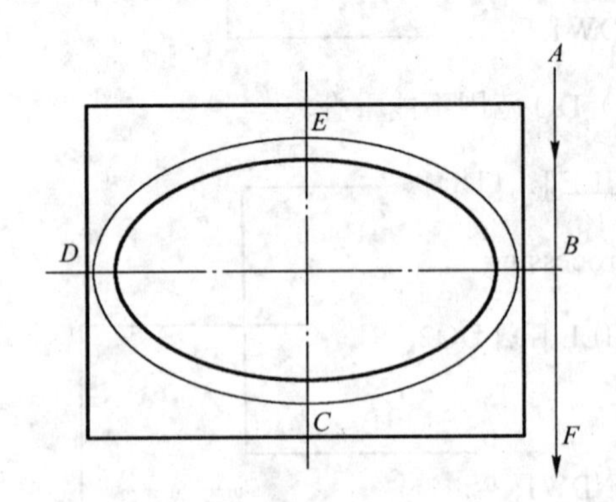

图 6-5　加工椭圆的刀路图

参考程序如下：

程序	说明
%6201;	**加工椭圆程序**
#1=2.5;	切削深度值
#2=1;	角度起始值为 1°
#101=4;	刀具半径补偿值赋值
G21;	设定单位制
G17G40G49G90G80G54;	单指令，调用工件坐标系
G00 Z100;	刀具移至安全高度
M03 S600;	主轴正转，转速 600 r/min
X35 Y50;	刀具移至 *A* 点（下刀点）
Z1;	刀具快速下降至 *Z*1 处
While [#1 LE 10] DO1;	如果#1 小于等于总深度 10
G01Z[-#1]F50;	下刀 2.5 mm，进行第一层切削
G41 G01 Y10 D01;	为防止过切，在切削至 *X* 35*Y* 0 处产生刀补
Y0;	
While [#2 LE 360] DO2;	判断角度值是否小于等于 360°
#3=35*cos[- #2*PI/180];	计算 *X* 坐标值（注：角度需转化为弧度值）
#4=20*sin[- #2*PI/180];	计算 *Y* 坐标值
G01X#3Y#4F100;	
#2=#2+1;	
ENDW2;	
G40G01X35Y-50;	取消刀补，移至 *F* 点
G00Z1;	抬刀至 *Z*1
X35Y50;	移至 *A* 点正上方
#1=#1+2.5;	切削深度增加 2.5 mm
ENDW1;	

```
G00G90Z100;                    绝对编程，刀具快速抬刀至Z100处
M09;                           冷却液关
M05;                           主轴停转
M30;                           程序结束
```

任务实施

一、程序编制

1. 确定加工方案

（1）本任务（见图 6-2）中的椭圆球，需要利用多层循环才能完成加工。在 Z 向，刀具由上至下进给，Z 向下每层下刀量为定值，求得 X_i；在 XY 平面内，根据求得的 X_i 值为长半径的值，由长轴为 60 mm、短轴为 40 mm 的椭圆的比例求得 Y_i，据此加工 i 平面内的椭圆，如此嵌套宏程序的方法加工成椭圆球。

（2）本任务加工用刀具选择 ϕ10 mm 的立铣刀，切削用量见加工程序。

（3）工件坐标系如图 6-6 所示。

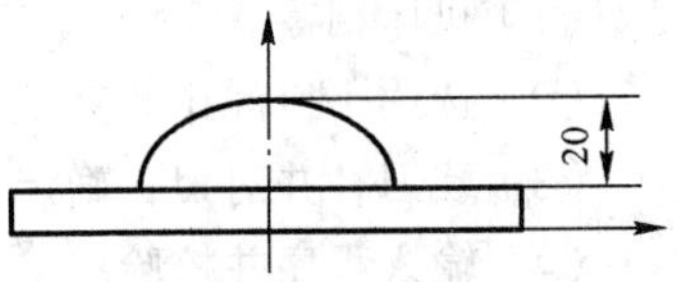

图 6-6　工件坐标系

2. 编程

参考程序如下：

```
%6202;                         加工椭圆球程序
#1=0;
#2=20;                         椭圆球短半轴长度
#3=30;                         椭圆球长半轴长度
#4=1;                          XZ平面内角度变化值
#5=90;                         角度变化最大值
G21;                           设定单位制
G17G40G49G90G80G54;            单指令，调用工件坐标系
G00 Z100;                      刀具移至安全高度
M03 S600;                      主轴正转，转速600 r/min
M08;                           冷却液开
X0 Y0;                         刀具移至下刀点
Z21;                           刀具快速下降至Z21处
While [#1LE #5] DO1;           如果#1小于等于#5
#6=#3*cos[#5*PI/180]+4;        刀位点X向坐标值
#7=#2*sin [#5*PI/180];         刀位点Z向坐标值
G01X#6F800;                    下刀到Xi点
Z#7;                           下刀至Zi点
#8=360;                        i平面内角度终了值
#9=0;                          i平面内角度初始值
While [#9 LE #8] DO2;          加工i平面内的椭圆
#10=#6* cos[#9*PI/180];        i平面的椭圆X坐标值
```

```
#11=#6*sin[#9*PI/180];          i平面的椭圆Y坐标值
G01X#10Y#11F800;                用直线逼近
#9=#9+1;                        角度变化1°
ENDW2;
#5=#5-#4;                       XZ平面内的下一角度值
ENDW1;
G00G90Z100;                     绝对编程，刀具快速抬刀至Z100处
M09;                            冷却液关
M05;                            主轴停转
M30;                            程序结束
```

二、加工操作

（1）机床回零。

（2）选用平口虎钳装夹工件，伸出钳口22 mm左右，并用百分表找正。

（3）装刀，并对刀，确定G54坐标系。

（4）输入程序并校验。

（5）自动加工。

（6）测量检验工件。

任务评价

表6-5 椭圆球编程与加工操作配分表

工件编号		项目和配分		总得分		
项目与权重	序号	技术要求	配分	评分标准	检测记录	得分
加工操作（30%）	1	尺寸精度符合要求	10	不合格每处扣4分		
	2	表面粗糙度符合要求	10	不合格每处扣2分		
	3	形状精度符合要求	5	不合格每处扣2分		
	4	位置精度符合要求	5	不合格每处扣2分		
程序与工艺（45%）	5	程序格式规范	5	不规范每处扣2分		
	6	程序正确	15	不正确每处扣5分		
	7	加工路线合理	5	不合理全扣		
	8	加工工艺参数合理	5	不合格每处扣2分		
	9	测量方法合理	10	不合理全扣		
	10	质量分析合理	5	不合理全扣		
机床操作（15%）	11	对刀正确	5	不正确全扣		
	12	机床操作规范	5	不规范每次扣2~5分		
	13	刀具选择正确	5	不正确全扣		
文明生产（10%）	14	安全操作	5	出错每次倒扣2~10分		
	15	工作场所整理	5	不合格全扣		

任务三　孔口倒角的编程与加工

学习目标

- 理解用户宏程序的用途及意义。
- 掌握变量地址及赋值要点。
- 掌握用户宏程序的编制要点。
- 会编制简单的用户宏程序。

任务描述

编制图 6-7 所示工件的加工程序（底孔已加工）。

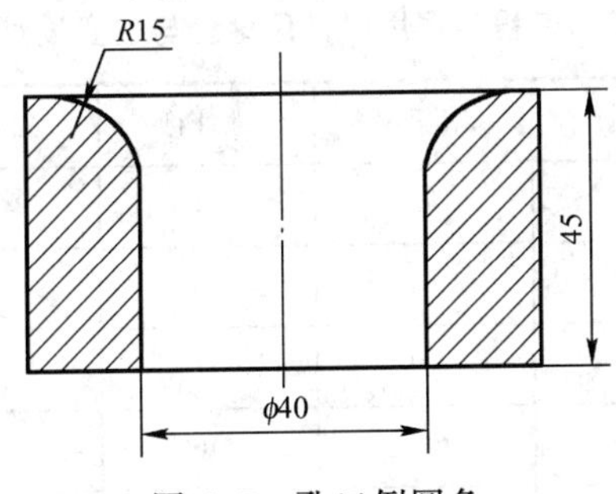

图 6-7　孔口倒圆角

任务分析

在加工孔口倒圆角时，为了加工方便和节约时间，通常可以用成型刀来加工，但是成型刀价格较高，且一旦磨损就无法保证加工尺寸；当倒角半径比较特殊时，还需要有一个刀具的定制周期，既费时又费钱。在数控加工中，通常可以利用宏程序的强大功能实现工件孔口倒圆角，将倒圆角部分看成是由一个个半径随着深度 Z 的不同而不同的圆的叠加。如果能找出深度 Z 及与之对应的圆的半径之间的关系，就能用宏程序编制出孔口倒圆角的加工程序。

知识链接

一、调用用户宏程序时的变量赋值

在数控加工程序中可以使用用户宏程序。所谓宏程序就是含有变量的子程序，在程序中调用宏程序的指令称为用户宏指令，系统可以使用用户宏程序的功能叫做用户宏功能。执行时只需写出用户宏命令，就可以执行其用户宏功能。

用户宏的最大特征为：

（1）可以在用户宏中使用变量；

（2）可以使用演算式、转向语句及多种函数；

（3）可以用用户宏命令对变量进行赋值。

1. 用户宏程序的调用方法

可以认为用户宏程序就是含变量的程序，其调用方法和调用子程序一样。当加工尺寸不同的同类零件时，用户可将相同加工操作编为用户宏程序。调用用户宏程序时，主程序只需改变宏命令的数值，用一条简单指令调用即可，而不必为每一个零件都编一个程序。用户宏程序的调用格式为：M98 P(宏程序名)<变量赋值>或 G65 P(宏程序名)<变量赋值>。

2. 变量赋值

HNC-21/22M 系统在调用宏子程序的同时可进行参数传递，即将调用行所跟的主调参数 A~Z 各字段的内容拷贝到宏执行的子程序内为局部变量#0~#25 预设的存贮空间中；将指令的初始平面 Z 的模态值拷贝到#26 中；同时还拷贝当前通道 9 个轴（XYZ/ABC/UVW）的绝对位置坐标到宏子程序的局部变量#30~#38 中；并且还可以通过系统变量#1120~#1145 来访问 A~Z 26 个地址字的模态数据，通过系统变量#1150~#1169 来访问 0~19 组 G 代码的模态值。表 6-6 为宏程序调用时地址符与宏变量。

表 6-6　宏程序调用时常用地址与宏变量对照表

地址符	宏变量	地址符	宏变量	地址符	宏变量	地址符	宏变量
A	#0	H	#7	O	#14	V	#21
B	#1	I	#8	P	#15	W	#22
C	#2	J	#9	Q	#16	X	#23
D	#3	K	#10	R	#17	Y	#24
E	#4	L	#11	S	#18	Z	#25
F	#5	M	#12	T	#19	固定循环指令初始平面 Z 模态值	#26
G	#6	N	#13	U	#20		

二、用户宏程序编制举例

【例 6-3-1】利用图 6-8 中所示的椭圆，利用用户宏程序进行子程序调用。

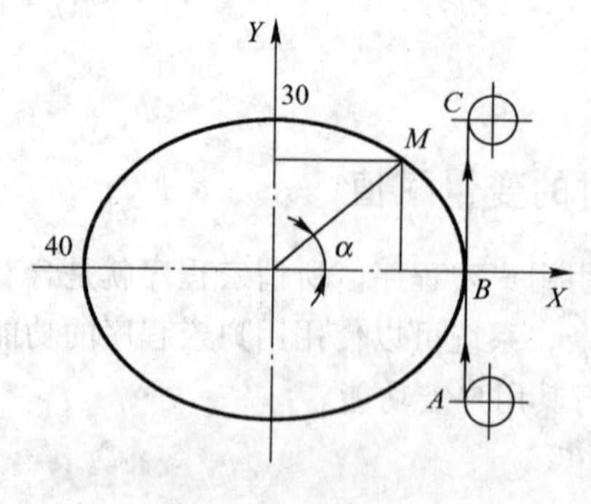

图 6-8　椭圆加工

```
%6301;                              主程序
#101=5;                             用全局变量指定刀具半径值
G21;                                设定单位制
G17G90G40G49G80G54;                 程序起始
G00Z50;                             刀具快速移至安全高度Z50处
M03 S800;                           主轴正转，转速S800
G65 P8000 A40 B30 C0 D360 F100 I1 R3 Z-5;
                                    调用用户宏程序，且变量赋值。A为长半轴，B为短半轴，
                                    C为椭圆的起始角，D为椭圆的终止角，F为进给速度，
                                    I为步长，其大小可控制逼近精度和加工时间。R为从快
                                    进转为工进的平面高度(绝对值)，Z为切削深度(绝对值)
G00G90Z100;                         绝对编程，刀具快速抬刀至Z100处
    X0 Y0;                          移至坐标原点
M05;                                主轴停转
M30;                                程序结束
%6302;                              椭圆用户宏程序
G90 G00 X[#0+#101]Y-15 ;            快速定位至A点
M08;                                冷却液开
Z[#17];                             快速下刀至R指定高度
G01 Z[#25]F[#5];                    以F指定的速度下刀至Z指定深度
WHILE#2 LE#3;                       以角度≤360° 作为切削循环条件，执行循环体内容
#11=#0*COS[#2*PI/180];              用椭圆的标准参数方程求动点M的X坐标值
#12=#1*SIN[#2*PI/180];              用椭圆的标准参数方程求动点M的Y坐标值
G42 G64 G01 X[#11]Y[#12]D101;       用直线插补法逼近椭圆
#2=#2+#8;                           角度的递增步长
ENDW
G40 G01 X[#11+#101]Y15;             取消刀具半径补偿
Z[#17];                             返回R点
M09;                                冷却液关
M99;                                返回主程序
```

【说明】主程序使用了M98指令调用用户宏程序%6302，并为变量赋初值。

三、数控编程指令功能的扩展

由于数控机床进行插补控制的主要对象是直线和圆弧，系统能提供的直接用于加工的程序指令非常有限，因此寻求合理的算法，利用基本指令来扩展系统的编程指令功能，使得用户仅用一个指令行即可实现相对复杂的加工功能，这一直是系统开发人员的研究课题，也是加工编程人员寻求的目标。车削循环、钻镗基本循环等都是数控系统开发人员对指令系统扩展的典型示例，但不同的系统在这方面开发的程度是有差异的。比如SIEMENS系统已经具有直接用于阵列孔加工、规则形状的挖槽循环等扩展指令，而HNC、FANUC系统目前还没有面向普通用户提

供。对于非开放式的数控系统，这种指令功能扩展只能依赖于系统生产厂家，对于 HNC 这类基于 PC-NC 的开放式数控系统，只要熟知宏编程处理技术，普通用户即可自行开发定制。

HNC 作为一个开放式数控系统，其用于钻镗基本循环 G73~G89 的宏扩展程序的源代码已面向广大用户公开，它就是利用宏子程序参数传值的处理方法，将 G 指令定制的多个参数传值到宏子程序中，由子程序对各参数数据进行整理后依据相应的加工工艺，按一定的算法通过基本指令来定制动作实现加工。普通用户亦可参照这一思路进行编程指令的二次开发。

在 HNC 系统中，对于每个局部变量，都可用系统宏 AR[]来判别该变量是否被定义、是被定义为增量坐标还是绝对坐标方式。

调用格式：AR [#变量号]

返回值含义如下。

0：表示该变量没有被定义。

90：表示该变量被定义为绝对方式 G90。

91：表示该变量被定义为增量方式 G91。

例如：

```
IF [AR[#23] EQ 0]
        IF [AR[#1143] EQ 91]
        #23=0
        ELSE
        #23=#1143
        ENDIF
ENDIF
```

表达的意思是：如果指令行的 *X*（对应#23）参数未指定，且系统变量#1143（*X*坐标以前的模态）为增量方式，*X*就取增量 0 值；若#1143 为绝对方式，*X*就取以前的模态值。

【例 6-3-2】图 6-9 所示为一圆形阵列孔位关系分布图。和矩形阵列孔加工一样，在 HNC 系统中目前还无法由一个指令行来编程实现，但参照 G73~G89 钻镗基本循环的宏子程序编制方法，可自行开发定制。如果以 G75 为圆形阵列钻孔的指令，其定制格式为：

$$\begin{Bmatrix} G90 \\ G91 \end{Bmatrix} \begin{Bmatrix} G98 \\ G99 \end{Bmatrix} G75X\_\_Y\_\_Z\_\_R\_\_A\_\_B\_\_C\_\_D\_\_E\_\_F\_\_$$

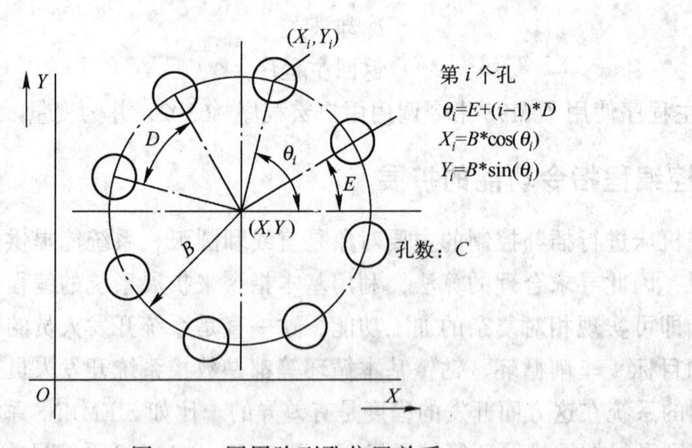

图 6-9　圆周阵列孔位置关系

式中 X、Y——阵列中心的 X、Y坐标；

Z、R——孔底和 R 面的 Z坐标；

A——钻孔方式循环号；

B——孔所在圆周半径；

C——孔数；

D——孔间角度；

E——起始孔角度（与+X的夹角，逆 + 顺 -）。

A、B、C、E、G 为阵列钻孔增加的参数，如果循环号 A 调用 G73~G89 钻孔方式需要 I、J、K、Q、P 等参数，其含义按 G73~G89 中对应的定义添加。

则 G75 宏子程序的内容可参考编制如下：

```
%0075
IF [AR[#23] EQ 0] ;                  如果没定义 X
IF [AR[#1143] EQ 91];                如果 X以前的模态为 G91
#23=0;                               X=0
ELSE;                                否则
#23=#1143;                           X取以前的模态值
ENDIF
ENDIF
IF [AR[#24] EQ 0;                    如果没定义 Y时的处理
    IF [AR[#1144] EQ 91]
#24=0
ELSE
#24=#1144
ENDIF
   ENDIF
   IF [AR[#17] EQ 0];                如果没有定义 R
 #17=#1137;                          取当前 R 的模态值
ENDIF
IF [AR[#25] EQ 0]                    如果没有定义 Z
 #25=#1145                           取当前 Z的模态值
ENDIF
IF [AR[#0] EQ 0]                     如果没有定义 A
 #0=#1120                            取当前 A 的模态值
ENDIF
   …… ;                              同上处理 B、C、D、E、P、Q、I、J、K参数
IF [AR[#3] EQ 0] AND [#2 GT 1]
M99                                  如果没定义角度 D且孔数大于 1，则返回出错信息
ENDIF
N10 G91;                             切换到增量编程 G91 模式
```

```
IF AR[#23] EQ 90                    如果 X 值是绝对编程 G90
  #23=#23-#30                       则按 G91 的算法换算 X 值
ENDIF                               #30 为调用前 X 的绝对坐标
IF AR[#24] EQ 90                    Y 值的数据转换
  #24=#24-#31
ENDIF
IF AR[#17] EQ 90                    R 值的数据转换
  #17=#17-#32
    ELSE
  IF AR[#26] NE 0                   如果有初始高度面
     #17=#17+#26-#32                按初始高度换算
     ENDIF
    ENDIF
IF AR[#25] EQ 90                    孔底 Z 值的换算
#25=#25-#32-#17
ENDIF
IF [#25 GE 0] AND [#0 NE 87]
M99                                 如果 G87 之外的 Z 的增量为正，则返回出错信息
ENDIF
G00X[#23]Y[#24]                     定位到阵列中心
#39=PI/180
#40=1                               孔数循环初值
#44=0                               起始孔 X 增量初值
#45=0                               起始孔 Y 增量初值
#46=#17                             另存 R 值到局部变量#46 中
#47=#1145                           备份 Z 的模态
#48=#1137                           备份 R 的模态
WHILE #40 LE #2                     循环钻镗孔开始
#41=[#4+[#40-1]*#3]*#39             第 i 个孔的角度（弧度）
#42=#1*COS[#41]                     孔 i 相对阵列中心的 X 坐标
#43=#1*SIN[#41]                     孔 i 相对阵列中心的 Y 坐标
G91G[#0]X[#42-#44]Y[#43-#45]Z[#25]
--R[#46]I[#8]J[#9]K[#10]P[#15]Q[#16]
                                    调用循环号 A 所对应的 G 指令加工孔
#44=#42                             另存孔 i 中心相对阵列中心的 X、Y 坐标
#45=#43                             为下一孔 i+1 中心提供增量起点坐标数据
IF #1165 EQ 99                      如果系统变量第 15 组 G 代码模态值为 G99
#46=0                               将 R 后续增量清零
ENDIF
```

```
#40=#40+1                孔数循环递增，加工下一个孔
ENDW
G00X[-#44]Y[-#45]        返回到阵列中心
#1137=#48                恢复R的模态
#1145=#47                恢复Z的模态
M99
```

该阵列钻孔加工子程序主要是计算各孔中心的坐标，具体钻孔还是通过再次调用系统定义的钻镗固定循环指令来实现的。

上述扩展指令宏子程序%0075 编制完成后，在 HNC 系统中，应将其内容添加存储到系统 BIN 文件夹下的 O0000 文件内，则以后用户即可像使用 G73~G89 固定循环指令那样直接使用 G75 指令功能来做圆形阵列孔的加工编程。

例如，对于图 6-10 所示阵列孔加工，若工件零点设在图示右下角，可编程如下：

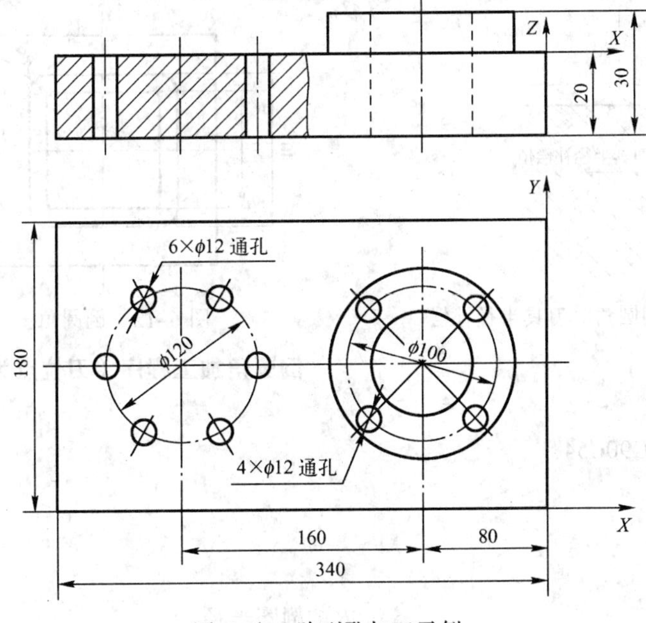

图 6-10　阵列孔加工示例

```
%6302;
G21;
G54G90G0X-240.0Y90.0;
S500M3;
Z20.0;
M8;
G99G75Z-25.0R5.0A81B60C6D60E0F60;
X-80.0R15.0A83B50C4D90Q-5K3E45;
G80;
G00Z100;
M5;
```

```
M9;
M30;
```

四、倒圆角的编程方法

倒圆角一般使用球刀进行加工，在加工过程中可采用不断改变刀具半径补偿的方法，如图 6-11 所示。

【6-3-3】如图 6-12 所示，用球头铣刀加工 *R*5 倒圆曲面。

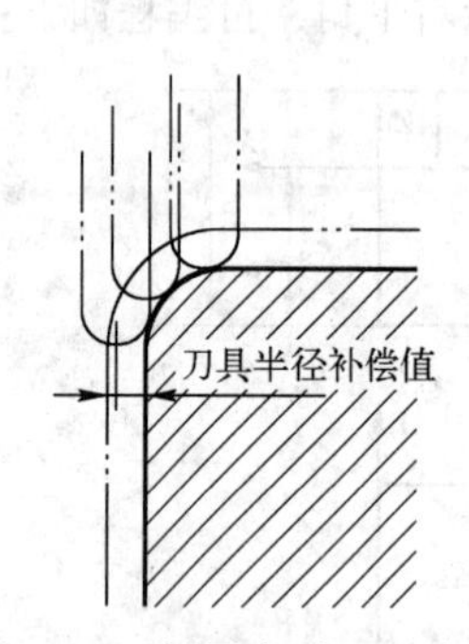

图 6-11　倒圆角时刀具半径补偿

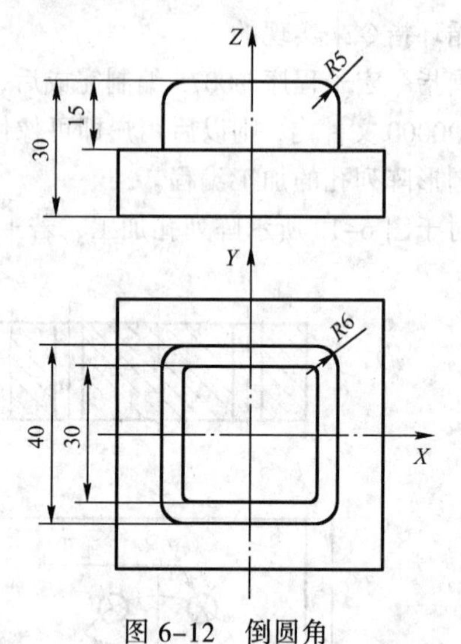

图 6-12　倒圆角

%6303;	**倒圆角加工程序（刀位点为球心）**
G21;	
G17G40G49G80G90G54;	
G00Z100;	
M03S600;	
M08;	
#0=5 ;	倒圆半径
#1=4;	球刀半径
#2=180;	步距角 γ 的初值。单位：度
WHILE #2 GT 90	
G01 Z[25+[#0+#1]*SIN[#2*PI/180]];	计算 *Z* 轴高度
#101=ABS[[#0+#1]*COS[#2*PI/180]]–#0;	计算半径偏移量
G01 G41 X–20 D101;	
Y14;	
G02 X–14 Y20 R6;	
G01 X14;	
G02 X20 Y14 R6;	
G01 Y–14;	

```
G02 X14 Y-20 R6;
G01 X-14;
G02 X-20 Y-14 R6;
G01 X-30;
G40 Y-30;
#2=#2-10;
ENDW;
M09;
M05;
M30;
```

任务实施

一、程序编制

1. 确定加工方案

将倒圆角部分看成是由一个个半径随着深度 Z 的不同而不同的圆的叠加，利用深度 Z 及与之对应的圆的半径之间的关系，改变刀具半径补偿值进行编程与加工，如图 6-13 所示。

假设：

#1=R 为底孔半径；

#2=r 为圆角半径；

#3= θ 变化着的角度；

#4=rd 为刀具球头半径；

#5=R' 为与 Z 相对应的圆半径；

#6=ΔR 为当前圆半径的变化量；

#7=Z 为当前的刀具 Z 向深度。

于是可以得到如下结论：

$\#6=\Delta R=r+rd-(r+rd)*\cos\theta=[\#2+\#4]*[1-\cos\#3]$

$\#7=Z=(r+rd)*\sin\theta-r=[\#2+\#4]*\sin\#3-\#2$

$\#5=R'=R-rd+\Delta R=\#1-\#4+\#6$

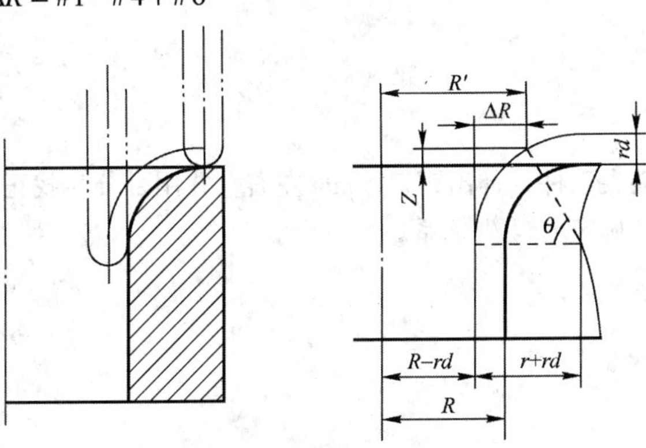

图 6-13　孔口倒角计算用图

2. 编程

参考程序：

```
%6304;
G21;
G17G40G49G80G90G54;
G00Z100;
M03S1000;
M08;
G00X0Y0;
Z1;
#1=20;                       设置底孔半径
#2=10;                       设置圆角半径
#3=0;                        设置角度初始值
#4=8;                        设置球刀半径
#8=90;                       设置角度终止值
While [#3 LE #8]
#6=[#2+#4]*[1-cos#3];        计算ΔR
#5=#1-#4+#6; 求出 R´
#7=[#2+#4]*sin#3-#2;         求出圆所在深度
G00Z#7;
X#5Y0;                       选择半径为R8的立铣刀，设定刀具半径补偿值D1为8 mm
G03I-#5;
G00X0Y0;                     到相应深度铣相应半径的圆
#3=#3+1;                     角度加1
ENDW;
G90G00Z100;
M09;
M05;
M30;
```

二、加工操作

（1）机床回零。

（2）选用平口虎钳装夹工件，伸出钳口 5 mm 左右，并用百分表找正。

（3）装刀，并对刀，确定 G54 坐标系。

（4）输入程序并校验。

（5）自动加工。

（6）测量检验工件。

表 6-7　孔口倒角编程与加工操作配分权重表

工件编号		项目和配分		总得分		
项目与权重	序号	技术要求	配分	评分标准	检测记录	得分
加工操作（30%）	1	尺寸精度符合要求	10	不合格每处扣 4 分		
	2	表面粗糙度符合要求	10	不合格每处扣 2 分		
	3	形状精度符合要求	5	不合格每处扣 2 分		
	4	位置精度符合要求	5	不合格每处扣 2 分		
程序与工艺（45%）	5	固定循环程序格式规范	10	不规范每处扣 4 分		
	6	程序正确	10	不正确每处扣 5 分		
	7	加工路线合理	5	不合理全扣		
	8	加工工艺参数合理	5	不合格每处扣 2 分		
	9	测量方法合理	10	不合理全扣		
	10	质量分析合理	5	不合理全扣		
机床操作（15%）	11	对刀正确	5	不正确全扣		
	12	机床操作规范	5	不规范每次扣 2~5 分		
	13	刀具选择正确	5	不正确全扣		
文明生产（10%）	14	安全操作	5	出错每次倒扣 2~10 分		
	15	工作场所整理	5	不合格全扣		

项目七　高级数控铣工技能训练题

任务一　高级数控铣工技能训练实例一

学习目标

- 了解数控设备维护与保养的基本知识。
- 能确定较复杂零件的工艺方案。
- 会编制较复杂零件的加工程序。

任务描述

试在数控铣床上完成图 7-1 所示工件的编程与加工，已知毛坯尺寸为 120 mm × 100 mm × 30 mm，材料为 45 钢。

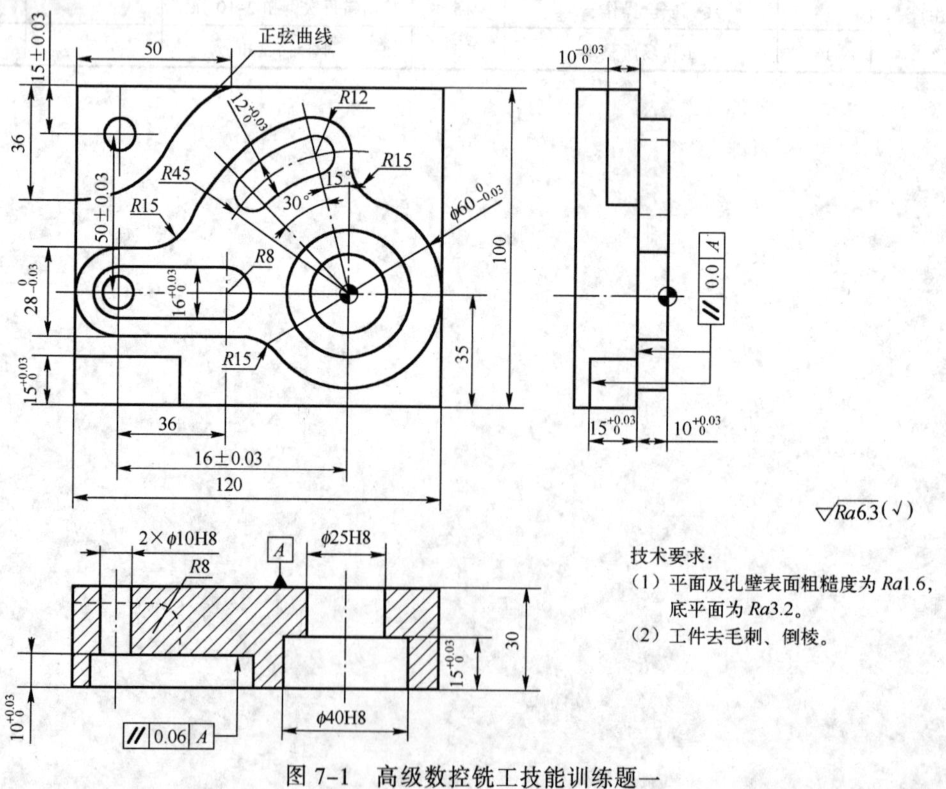

图 7-1　高级数控铣工技能训练题一

任务分析

该任务是数控铣床高级工职业技能鉴定课题。通过对该任务的编程与加工练习，进一步提高学生分析问题和解决问题的能力，顺利通过数控铣床高级工职业技能鉴定。为此，学生应了解数控铣床操作工的国家职业标准，并掌握数控机床的维护和保养等安全文明生产知识。

（1）尺寸精度。本任务中精度要求较高的尺寸主要有轮廓尺寸 $28_{-0.03}^{0}$ mm、$\phi60_{-0.03}^{0}$ mm，槽宽尺寸 $12_{0}^{+0.03}$ mm、$16_{0}^{+0.03}$ mm、$15_{0}^{+0.03}$ mm，深度尺寸 $10_{0}^{+0.03}$ mm、$15_{0}^{+0.03}$ mm，孔尺寸 ϕ10H8、ϕ25H8、ϕ40H8 等。

对于尺寸精度，主要通过在加工过程中的精确对刀、正确选用刀具及刀具参数和选用合适的加工工艺等措施来保证。

（2）形位精度。本任务中主要形位精度有：孔位置精度（15 ± 0.03）mm、（50 ± 0.03）mm、（76 ± 0.03）mm，槽的角度位置精度 15°、30°，及加工部位底平面与工件底平面的平行度等。

对于形位精度要求，主要通过精确的对刀、工件在夹具中的正确装夹与校正和基点坐标的正确计算等措施来保证。

（3）表面粗糙度。本任务中外形轮廓及孔的表面粗糙度为 *Ra*1.6 μm，加工部位底平面的表面粗糙度为 *Ra*3.2 μm。

对于表面粗糙度要求，主要通过选用正确的粗、精加工路线，选用合适的切削用量和正确使用冷却液等措施来保证。

知识链接

数控铣床是一种自动化程度高、结构复杂的先进加工设备。为了充分发挥其效益，做好机床的日常维护、保养，降低加工中心的故障率是十分重要的。

数控铣床的日常维护、保养，一般由操作人员来完成。因此，作为操作人员应了解所用设备（如机械、数控装置、液压气动装置、电气柜等）的结构、在机床中所处位置及使用环境要求，并严格按照机床的使用说明手册正确、合理地使用机床。此外，操作人员还应熟悉所用机床的规格（如主轴驱动电动机功率、主轴转速范围、进给速率、机床行程范围、工作台承载能力、润滑油牌号等）。数控铣床主要的维护和保养工作见表 7–1。

表 7-1　数控铣床的维护与保养

序号	检查周期	检查部位	检查要求
1	日检	导轨润滑油箱	检查油量，及时添加润滑油，检查润滑油泵是否定时启动注入润滑油及停止
2		主轴润滑恒温油箱	工作是否正常，油量是否充足，温度范围是否合适

续表

序号	检查周期	检查部位	检查要求
3	日检	机床液压系统	油泵有无异常噪声，工作油面高度是否合适，压力表指示是否正常，管路及各接头有无泄漏
4		压缩空气气源压力	气动控制系统压力是否在正常范围之内，及时清理分水器中的水分
5		X、Y、Z轴导轨面	清除切屑和污物，检查导轨面有无划伤损坏，润滑油是否充足
6		各防护装置	机床防护装置是否齐全有效
7		电气柜各散热通风装置	各电气柜中冷却风扇是否工作正常，通风过滤网有无堵塞，及时清洗过滤器
8	周检	各电气过滤网	清洗黏附的尘土
9	不定检	冷却液箱	随时检查液面高度，及时添加冷却液，太脏应及时更换
10		排屑器	经常清理切屑，检查有无卡住现象
11	半年检	检查主轴驱动带	按说明书要求调整驱动带松紧程度
12		各轴导轨上镶条及压紧滚轮	按说明书要求调整松紧程度
13	年检	检查和更换电动机碳刷	检查换向器表面，去除毛刺，吹净碳粉，磨损过多的碳刷要及时更换
14		液压油路	清洗溢流阀、减压阀、滤油器、油箱，过滤液压油或更换液压箱
15		主轴润滑恒温油箱	清洗过滤器、油箱、更换润滑油
16		冷却泵、滤油器清理	清理冷却泵、更换滤油器
17		滚珠丝杠	清洗丝杠上的润滑脂，涂上新油脂

任务实施

一、程序编制

1. 编程原点的确定

由于工件外形轮廓不对称，根据编程原点的确定原则，为了方便编程过程中的计算，选取 ϕ40 mm 孔中心的上平面作为编程原点。

2. 加工方案及加工路线的确定

（1）用 ϕ25 mm 立铣刀粗加工外轮廓（包括正弦曲线轮廓），刀具运动路线如图 7-2 所示。

（2）用 ϕ10 mm 立铣刀粗铣键槽（%7101），刀具运动路线如图 7-3 所示。

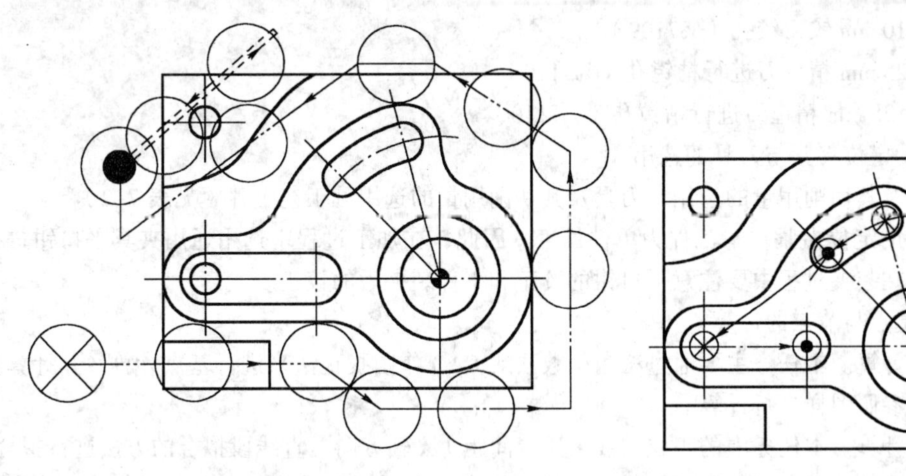

图 7-2　刀具运动路线 1　　　　图 7-3　刀具运动路线 2

（3）用 B2.5 中心钻钻定位（%7102）。

（4）用ϕ9.8 mm 钻头扩孔（%7103）。

（5）用ϕ16 mm 立铣刀精加工外形轮廓，并粗铣内孔（%7104），刀具运动路线如图 7-4 所示。

（6）用ϕ12 mm 键铣刀精铣键槽（%7107），刀具运动路线如图 7-5 所示。

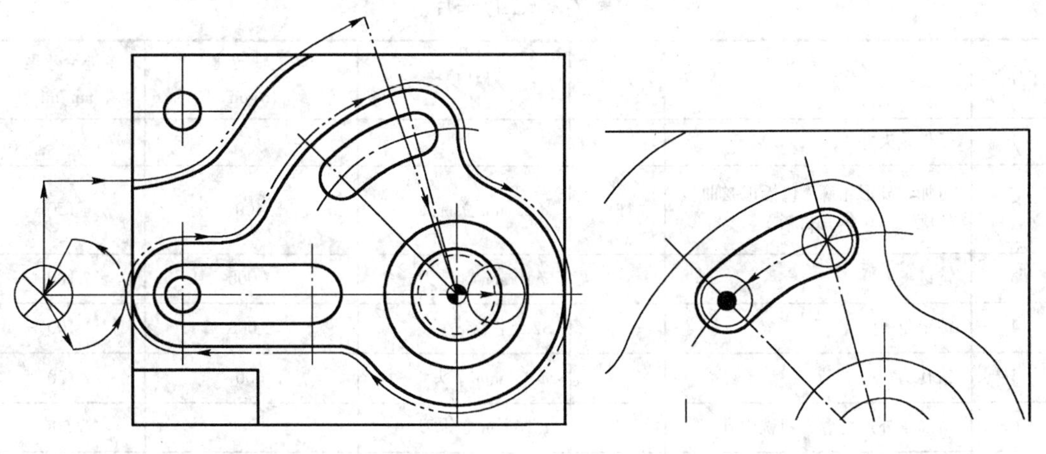

图 7-4　刀具运动路线 3　　　　图 7-5　刀具运动路线 4

（7）用ϕ16 mm 键铣刀精铣键槽（%7108），刀具运动路线如图 7-6 所示。

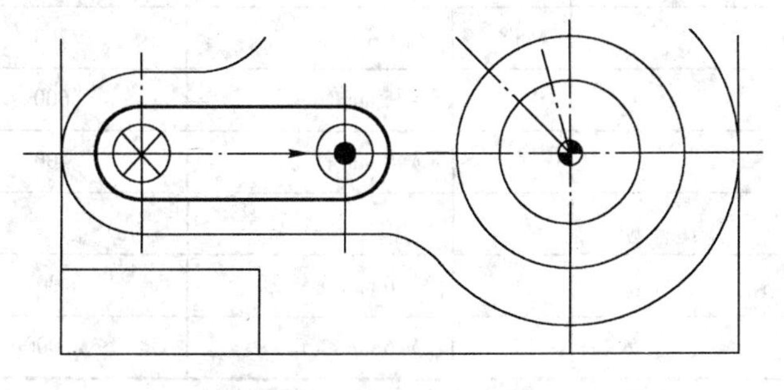

图 7-6　刀具运动路线 5

（8）用ϕ10 mm 铰刀铰孔（%7109）。

（9）用ϕ25 mm 精镗刀进行精镗孔（%7110）。

（10）用ϕ25 mm 精镗刀进行精镗孔（%7110）。

3. 工件的定位夹紧与刀具的选用

（1）刀具及其切削用量的选用。刀具及其切削用量的选用见工艺卡片（见表 7–2）。

（2）工件的定位夹紧。本工件为单件加工，因此，在加工过程中选用通用夹具平口钳进行定位与装夹。在装夹过程中要注意平口钳的校正和工件装夹后的校正。

4. 工件基点与节点的计算

（1）基点计算。本任务主要通过三角函数法或 CAD 作图找正法来进行基点计算，其计算相对较简单，请参照图样自行计算。

（2）节点计算。本任务中的正弦曲线采用等间距（X轴方向）直线段拟合的方法进行拟合。将该曲线在 X 轴方向均分成 180 段，则每段直线在 X 轴方向的间距为 5/18，相对应正弦曲线的角度为 1°，根据公式 $Y=29+18\sin\alpha$ 计算出每一线段终点的 Y 坐标值，从而计算出曲线上的节点坐标。

5. 编写加工工序卡

图 7–1 所示零件的数控加工工序（以加工刀具划分工步），参见工序卡片（见表 7–2）。

表 7-2 工序卡片

工序号	作业内容	刀号	刀具规格	主轴转速 (r/min)	进给速度 (mm/min)
1	工件装夹并校正				
2	粗加工外形轮廓（包括正弦曲线轮廓，不包括开口槽）	T1	ϕ25 mm 立铣刀	400	150
3	铣键槽	T2	ϕ10 mm 键铣刀	1 000	100
4	钻定位	T6	B2.5 中心钻	2 000	100
5	钻孔	T7	ϕ9.8 mm 钻头	600	120
6	精加工外形轮廓，粗铣内孔	T3	ϕ16 mm 立铣刀	1 000	50
7	精铣键槽	T4	ϕ12 mm 键铣刀	1 200	60
8	精铣键槽	T5	ϕ16 mm 键铣刀	1 000	60
9	铰孔	T8	ϕ10H8 铰刀	200	100
10	精镗孔	T9	ϕ25 mm 精镗刀	600	60
11	精镗孔	T10	ϕ40 mm 镗刀	400	50
12	将工件重新装夹与校正				
13	粗加工开口槽	T2	ϕ10 mm 键铣刀	1 000	100
14	精加工开口槽	T5	ϕ16 mm 键铣刀	1 000	60

6. 编写程序

如图 7-1 所示，将工件坐标系 G54 建立在工件上表面，零件的对称中心处。

程序	说明
%7101；	**粗铣键槽程序**
G21；	设定单位制
G17G90G40G49G80G54；	程序起始
G00Z50；	刀具快速移至安全高度 *Z*50 处
M03 S1000；	主轴正转，转速 *S*1 000
M08；	冷却液开
G00X -11.6469Y43.467；	刀具移至下刀点
Z1；	下刀至 Z1 处
G01Z-10F30；	铣削至要求深度
G03X -31.82Y31.82R45F100；	圆弧铣削
G00Z1；	抬刀
X-76Y0；	刀具移至下刀点
G01Z-10F30；	铣削至要求深度
X-40；	直线铣削
G00Z100；	绝对编程，刀具快速抬刀至 *Z*100 处
M09；	冷却液关
M05；	主轴停转
M30；	程序结束
%7102；	**加工 2×ϕ10H8 及ϕ25H8 孔的中心孔**
G21；	设定单位制
G17G90G40G49G80G54；	程序起始
G00Z50；	刀具快速移至安全高度 *Z*50 处
M03 S2000；	主轴正转，转速 *S*2 000
M08；	冷却液开
G98G81X0Y0R2Z-5F100；	钻孔循环
X-76Y0R-5Z-15；	钻孔循环
X-76Y50R-15Z-20；	钻孔循环
G80；	固定循环取消
G00Z100；	抬刀
M09；	冷却液关
M05；	主轴停转
M30；	程序结束
%7103；	**加工 2×ϕ10H8 及ϕ25H8 孔钻至ϕ9.8**
G21；	设定单位制
G17G90G40G49G80G54；	程序起始
G00Z50；	刀具快速移至安全高度 *Z*50 处
M03 S600；	主轴正转，转速 *S*600

```
M08;                          冷却液开
G83 X0Y0R2Z-35 Q4F120;        钻孔循环（注：为确保安全，采用深孔加工的固定循环方式）
X-76Y0R-5;                    钻孔循环
X-76Y50R-15;                  钻孔循环
G80;                          固定循环取消
G00Z100;                      抬刀
M09;                          冷却液关
M05;                          主轴停转
M30;                          程序结束
%7104;                        精铣外轮廓并粗铣φ25H8和φ40H8孔
G21;                          设定单位制
G17G90G40G49G80G54;           程序起始
G00Z50;                       刀具快速移至安全高度Z50处
M03 S1000;                    主轴正转，转速S2 000
M08;                          冷却液开
G00X-115Y0;
Z-10;
G41G00X-105Y-15D01;
G03X-90Y0R15F50;
G02X-76Y14R14;
G01X-66;
G03X -52.172Y 22.958R15;
G02X -14.753Y55.058R57;
G02X 0.342Y42.952R12;
G02X 10.219Y28.206R15;
G02X -22.939Y -19.333R-30;
G03X -34.409Y-14R15;
G01X-76;
G02X-90Y0R14;
G03X-105Y15R15;
G40G00X-115Y0;
G00Y31;
Z-20;
G41X-100D01;
#100= -90;                    正弦曲线角度赋初值
#101= -90;                    曲线X坐标赋初值
While [#100 LE 90] DO1
#102=18*sin[#100*PI/180] +29;   计算曲线上各点的Y坐标值
G01X#101Y#102F50;             曲线拟合加工
```

```
#100=#100+1;
#101=#101+5/18;
ENDW1
G40 G01X-65Y85;
G00Z1;
X4Y0;
G02I-4J0G91Z1L31F50;            螺旋插补
G90G00X0Y0;
Z1;
X11Y0;
G02I-11J0G91Z2.5L6F50;
G90G02I-11J0;                   铣孔底平面
G01X0Y0;
G00Z100;                        抬刀
M09;                            冷却液关
M05;                            主轴停转
M30;                            程序结束
```

%7105;　　**精铣键槽程序**

```
G21;                            设定单位制
G17G90G40G49G80G54;             程序起始
G00Z50;                         刀具快速移至安全高度Z50处
M03 S1200;                      主轴正转，转速S1200
M08;                            冷却液开
G00X -11.6469Y43.467;           刀具移至下刀点
Z1;                             下刀至Z1处
G01Z-10F30;                     铣削至要求深度
G03X -31.82Y31.82R45F60;        圆弧铣削
G00Z100;                        绝对编程，刀具快速抬刀至Z100处
M09;                            冷却液关
M05;                            主轴停转
M30;                            程序结束
```

%7106;　　**精铣键槽程序**

```
G21;                            设定单位制
G17G90G40G49G80G54;             程序起始
G00Z50;                         刀具快速移至安全高度Z50处
M03 S1000;                      主轴正转，转速S1 000
M08;                            冷却液开
G00X-76Y0;                      刀具移至下刀点
G01Z-10F60;                     铣削至要求深度
```

```
X-40;                        直线铣削
G00Z100;                     绝对编程，刀具快速抬刀至Z100处
M09;                         冷却液关
M05;                         主轴停转
M30;                         程序结束
```

%7107;　　铰孔 2×φ10H8

```
G21;                         设定单位制
G17G90G40G49G80G54;          程序起始
G00Z50;                      刀具快速移至安全高度Z50处
M03 S200;                    主轴正转，转速S200
M08;                         冷却液开
G98G85X-76Y0R-5Z-15F100;     铰孔循环
X-76Y50R-15Z-20;             铰孔循环
G80;                         固定循环取消
G00Z100;                     抬刀
M09;                         冷却液关
M05;                         主轴停转
M30;                         程序结束
```

%7108;　　镗孔 φ25H8

```
G21;                         设定单位制
G17G90G40G49G80G54;          程序起始
G00Z50;                      刀具快速移至安全高度Z50处
M03 S600;                    主轴正转，转速S600
M08;                         冷却液开
G98G76X0Y0R7Z-35I4F60;       精镗孔循环
G80;                         固定循环取消
G00Z100;                     抬刀
M09;                         冷却液关
M05;                         主轴停转
M30;                         程序结束
```

%7109;　　镗孔 φ40H8

```
G21;                         设定单位制
G17G90G40G49G80G54;          程序起始
G00Z50;                      刀具快速移至安全高度Z50处
M03 S400;                    主轴正转，转速S400
M08;                         冷却液开
G98G76X0Y0R7Z-15P1I4F50;     精镗孔循环
G80;                         固定循环取消
G00Z100;                     抬刀
```

M09;　　　　　　冷却液关
M05;　　　　　　主轴停转
M30;　　　　　　程序结束

二、加工操作

（1）机床回零。

（2）测量工件两侧边平行度和工件底面平面度，确认是否满足装夹定位要求，如果不满足应增加修正工件，并记录四边实际测量值。

（3）选用平口虎钳装夹工件，伸出钳口不少于 23 mm，并用百分表找正。

（4）装刀，并对刀，确定 G54 坐标系。

（5）输入程序并校验。

（6）按工艺过程进行加工。

（7）检验工件。

任务评价

表 7-3　高级数控铣工技能训练一配分表

工件编号			项目和配分		总得分		
项目与配分		序号	技术要求	配分	评分标准	检测记录	得分
工件加工评分（80%）	外形轮廓	1	$\phi\ 60^{0}_{-0.03}$	4	超差 0.01 扣 1 分		
		2	$28^{0}_{-0.03}$	3	超差 0.01 扣 1 分		
		3	平行度 0.05	3	超差 0.01 扣 1 分		
		4	$10^{+0.03}_{0}$	3	超差 0.01 扣 1 分		
		5	表面粗糙度	4	每错一处扣 1 分		
		6	圆弧过渡光滑	2	超差全扣		
	两封闭槽	7	$16^{+0.03}_{0}$	4	超差 0.01 扣 1 分		
		8	$12^{+0.03}_{0}$	4	超差 0.01 扣 1 分		
		9	$10^{+0.03}_{0}$（两处）	3×2	超差 0.01 扣 1 分		
		10	表面粗糙度	3	每错一处扣 2 分		
	开口槽	11	$15^{+0.03}_{0}$	3×2	超差 0.01 扣 1 分		
		12	表面粗糙度	2	每错一处扣 1 分		
		13	平行度 0.05	3	超差 0.01 扣 1 分		
	内孔	14	φ10H8（两处）	3×2	未按时完成全扣		
		15	φ25H8	3	超差 0.01 扣 1 分		
		16	φ40H8	3	超差 0.01 扣 1 分		
		17	$15^{+0.03}_{0}$	3	超差 0.01 扣 1 分		
		18	表面粗糙度	1×4	每错一处扣 1 分		

续表

工件编号			项目和配分		总得分		
项目与配分		序号	技术要求	配分	评分标准	检测记录	得分
工件加工评分（80%）	宏程序	19	孔距	2×3	超差 0.01 扣 1 分		
		20	$10^{+0.03}_{0}$	3	超差 0.01 扣 1 分		
		21	正弦曲线轮廓正确	4	每错一处扣 1 分		
程序与工艺（10%）		16	程序正确合理	5	每错一处扣 2 分		
		17	加工工序卡	5	不合理每处扣 2 分		
机床操作（10%）		18	机床操作规范	5	每错一处扣 2 分		
		19	工件、刀具装夹	5	每错一处扣 2 分		
安全文明生产（倒扣分）		20	安全操作	倒扣	安全事故停止操作或酌扣 5 ~ 30 分		
		21	机床整理	倒扣			

任务二　高级数控铣工技能训练实例二

学习目标

能完成较复杂零件的独立编程与操作。

任务描述

试编写图 7-7 所示工件（已知毛坯尺寸为 162 mm × 120 mm × 40 mm，材料为 45 钢）的加工程序，并在数控铣床上进行加工。

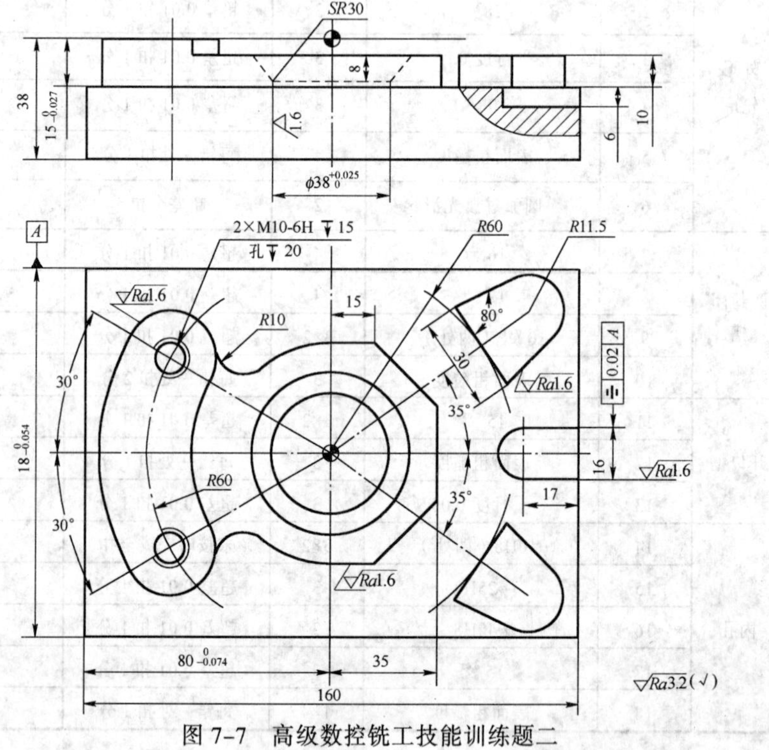

图 7-7　高级数控铣工技能训练题二

任务分析

通过本任务的练习，提高操作者分析问题和解决问题的能力与独立进行编程和操作的能力。

（1）尺寸精度。本任务中精度要求较高的尺寸主要有轮廓尺寸 $118_{-0.054}^{0}$ mm、$80_{-0.074}^{0}$ mm、$38_{-0.062}^{0}$ mm，槽宽尺寸 $16_{0}^{+0.027}$ mm、$6_{0}^{+0.018}$ mm，深度尺寸 $15_{-0.027}^{0}$ mm、$10_{-0.022}^{0}$ mm，孔尺寸 $\phi 38_{0}^{+0.025}$ mm 等。

对于尺寸精度，主要通过在加工过程中的精确对刀、正确选用刀具及刀具参数和选用合适的加工工艺等措施来保证。

（2）形位精度。本任务中主要的形位精度有：开口槽中心平面的对称度公差值为 0.02 mm，螺纹孔的角度位置精度 30° 和月牙凸台的角度 35°，及加工部位底平面与工件底平面的平行度等。

对于形位精度要求，主要通过精确的对刀、工件在夹具中的正确装夹与校正和基点坐标的正确计算等措施来保证。

（3）表面粗糙度。本任务中外形轮廓及孔的表面粗糙度为 $Ra1.6$ μm，加工部位底平面的表面粗糙度为 $Ra3.2$ μm。

对于表面粗糙度要求，主要通过选用正确的粗、精加工路线，选用合适的切削用量和正确使用冷却液等措施来保证。

知识链接

一、曲面的加工

加工三维曲面轮廓（特别是凹轮廓）时，一般用球头刀来进行切削。在切削过程中，当刀具在曲面轮廓的不同位置时，是刀具球头的不同点切削成型工件的曲面轮廓，所以用球头中心坐标来编程很方便。

如凸球面加工的走刀路线在进刀控制上有从上向下进刀和从下向上进刀两种，一般应使用从下向上进刀来完成加工，此时主要利用铣刀侧刃切削，表面质量较好，端刃磨损较小，同时切削力将刀具向欠切方向推，有利于控制加工尺寸。

1. 进刀点的计算方法

（1）根据允许的加工误差和表面粗糙度，确定合理的 Z 向进刀量，再根据给定加工深度 Z，计算加工圆的半径，即

$$r=\sqrt{R^2-Z^2}$$

此算法走刀次数较多。

（2）根据允许的加工误差和表面粗糙度，确定两相邻进刀点相对球心的角度增量，再根据角度计算进刀点的 r 和 z 值，即

$$z=R\sin\theta$$
$$r=R\cos\theta$$

2. 进刀轨迹的处理方法

（1）对立铣刀加工而言，曲面加工是刀尖完成的，当刀尖沿圆弧运动时，其刀具中心运动轨迹也是一圆弧，只是位置相差一个刀具半径。

（2）对球头刀加工而言，曲面加工是球刃完成的，其刀具中心是球面的同心球面，半径相差一个刀具半径，如图 7-8 所示。

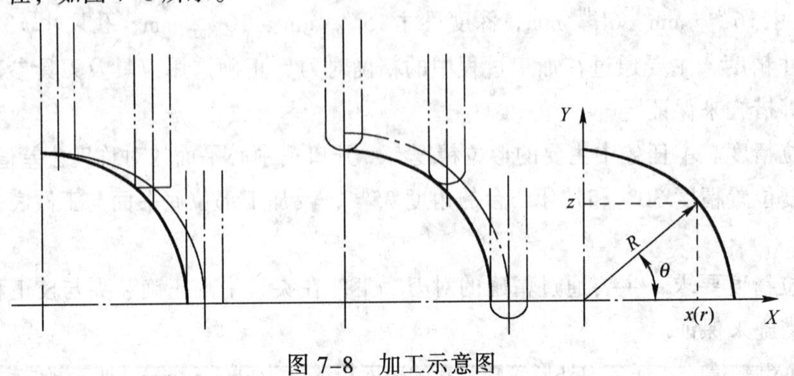

图 7-8　加工示意图

二、简化计算的途径

对称几何形状，可采用旋转坐标、镜像等指令，以减少基点坐标的计算工作量，从而简化编程。在实际图形中具体采用何种指令要遵循 CNC 数据处理的顺序，总的方向是程序结构清晰、语句简单、运行正确。熟练掌握复杂程序的编制，能使编程简单化，大大缩短准备时间。

任务实施

一、程序编制

1. 编程原点的确定

由于工件外形轮廓不对称，根据编程原点的确定原则，为了方便编程过程中的计算，选取 ϕ38 mm 孔中心的上平面作为编程原点。

2. 加工方案及加工路线的确定

（1）用 ϕ80 mm 面铣刀铣削顶面及平台，刀具运动路线如图 7-9 所示。

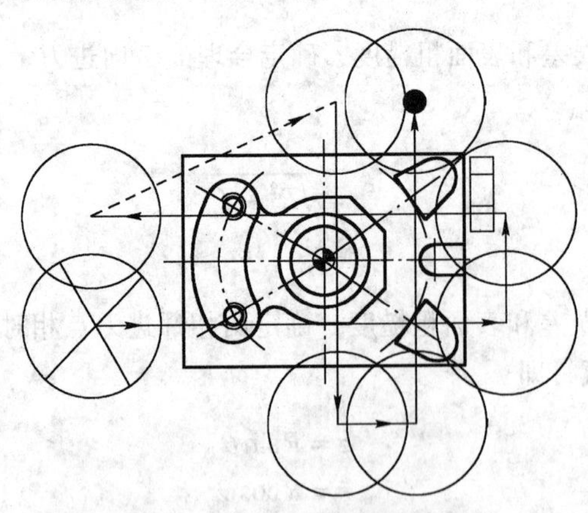

图 7-9　刀具运动路线 1

（2）用ϕ16 mm 立铣刀精铣月形外形（%7201），刀具运动路线如图 7-10 所示。

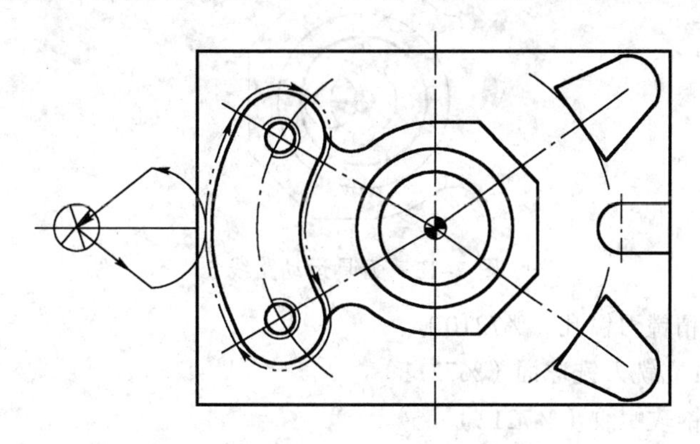

图 7-10　刀具运动路线 2

（3）用ϕ16 mm 立铣刀粗、精铣整个外形（%7202~%7203），刀具运动路线如图 7-11 所示。

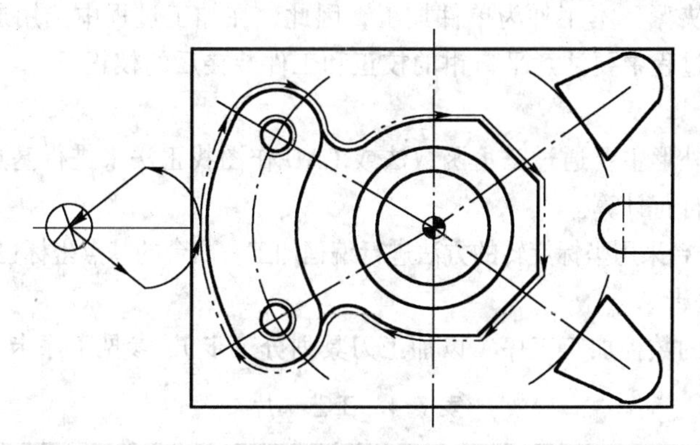

图 7-11　刀具运动路线 3

（4）用ϕ16 mm 立铣刀铣削凸台（%7204~%7205），刀具运动路线如图 7-12 所示。

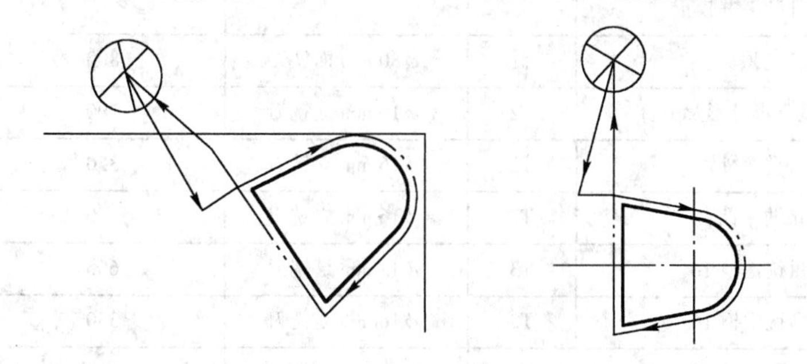

图 7-12　刀具运动路线 4

（5）用ϕ12 mm 键铣刀粗铣键槽（%7206）。

（6）用ϕ16 mm 键铣刀粗铣键槽（%7207）。

（7）用ϕ8.5 mm 钻头钻孔（%7208）。

（8）用ϕ16 mm 立铣刀粗铣ϕ38 孔至ϕ37.6 mm（%7209），刀具运动路线如图 7-13 所示。

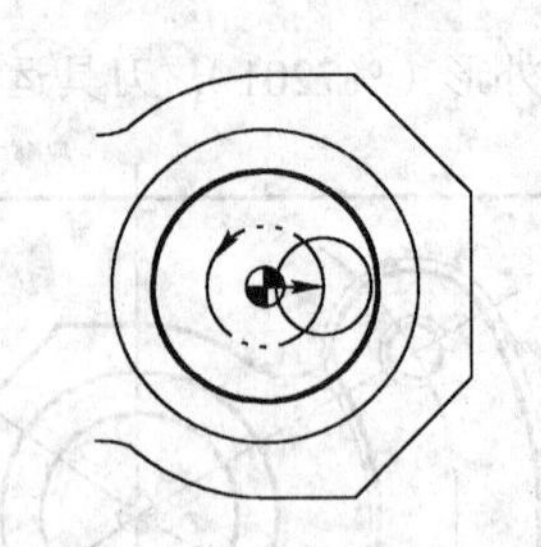

图 7-13　刀具运动路线 5

（9）用 ϕ38 mm 精镗刀镗孔（%7210）。

（10）用 ϕ16 mm 立铣刀铣球面（%7211）。

（11）用 M10 丝锥攻螺纹（%7212）。

3. 工件的定位夹紧与刀具的选用

（1）刀具及其切削用量的选用。刀具及其切削用量的选用见工艺卡（见表 7-4）。

（2）工件的定位夹紧。本工件为单件加工，因此，在加工过程中选用通用夹具平口钳进行定位与装夹。在装夹过程中要注意平口钳的校正和工件装夹后的校正。

4. 工件基点的计算

本任务中的月形外形主要通过三角函数法或 CAD 作图找正法来进行基点计算，其计算相对较简单，请参照图样自行计算。

本任务中的两个凸台采用坐标旋转的方法进行编程加工，凸台的基点坐标也可用 CAD 方法进行。

5. 编写加工工序卡

图 7-2 所示零件的数控加工工序（以加工刀具划分工步），参见工序卡片（见表 7-4）。

表 7-4　工艺卡片

工序号	作业内容	刀号	刀具规格	主轴转速 (r/min)	进给速度 (mm/min)
1	工件装夹并校正				
2	铣顶面	T1	ϕ80 mm 面铣刀	800	100
3	粗精铣月形外形及平台	T2	ϕ16 mm 立铣刀	200	50
4	铣整个外形	T2	ϕ16 mm 立铣刀	350	40
5	铣两个凸台	T2	ϕ16 mm 立铣刀	350	40
6	粗铣键槽 16	T3	ϕ12 mm 键铣刀	600	45
7	精铣键槽 16	T2	ϕ16 mm 立铣刀	350	40
8	钻孔 ϕ8.5	T4	ϕ8.5 mm 钻头	600	35
9	铣孔 ϕ37.6	T2	ϕ16 mm 立铣刀	350	40
10	镗孔 ϕ38	T5	ϕ38 mm 精镗刀	900	25
11	铣铣球面	T2	ϕ16 mm 立铣刀	800	200
12	攻螺纹 M10	T8	M10 丝锥	200	200

6. 编写程序

将工件坐标系 G54 建立在工件上表面零件的对称中心处。

参考程序：

%7201;	**月形外形精铣程序**
G21;	设定单位制
G17G90G40G49G80G54;	程序起始
G00Z50;	刀具快速移至安全高度 *Z*50 处
M03 S200;	主轴正转，转速 *S*200
M08;	冷却液开
G00X-120Y0;	刀具移至下刀点 *A*
Z-5;	下刀至所要求的尺寸
G41G01X-95Y-20D01F50;	产生刀补
G03X-75Y0R20;	圆弧切入
G02X-64.952Y37.5R75;	圆弧铣削
G02X-38.971Y22.5R15;	圆弧铣削
G03 X-38.971Y-22.5R45;	圆弧铣削
G02 X-64.952Y-37.5R15;	圆弧铣削
G02X-95Y0R75;	圆弧铣削
G03X-95Y20R20;	圆弧切出
G40G01X-120Y0;	取消刀补
G00Z100;	刀具快速抬刀至 *Z*100 处
M09;	冷却液关
M05;	主轴停转
M30;	程序结束
%7202;	**整体外形精铣程序**
G21;	设定单位制
G17G90G40G49G80G54;	程序起始
G00Z50;	刀具快速移至安全高度 *Z*50 处
M03 S350;	主轴正转，转速 *S*200
M08;	冷却液开
G00X-120Y0;	刀具移至下刀点 *A*
Z-5;	下刀至所要求的尺寸
M98P7203L2;	调用子程序%7203，2 次
G00G90Z100;	刀具快速抬刀至 *Z*100 处
M09;	冷却液关
M05;	主轴停转
M30;	程序结束
%7203;	**整体外形加工子程序**
G91G00Z-5;	增量编程，下刀一个切削深度

```
G41G01X-95Y-20D01F40;          产生刀补
G03X-75Y0R20;                  圆弧切入
G02X-64.952Y37.5R75;           圆弧铣削
G02X-37.336Y33.332R15;         圆弧铣削
G03X-21.456Y27.65R10;          圆弧铣削
G02X0Y35R35;                   圆弧铣削
G01X15;                        轮廓加工
X35Y15;                        轮廓加工
Y-15;                          轮廓加工
X15Y-35;                       轮廓加工
G02 X-21.456Y-27.65R35;        圆弧铣削
G03 X-37.336Y-33.332R10;       圆弧铣削
G02 X-64.952Y-37.5R15;         圆弧铣削
G02X-95Y0R75;                  圆弧铣削
G03X-95Y20R20;                 圆弧切出
G40G01X-120Y0;                 取消刀补
M99;                           子程序结束，返回主程序
%7204;                         凸台加工主程序
G21;                           设定单位制
G17G90G40G49G80G54;            程序起始
G00Z50;                        刀具快速移至安全高度Z50处
M03 S350;                      主轴正转，转速S350
M08;                           冷却液开
G00X0Y0;                       刀具快速移坐标原点
Z-4;                           刀具移至子程序循环起点
G68X0Y0P-35;                   建立坐标旋转
M98P7205;                      调用子程序%7205，加工下方凸台
G69;                           取消坐标旋转
G00X0Y0;                       移回坐标原点
G68X0Y0P35;                    建立坐标旋转
M98P7205;                      调用子程序%7205，加工上方凸台
G69;                           取消坐标旋转
G90G00Z100;                    绝对编程，抬刀
M09;                           冷却液关
M05;                           主轴停转
M30;                           程序结束
%7205;                         凸台加工子程序
G00X60Y30;                     定位至下刀点
G91G00Z-6;                     增量编程，下刀一个切削深度
```

```
G90G41X52Y15D01F40;            建立刀补
G01X60;                        轮廓加工
X 83.840Y11.325;               轮廓加工
G02 X 83.840Y-11.325R11.5;     圆弧铣削
G01X60Y-15;                    轮廓加工
Y25;                           轮廓加工
G40 X60Y30;                    取消刀补
G91Z1;                         抬刀 1 mm
M99;                           子程序结束，返回主程序
%7206;                         粗铣键槽程序
G21;                           设定单位制
G17G90G40G49G80G54;            程序起始
G00Z50;                        刀具快速移至安全高度 Z50 处
M03 S600;                      主轴正转，转速 S600
M08;                           冷却液开
G00X100Y0;                     刀具定位至下刀点
Z-21;                          定位至槽底
G01X63F45;                     铣削键槽
G00Z100;                       抬刀
M09;                           冷却液关
M05;                           主轴停转
M30;                           程序结束
%7207;                         精铣键槽程序
G21;                           设定单位制
G17G90G40G49G80G54;            程序起始
G00Z50;                        刀具快速移至安全高度 Z50 处
M03 S600;                      主轴正转，转速 S600
M08;                           冷却液开
G00X100Y0;                     刀具定位至下刀点
Z-21;                          定位至槽底
G01X63F45;                     铣削键槽
G00Z100;                       抬刀
M09;                           冷却液关
M05;                           主轴停转
M30;                           程序结束
%7208;                         钻孔程序
G21;                           设定单位制
G17G90G40G49G80G54;            程序起始
G00Z50;                        刀具快速移至安全高度 Z50 处
```

```
M03 S600;                           主轴正转，转速S600
M08;                                冷却液开
G99G83X-51.962Y30Z-20 R2 Q4F35;     钻螺纹底孔（注：为确保安全，采用深孔加工的固定
                                    循环方式）
X-51.962Y-30;                       钻螺纹底孔
G98G83X0Y0Z-42R0Q4F35;              钻φ38底孔
G80;                                固定循环取消
G00Z100;                            抬刀
M09;                                冷却液关
M05;                                主轴停转
M30;                                程序结束
```

%7209;　　粗铣 ϕ38 孔至 ϕ37.6

```
G21;                                设定单位制
G17G90G40G49G80G54;                 程序起始
G00Z50;                             刀具快速移至安全高度Z50处
M03 S600;                           主轴正转，转速S600
M08;                                冷却液开
G00X0Y0;                            刀具移至孔中心
G00Z1;                              下刀至Z1处
G01Z0F50;                           慢速下刀至Z0处
X10;                                移至螺旋线起点；
G03X10Y30 I-10G91Z-2L20F40;         粗铣，螺旋线下刀，螺距2 mm，共20圈
G00X0Y0;                            定位至孔中心；
G00Z100;                            抬刀至安全高度
M09;                                冷却液关
M05;                                主轴停转
M30;                                程序结束
```

%7210;　　镗孔 ϕ38

```
G21;                                设定单位制
G17G90G40G49G80G54;                 程序起始
G00Z50;                             刀具快速移至安全高度Z50处
M03 S900;                           主轴正转，转速S900
M08;                                冷却液开
G98G76X0Y0R7Z-45P1I4F25;            精镗孔循环
G80;                                固定循环取消
G00Z100;                            抬刀
M09;                                冷却液关
M05;                                主轴停转
M30;                                程序结束
```

```
%7211;                              铣球面程序
G21;                                设定单位制
G17G90G40G49G80G54;                 程序起始
G00Z50;                             刀具快速移至安全高度Z50处
M03 S800;                           主轴正转，转速S800
M08;                                冷却液开
G00X0Y0;                            刀具定位
Z5;                                 刀具定位
#1= -13;                            深度赋值
#2=23.216;                          参数赋值
While [#1 LE -4.9]                  循环判断
G01Z#1F200;                         进刀至所需深度
#3=SQRT[900-#2*#2];                 计算圆半径
G41G01#3Y0D01;                      建立刀补
G03I#3;                             圆弧铣削
G40G01X0Y0;                         取消刀补
#1=#1+0.1;                          深度递增
#2=#2-0.1;                          参数递减
ENDW;                               循环结束
G90G00Z100;                         抬刀
M09;                                冷却液关
M05;                                主轴停转
M30;                                程序结束
%7212;                              攻螺纹程序
G21;                                设定单位制
G17G90G40G49G80G54;                 程序起始
G00Z50;                             刀具快速移至安全高度Z50处
M03 S200;                           主轴正转，转速S200
M08;                                冷却液开
G99G84X-51.962Y30Z-15 R8 F200;      攻螺纹孔
X-51.962Y-30;                       攻螺纹孔
G80;                                固定循环取消
G00Z100;                            抬刀
M09;                                冷却液关
M05;                                主轴停转
M30;                                程序结束
```

二、加工操作

(1) 机床回零。

（2）测量工件两侧边平行度和工件底面平面度，确认是否满足装夹定位要求，如果不满足应增加修正工件，并记录四边实际测量值。

（3）选用平口虎钳装夹工件，伸出钳口不少于 23 mm，并用百分表找正。

（4）装刀，并对刀，确定 G54 坐标系。

（5）输入程序并校验。

（6）按工艺要求进行加工。

（7）检验工件。

任务评价

表 7-5　高级数控铣工技能训练二配分表

工件编号			项目和配分		总得分		
项目与配分		序号	技术要求	配分	评分标准	检测记录	得分
工件加工评分（80%）	外形轮廓	1	$\phi 38_{-0.062}^{0}$	6	超差 0.01 扣 1 分		
		2	$15_{-0.027}^{0}$	6	超差 0.01 扣 1 分		
		3	$10_{-0.022}^{0}$	6	超差 0.01 扣 1 分		
		4	对称度 0.02	5	超差 0.01 扣 1 分		
		5	35、15	3	每错一处扣 1 分		
		6	35°、80°、R11.5	3	超差全扣		
		7	R35、R15、R10	3	超差 0.01 扣 1 分		
		8	侧面 Ra1.6	2	超差 0.01 扣 1 分		
		9	底面 Ra3.2	2	超差 0.01 扣 1 分		
	内轮廓与孔	10	$\phi 38_{0}^{+0.025}$	6	每错一处扣 2 分		
		11	孔距 $80_{-0.074}^{0}$	5	超差 0.01 扣 1 分		
		12	$6_{0}^{+0.018}$	5	每错一处扣 1 分		
		13	$16_{0}^{+0.027}$	5	超差 0.01 扣 1 分		
		14	2×M10	6	未按时完成全扣		
		15	SR30	5	超差 0.01 扣 1 分		
		16	17	2	超差 0.01 扣 1 分		
		17	侧面 Ra1.6	3	超差 0.01 扣 1 分		
		18	底面 Ra3.2	2	每错一处扣 1 分		
	其他	19	工件按时完成	2	超差 0.01 扣 1 分		
		20	工件无缺陷	3	超差 0.01 扣 1 分		
程序与工艺（10%）		16	程序正确合理	5	每错一处扣 2 分		
		17	加工工序卡	5	不合理每处扣 2 分		
机床操作（10%）		18	机床操作规范	5	每错一处扣 2 分		
		19	工件、刀具装夹	5	每错一处扣 2 分		
安全文明生产（倒扣分）		20	安全操作	倒扣	安全事故停止操作或酌扣 5～30 分		
		21	机床整理	倒扣			

任务三　高级数控铣工技能训练实例三

学习目标

能完成较复杂零件的独立编程与操作。

任务描述

试编写图 7-14 所示工件（已知毛坯尺寸为 140 mm × 120 mm × 30 mm，材料为 45 钢）的加工程序，并在数控铣床上进行加工。

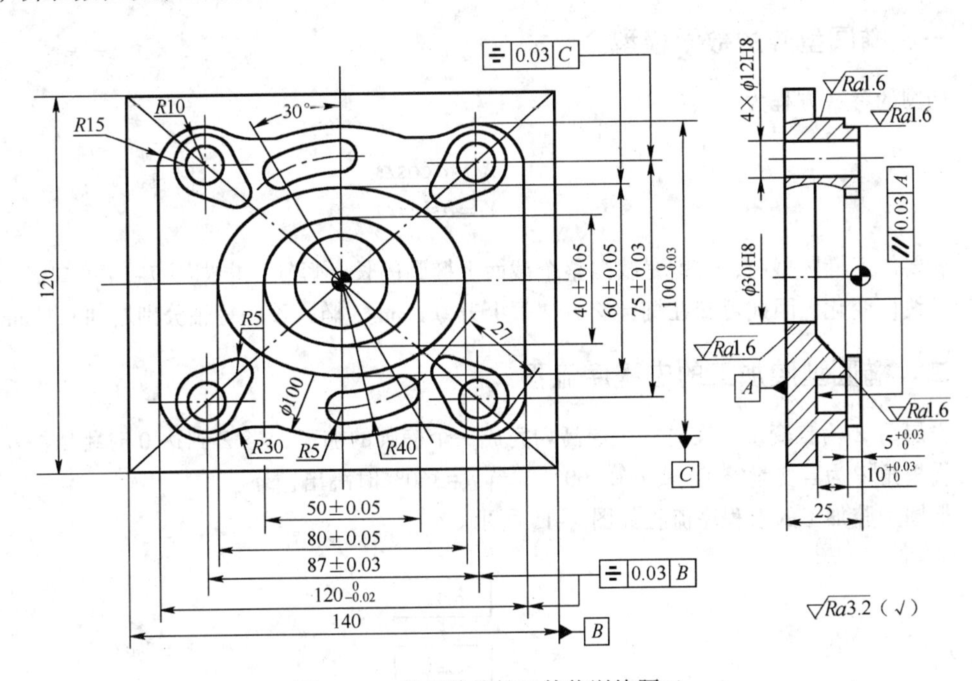

图 7-14　高级数控铣工技能训练题三

任务分析

该任务是数控铣床高级工职业技能鉴定课题。通过对该任务的编程与加工练习，进一步提高学生分析问题和解决问题的能力，顺利通过数控铣床高级工职业技能鉴定。为此，学生应了解数控铣床操作工的国家职业标准，并掌握数控机床的维护和保养等安全文明生产知识。

（1）尺寸精度。本任务中精度要求较高的尺寸主要有轮廓尺寸 $120_{-0.03}^{0}$ mm、$100_{-0.03}^{0}$ mm，凸台尺寸 $27_{-0.03}^{0}$ mm，深度尺寸 $10_{0}^{+0.03}$ mm、$5_{0}^{+0.03}$ mm，孔尺寸 4 × ϕ12H8、ϕ30H8，椭圆尺寸（50 ± 0.05）mm、（40 ± 0.05）mm、（80 ± 0.05）mm、（60 ± 0.05）mm 等。

对于尺寸精度，主要通过在加工过程中的精确对刀、正确选用刀具及刀具参数和选用合适的加工工艺等措施来保证。

（2）形位精度。本任务中主要的形位精度有孔的位置精度（87±0.03）mm、（76±0.03）mm，及加工部位底平面与工件底平面的平行度等。

对于形位精度要求，主要通过精确的对刀、工件在夹具中的正确装夹与校正和基点坐标的正确计算等措施来保证。

（3）表面粗糙度。本任务中外形轮廓及孔的表面粗糙度为 *Ra*1.6 μm，加工部位底平面的表面粗糙度为 *Ra*3.2 μm，椭圆型腔表面的粗糙度要求为 *Ra*6.3 μm。

对于表面粗糙度要求，主要通过选用正确的粗、精加工路线，选用合适的切削用量和正确使用冷却液等措施来保证。

知识链接

一、椭圆型腔的数学模型

椭圆的参数方程为

$$X = a\cos\alpha$$
$$Y = b\sin\alpha$$

若要加工椭圆型腔，关键是找出整个截面上椭圆的长、短轴，根据图 7-14 可知椭圆的长、短轴呈线性变化，因此可知在椭圆 *Z* 方向每上升 0.1 mm，椭圆长、短轴分别增加 0.1 mm。

二、椭圆型腔加工的宏程序流程

设层高 *Z* 为自变量，在每一个层高均完成一个椭圆的加工，当 *Z* 到达 0 时跳出循环；椭圆加工设极角 θ 为自变量，0° ≤ θ ≤360°，当 θ=360° 时跳出循环。

椭圆型腔加工的宏程序流程如图 7-15 所示。

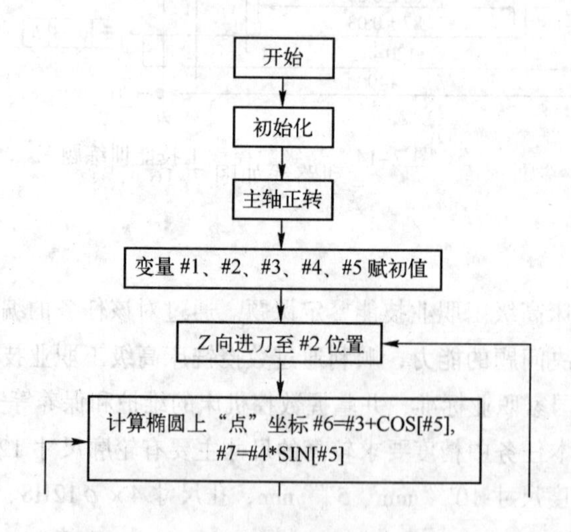

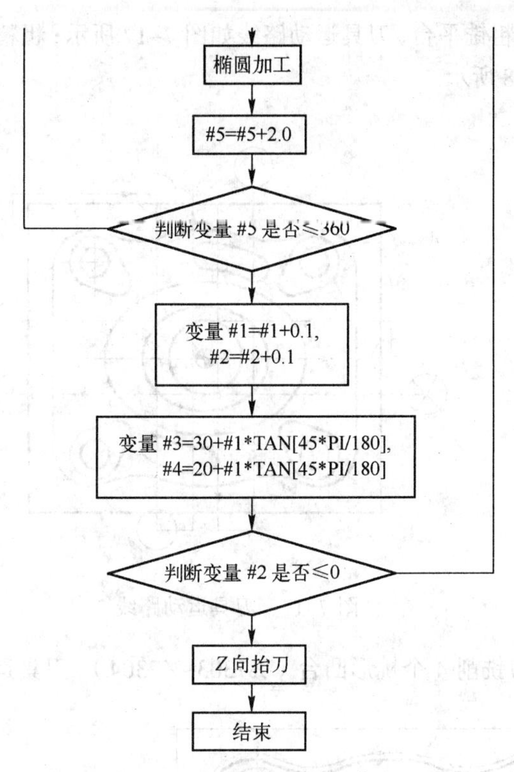

图 7-15　椭圆型腔加工宏程序流程图

任务实施

一、程序编制

1. 编程原点的确定

由于工件外形轮廓不对称，根据编程原点的确定原则，为了方便编程过程中的计算，选取 ϕ30H8 mm 孔中心的上平面作为编程原点。

2. 加工方案及加工路线的确定

（1）用 ϕ80 面铣刀铣削顶面，刀具运动路线如图 7-16 所示。

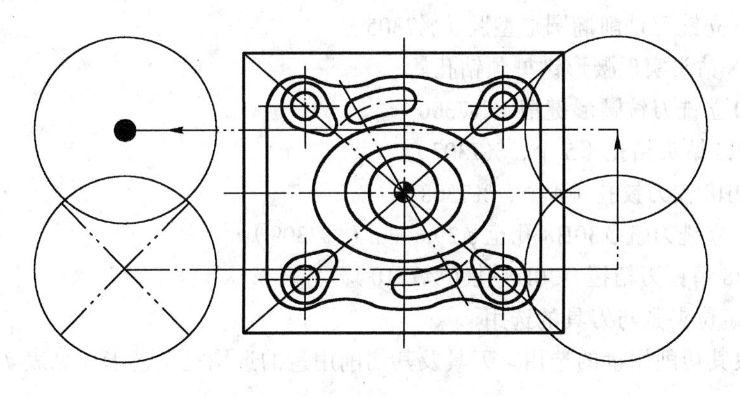

图 7-16　刀具运动路线 1

（2）用ϕ16立铣刀粗铣平台，刀具运动路线如图7–17所示；粗精铣外轮廓（%7301~%7302），刀具运动路线如图7–18所示。

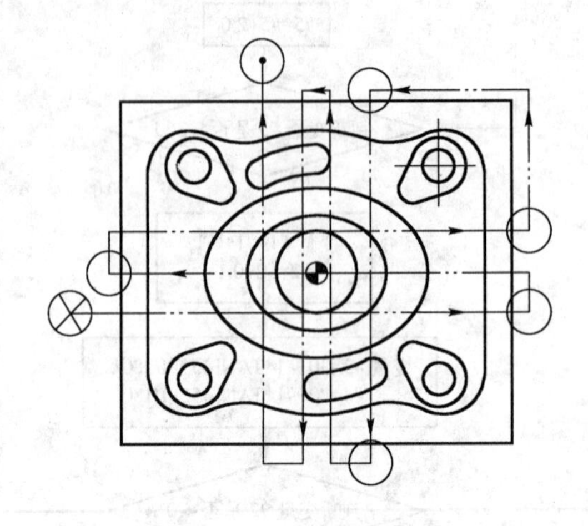

图7–17　刀具运动路线2

（3）用ϕ16立铣刀铣削4个桃形凸台（%7303~%7304），刀具运动路线如图7–19所示。

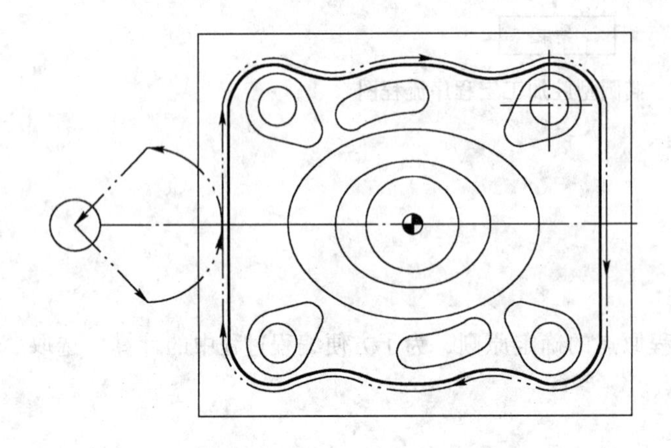

图7–18　刀具运动路线3

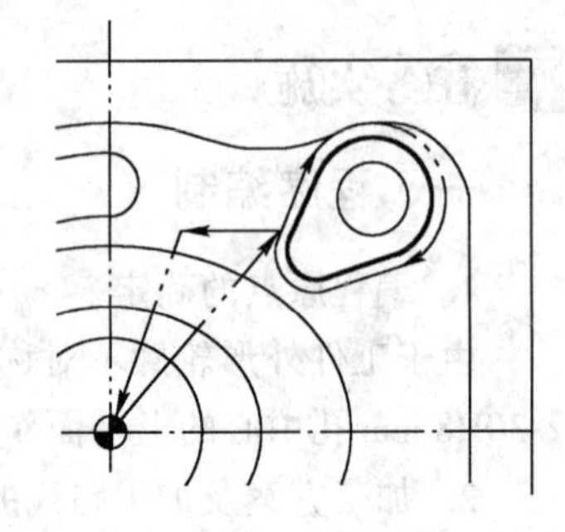

图7–19　刀具运动路线4

（4）用ϕ16立铣刀铣削椭圆形型腔（%7305）。

（5）用ϕ7.8钻头实现腰形键槽预钻孔。

（6）用ϕ10立铣刀铣腰形键槽（%7306）。

（7）用ϕ11.8钻头钻孔（5个，%7307）。

（8）用ϕ12H8铰刀铰孔（4个，%7308）。

（9）用ϕ16立铣刀铣ϕ30H8孔至ϕ29.6 mm（%7309）。

（10）用ϕ38精镗刀精镗ϕ30H8孔（%7310）。

3. 工件的定位夹紧与刀具的选用

（1）刀具及其切削用量的选用。刀具及其切削用量的选用见工艺卡（见表7–6）。

表 7-6　工艺卡片

序号	加工工序	刀具号	刀具规格类型	主轴转速 (r/min)	进给速度 (mm/min)
1	铣顶面	T1	ϕ80 面铣刀	800	100
2	铣整体外形	T2	ϕ16 立铣刀	300	50
3	铣 4 个桃形凸台及平台	T2	ϕ16 立铣刀	300	50
4	铣椭圆形型腔	T2	ϕ16 立铣刀	200	80
5	腰形键槽预钻孔	T3	ϕ7.8 钻头	350	50
6	铣腰形键槽	T4	ϕ10 立铣刀	350	50
7	钻孔 ϕ11.8	T5	ϕ11.8 钻头	320	50
8	铰孔 ϕ12H8	T6	ϕ12H8 铰刀	100	50
9	铣 ϕ30H8 孔至 ϕ29.6	T2	ϕ16 立铣刀	350	40
10	镗孔 ϕ38H8	T7	ϕ38 精镗刀	900	25

（2）工件的定位夹紧。本工件为单件加工，因此，在加工过程中选用通用夹具平口钳进行定位与装夹。在装夹过程中要注意平口钳的校正和工件装夹后的校正。

4. 工件基点的计算

本任务中的桃形凸台主要通过三角函数法或 CAD 作图找正法来进行基点计算，其计算相对较简单，请参照图样自行计算。

本任务中的两个腰形键槽采用坐标旋转的方法进行编程加工，桃形凸台的基点坐标也可用 CAD 方法进行。

5. 编写加工工序卡（见表 7-6）

6. 编写程序

参考程序：

%7301;	**外轮廓加工程序**
G21;	设定单位制
G17G90G40G49G80G54;	程序起始
G00Z50;	刀具快速移至安全高度 *Z*50 处
M03 S300;	主轴正转，转速 *S*600
M08;	冷却液开
G00X-105Y0;	刀具定位
Z0;	刀具定位

```
M98P7302L3;                    调用子程序%7302，3次
G90G00Z100;                    绝对编程，抬刀
M09;                           冷却液关
M05;                           主轴停转
M30;                           程序结束
%7302;                         外轮廓铣削子程序
G91G00Z-5;                     增量编程，下刀一个切削深度
G41X-95Y-25D01F50;             建立刀补
G03X-70Y0R25;                  圆弧切入
G01Y35;                        轮廓加工
G02 X -38.611Y48.571R15;       圆弧铣削
G03X-16.146Y47.321R30;         圆弧铣削
G02X16.146Y47.321R50;          圆弧铣削
G03 X 38.611Y48.571R30;        圆弧铣削
G02X70Y35R15;                  圆弧铣削
G01Y-35;                       轮廓加工
G02 X 38.611Y-48.571R15;       圆弧铣削
G03 X16.146Y-47.321R30;        圆弧铣削
G02 X-16.146Y-47.321R50;       圆弧铣削
G03 X -38.611Y-48.571R30;      圆弧铣削
G02X-70Y-35R15;                圆弧铣削
G01Y0;                         轮廓加工
G03X-95Y25R25;                 圆弧切出
G40G00X-105Y0;                 取消刀补
M99;                           子程序结束，返回主程序
%7303;                         铣4个桃形凸台
G21;                           设定单位制
G17G90G40G49G80G54;            程序起始
G00Z50;                        刀具快速移至安全高度Z50处
M03S600;                       主轴正转，转速S600
M08;                           冷却液开
G00X0Y0;                       刀具快速移下刀点
Z1;                            刀具移至子程序循环起点
M98P7304;                      调用子程序%7302
G24X0;                         关于Y轴镜像
M98P7304;                      调用子程序%7302
```

```
G24Y0;                              关于X轴镜像
M98P7304;                           调用子程序%7302
G25X0;                              取消Y轴镜像
M98P7304;                           调用子程序%7302
G25Y0;                              取消X轴镜像
G90G00Z100;                         绝对编程，抬刀
M09;                                冷却液关
M05;                                主轴停转
M30;                                程序结束
%7304;                              桃形轮廓子程序
G01Z-5F100;                         切削至Z-5处；
G41G01X25.701Y22.156D01;            建立刀补
X34.368Y41.756;                     轮廓加工
G02X46.396Y27.927R-10;              圆铣削
G01 X25.701Y22.156;                 轮廓加工
G40X0Y0;                            取消刀补
M99;                                子程序结束，返回主程序
%7305;                              铣椭圆形型腔
G21;                                设定单位制
G17G90G40G49G80G54;                 程序起始
G00Z50;                             刀具快速移至安全高度Z50处
M03 S200;                           主轴正转，转速S200
M08;                                冷却液开
G00X0Y0;                            刀具定位
Z5;                                 刀具定位
#1=0;                               定义抬刀高度初始值
#2= -10;                            定义加工深度
#3=30;                              定义椭圆长半轴
#4=20;                              定义椭圆短半轴
#5=0;                               定义椭圆切削起点
While[#2 LE 0] DO1                  加工深度循环
G01Z#2F80;                          进刀到所需深度
G41G01X[#3]Y0D01                    建立刀补
While [#5 LE 360] DO2               椭圆加工循环
#6=#3*COS[#5*PI/180];               计算椭圆X坐标
#7=#4*SIN[#5*PI/180];               计算椭圆Y坐标
```

```
G01X#6Y#7;                        拟合椭圆
#5=#5+2;                          角度递增
ENDW2;                            椭圆加工循环结束
G40G01X0Y0;                       取消刀补
#1=#1+0.1;                        计算抬刀高度
#2=#2+0.1;                        计算加工深度
#3=30+#1*TAN[45*PI/180];          计算椭圆长半轴
#4=20+#1* TAN[45*PI/180];         计算椭圆短半轴
ENDW1;                            深度方向循环结束
G90G00Z100;                       绝对编程，抬刀
M09;                              冷却液关
M05;                              主轴停转
M30;                              程序结束
```

%7306; **铣腰形键槽**

```
G21;                              设定单位制
G17G90G40G49G80G54;               程序起始
G00Z50;                           刀具快速移至安全高度Z50处
M03 S350;                         主轴正转，转速S350
M08;                              冷却液开
G00X0Y40;                         刀具定位
Z1;                               下刀
G01Z-15F50;                       进刀至槽底
G03X-20Y 34.641R40;               圆弧铣削
G00Z1;                            抬刀
G01Z-15F50;                       进刀至槽底
G03 X20Y-34.641R40;               圆弧铣削
G00Z100;                          抬刀
M09;                              冷却液关
M05;                              主轴停转
M30;                              程序结束
```

%7307; **钻孔程序**

```
G21;                              设定单位制
G17G90G40G49G80G54;               程序起始
G00Z50;                           刀具快速移至安全高度Z50处
M03 S320;                         主轴正转，转速S320
M08;                              冷却液开
```

```
G99G83X-43.5Y-37.5R2Z-30 Q4F50;  钻孔循环（注：为确保安全，
                                 采用深孔加工的固定循环方式）
X-43.5Y37.5;                     钻孔循环
X43.5Y37.5;                      钻孔循环
X43.5Y-37.5;                     钻孔循环
G98X0Y0;                         钻孔循环
G80;                             固定循环取消
G00Z100;                         抬刀
M09;                             冷却液关
M05;                             主轴停转
M30;                             程序结束
```

%7308;　　铰孔程序

```
G21;                             设定单位制
G17G90G40G49G80G54;              程序起始
G00Z50;                          刀具快速移至安全高度Z50处
M03 S100;                        主轴正转，转速S100
M08;                             冷却液开
G99G85X-43.5Y-37.5R7Z-40 F50;    铰孔循环（注：为确保安全，
                                 采用深孔加工的固定循环方式）
X-43.5Y37.5;                     铰孔循环
X43.5Y37.5;                      铰孔循环
G98X43.5Y-37.5;                  铰孔循环
G80;                             固定循环取消
G00Z100;                         抬刀
M09;                             冷却液关
M05;                             主轴停转
M30;                             程序结束
```

%7309;　　铣ϕ30H8孔至ϕ29.6

```
G21;                             设定单位制
G17G90G40G49G80G54;              程序起始
G00Z50;                          刀具快速移至安全高度Z50处
M03 S350;                        主轴正转，转速S350
M08;                             冷却液开
G00X0Y0;                         刀具定位
Z1;                              下刀
X6.8;                            刀具定位至螺旋插补起点
```

```
G03X6.8Y0I-6.8G91Z-2L17;        螺旋插补，螺距 2 mm，共 17 圈
G90G00X0Y0;                     绝对编程，刀具定位至孔中心
G00Z100;                        抬刀
M09;                            冷却液关
M05;                            主轴停转
M30;                            程序结束
%7310;                          镗孔φ30H8
G21;                            设定单位制
G17G90G40G49G80G54;             程序起始
G00Z50;                         刀具快速移至安全高度 Z50 处
M03 S900;                       主轴正转，转速 S900
M08;                            冷却液开
G98G76X0Y0R7Z-35P1I4F25;        精镗孔循环
G80;                            固定循环取消
G00Z100;                        抬刀
M09;                            冷却液关
M05;                            主轴停转
M30;                            程序结束
```

二、加工操作

（1）机床回零。

（2）测量工件两侧边平行度和工件底面平面度，确认是否满足装夹定位要求，如果不满足应增加修正工件，并记录四边实际测量值。

（3）选用平口虎钳装夹工件，伸出钳口不少于 17 mm，并用百分表找正。

（4）装刀，并对刀，确定 G54 坐标系。

（5）输入程序并校验。

（6）按工艺进行加工。

（7）检验工件。

表 7-7　高级数控铣工技能训练三配分权重表

工件编号			项目和配分		总得分		
项目与配分		序号	技术要求	配分	评分标准	检测记录	得分
工件加工评分（80%）	外形轮廓	1	$120^{0}_{-0.03}$	4	超差 0.01 扣 1 分		
		2	$100^{0}_{-0.03}$	4	超差 0.01 扣 1 分		
		3	*R*15	4×1	每错一处扣 1 分		

续表

工件编号			项目和配分		总得分		
项目与配分		序号	技术要求	配分	评分标准	检测记录	得分
工件加工评分（80%）	外形轮廓	4	*R*10	4	每错一处扣 1 分		
		5	*R*5	3	每错一处扣 1 分		
		6	$10^{+0.03}_{0}$	4	超差 0.01 扣 1 分		
		7	$5^{+0.03}_{0}$	4	超差 0.01 扣 1 分		
		8	对称度 0.03	2×3	每错一处扣 1 分		
		9	平行度 0.03	3	每错一处扣 1 分		
		10	*R*30、ϕ100	2	每错一处扣 1 分		
		11	侧面 *Ra*1.6	2	每错一处扣 1 分		
		12	底面 *Ra*3.2	2	每错一处扣 1 分		
	内轮廓与孔	13	孔径 ϕ30H8	4	超差 0.01 扣 1 分		
		14	孔距 80±0.03	3	超差 0.01 扣 1 分		
		15	孔距 75±0.03	3	超差 0.01 扣 1 分		
		16	椭圆 80±0.05	3	超差 0.01 扣 1 分		
		17	椭圆 60±0.05	3	超差 0.01 扣 1 分		
		18	椭圆 50±0.05	3	超差 0.01 扣 1 分		
		19	椭圆 40±0.05	3	超差 0.01 扣 1 分		
		20	2×ϕ12H8	3×2	超差全扣		
		21	30°、*R*5	2	每错一处扣 1 分		
		22	侧面 *Ra*1.6	2	每错一处扣 1 分		
		23	底面 *Ra*3.2	1	每错一处扣 1 分		
	其他	24	工件按时完成	3	未按时完成全扣		
		25	工件无缺陷	2	缺陷一处扣 1 分		
程序与工艺（10%）		16	程序正确合理	5	每错一处扣 2 分		
		17	加工工序卡	5	不合理每处扣 2 分		
机床操作（10%）		18	机床操作规范	5	每错一处扣 2 分		
		19	工件、刀具装夹	5	每错一处扣 2 分		
安全文明生产（倒扣分）		20	安全操作	倒扣	安全事故停止操作或酌扣 5～30 分		
		21	机床整理	倒扣			

任务四　高级数控铣工技能训练实例四

能编制数控加工程序进行配合件的加工，掌握配合件的加工方法。

任务描述

试编写图 7-20 所示工件的加工程序，并在数控铣床上进行加工。

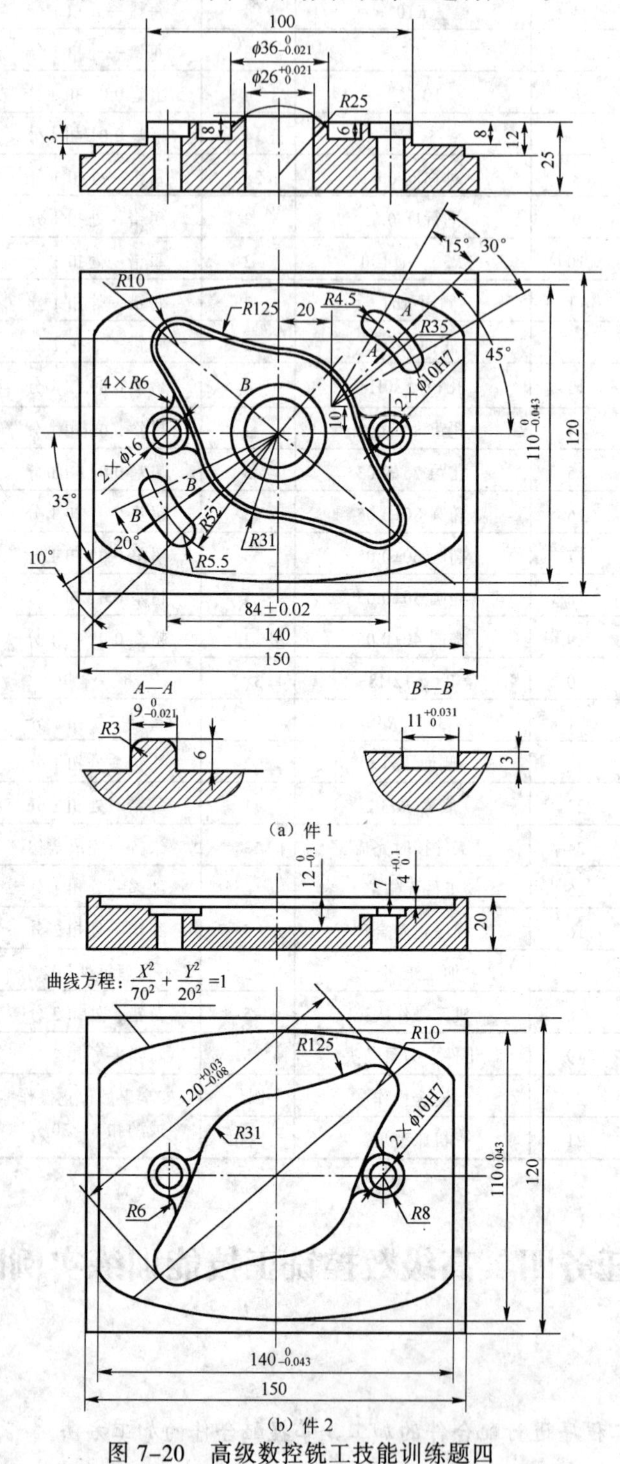

图 7-20　高级数控铣工技能训练题四

任务分析

该任务是数控铣床高级工职业技能鉴定课题。通过对该任务的编程与加工练习，进一步提高学生分析问题和解决问题的能力，顺利通过数控铣床高级工职业技能鉴定。为此，学生应了解数控铣床操作工的国家职业标准，并掌握数控机床的维护和保养等安全文明生产知识。

读图是零件加工的第一步，本题附加了零件三维视图，提高操作者的读图效率，节点坐标通过计算机绘图捕捉，零件的精度和配合要求需要操作者从尺寸公差、表面粗糙度及形位公差综合考虑。

零件图纸的工艺分析：零件类别属于盘类零件，每个零件都加工一个平面以及此平面上的孔系和曲线曲面。试题考核的重点是要求两件最终能互相配合，因此加工时要考虑如何保证配合面的自身尺寸精度和相互间的位置精度。

加工的要点分析：本题的配合面比较多，如何保证各配合面自身的精度以及配合面之间的配合精度是操作者要解决的问题，薄壁的加工更是该题的重点和难点，薄壁轮廓节点较多，空间较小，使用的刀具应检查是否干涉，另外在保证薄壁尺寸的同时要注意轮廓不能变形。

任务实施

一、件 1 的编程与加工操作

（一）程序编制

1. 编程原点的确定

由于工件外形轮廓不对称，根据编程原点的确定原则，为了方便编程过程中的计算，选取 $\phi 26_{0}^{+0.021}$ mm 孔中心的上平面作为编程原点。

2. 加工方案及加工路线的确定

（1）用 ϕ63 mm 面铣刀铣高为 25 mm 的面，留中间 ϕ36 mm 凸台，刀具运动路线如图 7–21 所示。

（2）用 ϕ63 mm 面铣刀铣高为 12 mm 的面，刀具运动路线如图 7–22 所示。

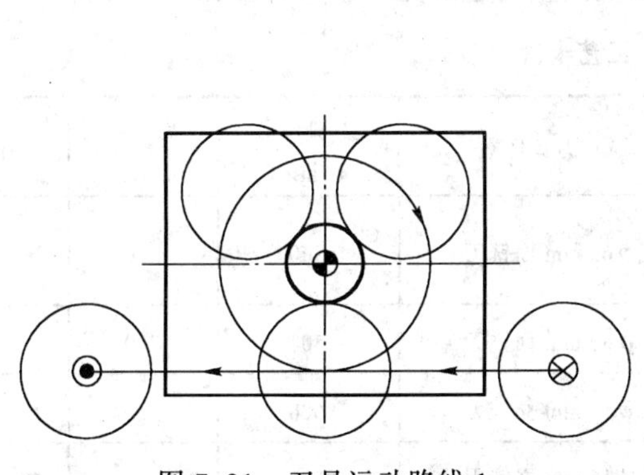

图 7–21　刀具运动路线 1

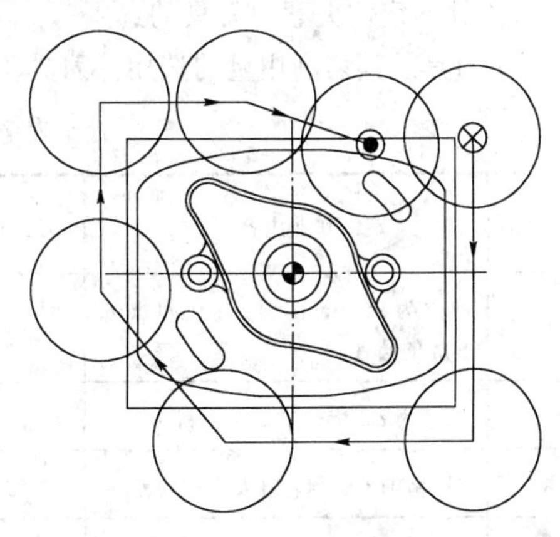

图 7–22　刀具运动路线 2

（3）用ϕ16 mm 立铣刀粗、精加工椭圆轮廓及去周边残料（%7401），刀具运动路线如图 7–23 所示。

（4）用ϕ16 mm 立铣刀粗加工薄壁外轮廓（%7402），刀具运动路线如图 7–24 所示。

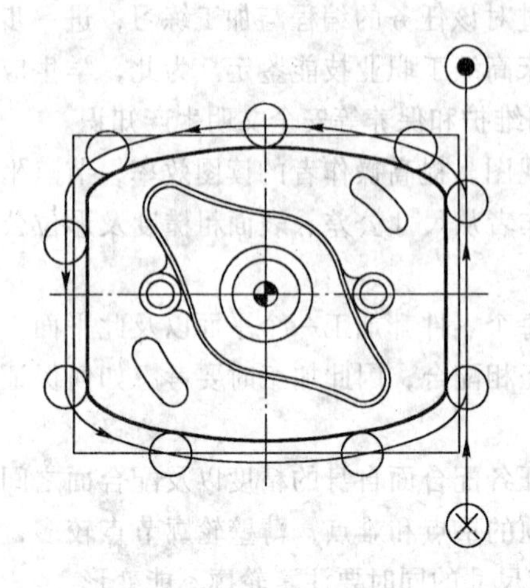
图 7–23 刀具运动路线 3

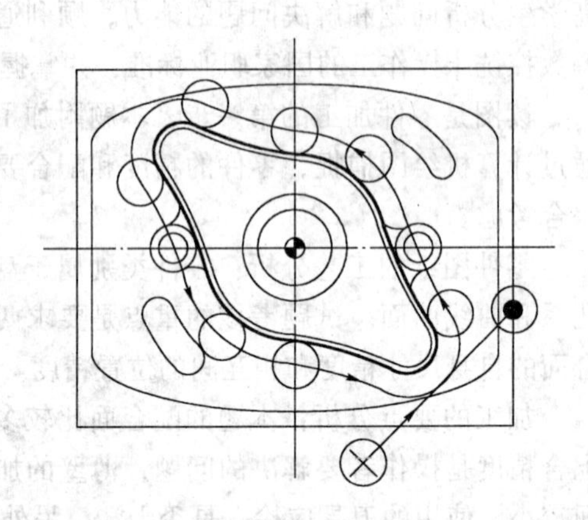
图 7–24 刀具运动路线 4

（5）用ϕ10 mm 立铣刀粗、精加工薄壁内轮廓及薄壁（含 *R*8 mm 圆形轮廓）（%7403~%7404），刀具运动路线如图 7–25 所示。

（6）用ϕ10 mm 立铣刀粗、精加工凸台，中间圆柱面（%7405~%7406）。

（7）用ϕ10 mm 键槽铣刀粗、精加工腰形槽（%7407）。

（8）用ϕ9.8 mm 钻头钻 2 × ϕ10mm 孔及中间孔（%7408）。

（9）用ϕ10 mm 铰刀铰 2 × ϕ10H7 孔（%7409）。

（10）用 2 × ϕ10 mm 球刀倒 *R*3 圆角和 *R*25 mm 圆角（%7410~%7411）。

（11）用ϕ20 mm 立铣刀扩中间孔。

（12）用镗刀镗中间孔。

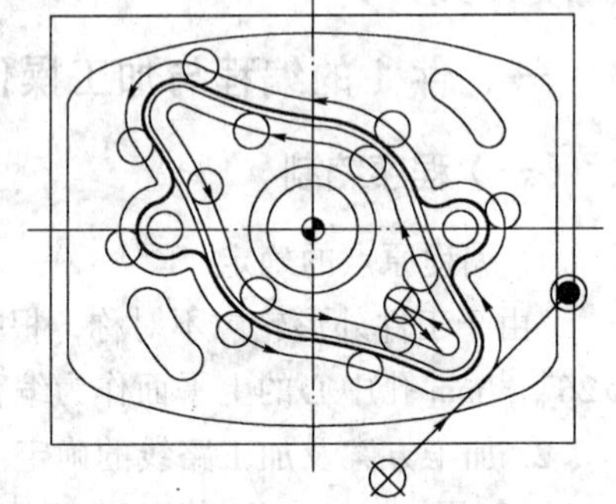
图 7–25 刀具运动路线 5

3. 工件的定位夹紧与刀具的选用

（1）刀具及其切削用量的选用。刀具及其切削用量的选用见工艺卡片（见表 7–8）。

表 7–8 工艺卡片

工序号	作业内容	刀具号	刀具规格	主轴转速 (r/min)	进给量 (mm/min)	备注
1	铣高为 25 mm 的面，留中间ϕ36 mm 的凸台	T01	ϕ63 mm 面铣刀	500	200	
2	铣高为ϕ17mm 的面（去料）	T01	ϕ63 mm 面铣刀	500	200	
3	粗、精加工椭圆轮廓及去周边残料	T02	ϕ16 mm 立铣刀	600	350	
4	粗加工外轮廓	T02	ϕ16 mm 立铣刀	600	350	

续表

工序号	作业内容	刀具号	刀具规格	主轴转速(r/min)	进给量(mm/min)	备注
5	粗、精加工薄壁内外轮廓及薄壁内含两 *R*8 mm 圆形轮廓	T03	ϕ10 mm 立铣刀	650	200	
6	粗、精加工凸台，中间腰柱台	T03	ϕ10 mm 立铣刀	650	200	
7	粗、精加工腰形槽	T04	ϕ10 mm 立铣刀	600	150	
8	点钻 2×ϕ10 mm 的孔及中间孔	T10	A3 mm 中心钻	1 200	120	
9	钻 2×ϕ10 mm 的孔及中间孔	T05	ϕ9.8 mm 钻头	630	100	
10	铰 2×ϕ10H7 孔	T05	ϕ10H7 铰刀	100	30	
11	倒 *R*3 mm 圆角和 *R*25 mm 圆角	T07	ϕ10 mm 球刀	2 000	800	

（2）工件的定位夹紧。本工件为单件加工。因此，在加工过程中选用通用夹具平口钳进行定位与装夹。在装夹过程中要注意平口钳的校正和工件装夹后的校正。

4. 工件基点的计算

本任务中的轮廓主要通过三角函数法或 CAD 作图找正法来进行基点计算，其计算相对较简单，请参照图样自行计算。

5. 编写加工工序卡（见表 7-8）

6.加工前准备

加工前的准备工作要看现有的工具并结合通用工艺方法来确定，一般采用机用平口钳装夹工件、找正。在孔加工的安排上，采用钻铰工艺，即先用钻头将孔钻出，再用铰刀铰至要求的尺寸，该方法加工效率高、成本低。

在加工凸起圆角时，采用球头刀具保证表面粗糙度，并准备好该工件需要用的其他刀具。

毛坯为 150 mm × 120 mm × 30 mm，六面已精磨。

7. 程序编制

```
%7401                                  用φ16 mm 立铣刀粗加工椭圆轮廓
G21;                                   设定单位制
G17G90G40G49G80G54;                    程序起始
G00 Z100;                              Z 轴快速抬刀至工件原点 100 mm 处
M08   ;                                冷却液开
X75. Y-80;                             保证下刀点在零件外
M3 S600;                               可以根据实际情况调整倍率控制转速
G01 Z-2. F300                          下刀
G42 G01 X70. Y-35.000 D01 F300;        建立刀补，根据实际情况调整倍率控制转速
G01 Y35   ;                            轮廓加工
#1=0;                                  起始角度
#2=180;                                终止角度
```

```
#3=70;                                椭圆长半轴
#4=20;                                椭圆短半轴
WHILE[#1 LT #2];                      循环判断语句
#5=#3*COS[#1];                        X轴动态变化值
#6=#4*SIN[#1];                        Y轴动态变化值
G01 X[#5]Y[#6]F500;                   椭圆轮廓加工
#1=#1+1;                              每次变化量
ENDW;                                 循环结束
G01 X-70 Y35;                         椭圆与直线的交点
Y-35                                  轮廓加工
#11=180;                              起始角度
#12=360;                              终止角度
#13=70;                               椭圆长半轴
#4=20;                                椭圆短半轴
WHILE[#1 LT #2];                      循环判断语句
#15=#13*COS[#11];                     X轴动态变化值
#16=#14*SIN[#11];                     Y轴动态变化值
G01 X[#15]Y[#16]F500;                 椭圆轮廓加工
#11=#11+1;                            每次变化量
ENDW;                                 循环结束
G01 Y80;                              退刀
G40 G0 Z100;                          取消刀补，快速提刀
M09;                                  冷却液关
M05;                                  主轴停转
M30;                                  程序停止
%7402                                 φ16 mm立铣刀粗加工薄壁外轮廓
G21;                                  设定单位制
G17G90G40G49G80G54;                   程序起始
G00 Z100;                             Z轴快速抬刀至工件原点100 mm处
X0 Y-80;                              保证下刀点在工件外
M08 M03 S600;                         可以根据实际情况调整倍率控制转速
G42 G01 X34.1576 Y-41.2400 D01 F300;  建立刀补，根据实际情况调整倍率控制转速
Z-2;                                  下刀
G03 X46.5449 Y-26.477 R10;            圆弧加工
G02 X29.7239 Y8.80274 R125;           圆弧加工
G03 X3.5074 Y30.80009R31;             圆弧加工
G02 X-34.1576 Y41.24 R125;            圆弧加工
```

G03 X-46.5449Y26.477 R10;　　圆弧加工
G02 X-29.7239 Y-8.8027 R125;　　圆弧加工
G03 X-3.5074 Y-30.8009 R31;　　圆弧加工
G02　X34.1576 Y-41.2400 R125;　　圆弧加工
G03 X46.5449 Y-26.4774 R10;　　圆弧加工
G00 Z100;　　快速提刀
G40X0Y-80;　　取消刀补
M09;　　冷却液关
M05;　　主轴停
M30;　　程序结束

%7403~%7404　　**ϕ10 mm 立铣刀粗，精加工薄壁内外轮廓及薄壁内含两 *R*8 mm 圆形轮廓**

%7403　　**薄壁内轮廓**
G21;　　设定单位制
G17G90G40G49G80G54;　　程序起始
G00 Z100;　　*Z* 轴快速抬刀至工件原点 100 mm 处
X22. Y-19;　　保证下刀点在零件薄壁外
M08 M03 S600;　　可以根据实际情况调整倍率控制转速
G01Z-2. F300　　下刀
G41 G01 X34.1576 Y-41.2400 D02 F300;　　建立刀补，刀补量应加上薄壁厚
G03 X46.5449 Y-26.4774R10;　　圆弧加工
G02 X29.7239 Y8.8027 R125;　　圆弧加工
G03 X3.5074 Y30.8009R31;　　圆弧加工
G02 X-34.1576 Y41.24 R125;　　圆弧加工
G03 X-46.5449Y26.477 R10;　　圆弧加工
G02 X-29.7239 Y-8.8027 R125;　　圆弧加工
G03 X-3.5074 Y-30.8009 R31;　　圆弧加工
G02　X34.1576 Y-41.2400 R125;　　圆弧加工
G03 X46.5449 Y-26.4774 R10;　　圆弧加工
G0 Z100;　　快速提刀
G40 X22. Y-19;　　取消刀补
M09;　　冷却液关
M05;　　主轴停
M30;　　程序结束

%7404　　**薄壁外轮廓含 *R*8 mm 圆形轮廓**
G21;　　设定单位制
G17G90G40G49G80G54;　　程序起始
G00 Z100;　　*Z* 轴快速抬刀至工件原点 100 mm 处

```
X0 Y-80;                                  保证下刀点在零件薄壁外
M08 M03 S600;                             可以根据实际情况调整倍率控制转速
G42 G01 X34.1576 Y-41.2400 D02 F300;      建立刀补，根据实际情况调整倍率控制转速
Z-2;                                      下刀
G03 X46.5449 Y-26.4774R10;                圆弧加工
G02 X40.3330 Y-16.5413 R125;              圆弧加工
G02 X44.0439 Y-7.73456 R6;                圆弧加工
G03 X37.9796 Y6.9164 R8;                  圆弧加工
G02 X29.2944 Y10.1409 R6;                 圆弧加工
G03 X3.5074 Y30.8009 R31;                 圆弧加工
G02 X-34.1576 Y41.200 R125;               圆弧加工
G03 X-46.5449 Y26.4774 R10;               圆弧加工
G02 X-40.3330 Y16.4513 R125;              圆弧加工
G02 X-44.0439 Y7.73456 R6;                圆弧加工
G03 X-37.9796 Y-6.9164 R8;                圆弧加工
G02 X-29.2944 Y-10.1409 R6;               圆弧加工
G03 X-3.5074 Y-30.8009 R31;               圆弧加工
G02 X34.1576 Y-41.2400 R125;              圆弧加工
G03 X46.5449 Y-26.4774 R10;               圆弧加工
G0 Z100;                                  快速提刀
G40 X0 Y-80;                              取消刀补
M09;                                      冷却液关
M05;                                      主轴停
M30;                                      程序结束
```

%7405~%7406　　ϕ10 mm 立铣刀粗，精加工凸台，中间圆柱台

%7405

```
G21;                                      设定单位制
G17G90G40G49G80G54;                       程序起始
G00 Z100;                                 Z轴快速抬刀至工件原点 100 mm 处
X100 Y80;                                 下刀点在零件薄壁外
M03 S600;                                 可以根据实际情况调整倍率控制转速
M08;                                      冷却液开
G01 Z-2. F300;                            下刀
#1=20+39.5*COS[60];                       凸台第一点 X坐标
#2=10+39.5*SIN[60];                       凸台第一点 Y坐标
#3=20+30.5*COS[60];                       凸台第二点 X坐标
#4=10+30.5*SIN[60];                       凸台第二点 Y坐标
#5=20+30.5*COS[30];                       凸台第三点 X坐标
```

#6=10+30.5*SIN[30];	凸台第三点 *Y* 坐标
#7=20+39.5*COS[30];	凸台第四点 *X* 坐标
#8=10+39.5*SIN[30];	凸台第四点 *Y* 坐标
G42 C01 X[#1] Y[#2] D02 F300;	建立刀补，根据实际情况调整倍率控制速度
G03 X[#3]Y[#4] R4.5;	圆弧加工
G02 X[#5]Y[#6]R30.5;	圆弧加工
G03 X[#7]Y[#8]R4.5;	圆弧加工
G03 X[#1]Y[#2]R39.5;	圆弧加工
G1 X35 Y60;	退刀
G0 Z100;	快速提刀
G40 X100 Y80;	取消刀补
M09;	冷却液关
M05;	主轴停
M30;	程序结束
%7406	**加工中间圆柱台**
G21;	设定单位制
G17G90G40G49G80G54;	程序起始
G00 Z100;	恢复初始状态，*Z*轴快速抬刀至工件原点上方 100 mm 处
X22.Y-19;	保证下刀点在薄壁和中间圆柱台之间
M08M3 S600;	可以根据实际情况调整倍率控制转速
G01 Z-2 F300;	下刀
G4Z G01 X18.Y0.000 D02 F300;	建立刀补，根据实际情况调整倍率控制速度
G03 X18Y0 I-18 J0;	加工整圆
G01 X18 Y10;	退刀
G0 Z100;	快速提刀
G40 X22.Y-19;	取消刀补
M09;	冷却液关
M05;	主轴停
M30;	程序结束
%7407	**用 ϕ10 mm 键槽铣刀粗、精加工腰形槽**
G21;	设定单位制
G17G90G40G49G80G54;	程序起始
G00 Z100;	恢复初始状态，*Z*轴快速抬刀至工件原点上方 100 mm 处
X0 Y0;	加刀补前的起点位置
M3 S600;	可以根据实际情况调整倍率控制转速
#1=57.5*COS[195];	腰形槽第一点 *X* 坐标

```
#2=57.5*SIN[l95];                 腰形槽第一点 Y坐标
#3=57.5*COS[225];                 腰形槽第二点 X坐标
#=57.5*S1N[225];                  腰形槽第二点 Y坐标
#5=[52-5.5]*COS[225];             腰形槽第三点 X坐标
#6=[52-5.5]*SIN[225];             腰形槽第三点 Y坐标
#7=[52-5.5]*COS[195];             腰形槽第四点 X坐标
#8-[52-5.5]*SIN[l95];             腰形槽第四点 Y坐标
G41 G01 X[#1] Y[#2] D02 F300;     建立刀补，根据实际情况调整倍率控制速度
Z-2:                              下刀
G03 X[#3] Y[#4] R4.5;             圆弧加工
G02 X[#5]Y[#6]R30.5;              圆弧加工
G03 X[#73 Y[#8]R4.5;              圆弧加工
G03 X[#1]Y[#2]R39.5               圆弧加工
G0 Z100;                          快速提刀
G40 X0 Y0;                        取消刀补
M09;                              冷却液关
M05;                              主轴停
M30;                              程序结束
```

%7408 **用 ϕ9.8 mm 钻头钻 2× ϕ10 mm 孔及中间孔**

```
G21;                              设定单位制
G17G90G40G49G80G54;               程序起始
G00 Z100;                         恢复初始状态，Z轴快速抬刀至工件原点上 100 mm 处
X0 Y0 ;                           快速定位
M08;                              冷却液开
M3S600;                           可以根据实际情况调整倍率控制转速
G81 X42 Y0 R5 Z-25 F100;          钻孔加工
X-42.Y0;                          继续钻孔循环
G00 Z100;                         快速提刀
M09;                              冷却液关
M05;                              主轴停
M30;                              程序结束
```

%7409 **用 ϕ10 mm 铰刀铰 2× ϕ10H7 孔**

```
G21;                              设定单位制
G17G90G40G49G80G54;               程序起始
G00 Z100;                         恢复初始状态，Z轴快速抬刀至工件原点上 100 mm 处
X0 Y0 ;                           快速定位
M03S100;                          可以根据实际情况调整倍率控制转速
```

M08;	冷却液开
G98G85X42Y0R5Z-25F30;	铰孔
X-42;	铰孔
G00Z100;	快速提刀
M09;	冷却液关
M05;	主轴停
M30;	程序结束
%7410~%7411	**用ϕ10 mm 球刀倒 *R*3 mm 圆角和 *R*25 mm 圆角**
%7410	**倒 *R*3 mm 圆角**
G21;	设定单位制
G17G90G40G49G80G54;	程序起始
G00 Z100;	*Z*轴快速抬刀至工件原点 100 mm 处
X80 Y80;	下刀点在零件薄壁外
M03 S1800;	可以根据实际情况调整倍率控制转速
M08;	冷却液开
#1=20+39.5*COS[60];	凸台第一点 *X*坐标
#2=10+39.5*SIN[60];	凸台第一点 *Y*坐标
#3=20+30.5*COS[60];	凸台第二点 *X*坐标
#4=10+30.5*SIN[60];	凸台第二点 *Y*坐标
#5=20+30.5*COS[30];	凸台第三点 *X*坐标
#6=10+30.5*SIN[30];	凸台第三点 *Y*坐标
#7=20+39.5*COS[30];	凸台第四点 *X*坐标
#8=10+39.5*SIN[30];	凸台第四点 *Y*坐标
#51=90;	起始角度
#52=0;	终止角度
#53=5;	刀具半径
#54=3;	圆角半径
WHILE[#51 LE #52];	循环语句判断
#55=（#53+#54）*COS[#51]-#53-#54;	*Z*值动态变化值
#116=（#53+#54）*SIN[#51]-#54;	半径补偿动态变化
G01 Z[#55];	下刀
G42 G01 X[#1] Y[#2] D[116] F300;	建立刀补
G03 X[#3] Y[#2] R4.5;	圆弧加工
G02 X[#5] Y[#6] R30.5;	圆弧加工
G03 X[#7] Y[#8] R3.5;	圆弧加工
G02 X[#1] Y[#2] R39.5;	圆弧加工
G01 X60. Y60;	退刀

```
X80.Y80;              回到起点
#51=#51-5;            每次变化量
ENDW;                 循环结束
G40 G0 Y0;            取消刀补
M09;                  冷却液关
M05;                  主轴停
M30;                  程序结束
```

（二）加工操作

（1）机床回零。

（2）测量工件两侧边平行度和工件底面平面度，确认是否满足装夹定位要求；如果不满足应增加修正工件，并记录四边实际测量值。

（3）选用平口虎钳装夹工件，伸出钳口不少于 12 mm，并用百分表找正。

（4）装刀，并对刀，确定 G54 坐标系。

（5）输入程序并校验。

（6）按工艺要求进行加工。

（7）检验工件。

二、件 2 的编程与加工操作

（一）程序编制

1. 编程原点的确定

由于工件外形轮廓不对称，根据编程原点的确定原则，为了方便编程过程中的计算，选取工件顶面的形状中心作为编程原点。

2. 加工方案及加工路线的确定

（1）用 ϕ80 mm 面铣刀铣顶面，刀具运动路线如图 7-26 所示。

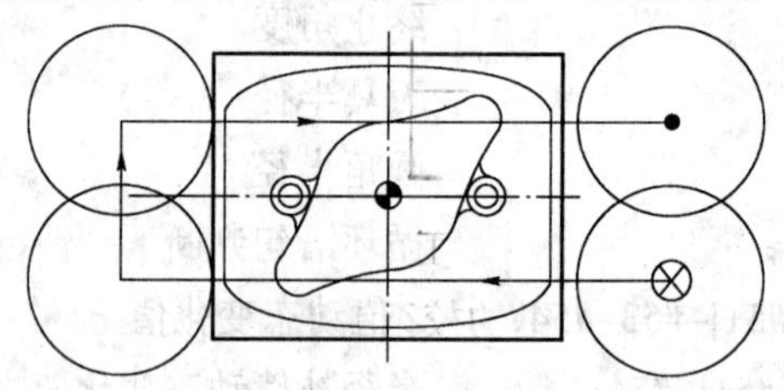

图 7-26　刀具运动路线

（2）用 ϕ20 mm 立铣刀粗加工椭圆轮廓（%7412），刀具运动路线如图 7-27 所示。

（3）用 ϕ20 mm 立铣刀精加工椭圆轮廓。

（4）用 ϕ12 mm 立铣刀粗加工内轮廓及含两 R8 mm 圆形轮廓（%7413~%7414），刀具运动路如图 7-28 所示。

（5）用 ϕ12 mm 立铣刀精粗加工内轮廓及含两 R8mm 圆形轮廓，刀具运动路如图 7-28 所示。

（6）用 ϕ9.8 mm 钻头钻 2 × ϕ10 mm 孔（%7415）。

（7）用 ϕ10 mm 铰刀铰 2 × ϕ10 mm 孔（%7416）。

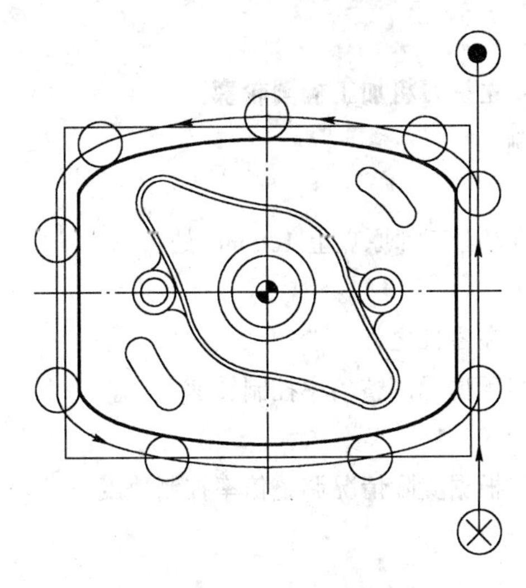

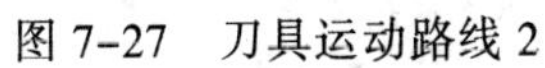

图 7-27　刀具运动路线 2

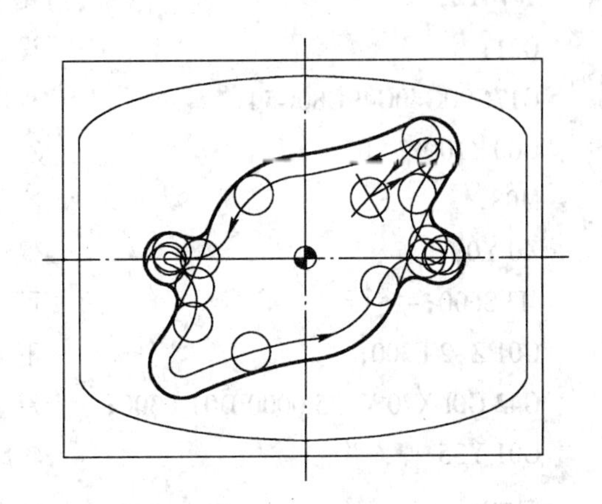

图 7-28　刀具运动路线 3

3. 工件的定位夹紧与刀具的选用

（1）刀具及其切削用量的选用。刀具及其切削用量的选用见工艺卡片（见表 7-9）。

表 7-9　工艺卡片

工序号	作业内容	刀具号	刀具规格	主轴转速 (r/min)	进给量 (mm/min)	备注
1	粗加工椭圆轮廓	T01	ϕ20 mm 立铣刀	500	350	
2	精加工椭圆轮廓	T02	ϕ20 mm 立铣刀	1 200	200	
3	粗加工内轮廓及含两 R8 mm 圆形轮廓	T03	ϕ12 mm 立铣刀	600	350	
4	精加工内轮廓及含两 R8 mm 圆形轮廓	T04	ϕ12mm 立铣刀	1 200	200	
5	点钻 2× ϕ10 mm 孔及中间孔	T10	A3 mm 中心钻	1 200	120	
6	钻 2× ϕ10 mm 孔	T05	ϕ9.8 mm 钻头	600	100	
7	铰 2× ϕ10H7 mm 孔	T06	ϕ10H7 铰刀	100	35	

（2）工件的定位夹紧。本工件为单件加工。因此，在加工过程中选用通用夹具平口钳进行定位与装夹。在装夹过程中要注意平口钳的校正和工件装夹后的校正。

4. 工件基点的计算

本任务中的轮廓主要通过三角函数法或 CAD 作图找正法来进行基点计算，其计算相对较简单，请参照图样自行计算。

5. 编写加工工序卡（见表 7-9）

6. 加工前准备

加工件 2 前，在保证工件厚度的同时，要考虑装夹的稳定性，同时要满足两件的装配要求。1、2 号件有多处配合，在加工中必须通过公差带的计算解决过定位造成装配困难的问题。在孔加工的工艺安排上，采用件 1 的钻铰工艺。

毛坯为 150mm×120mm×20mm，六面已精磨。

7. 参考程序

```
%7412;                                  用φ20 mm立铣刀粗加工椭圆轮廓
G21;                                    设定单位制
G17G90G40G49G80G54;                     程序起始
G00 Z100;                               Z轴快速抬刀至工件原点上100 mm处
M08;                                    冷却液开
X0 Y0;                                  保证下刀点在零件之外
M3 S600;                                可以根据实际情况调整倍率控制转速
G01 Z-2 F300;                           下刀
G42 G0l X70 Y-35.0000 D01 F300;         建立刀补，根据实际情况调整倍率控制速度
G01 Y35;                                轮廓加工
#1=0;                                   起始角度
#2=180;                                 终止角度
#3=70;                                  椭圆长半轴
#4=20;                                  椭圆短半轴
WHILE[#1LT#2];                          循环判断语句
#5=#3*C0S[#1];                          X轴动态变化值
#6=#4*SIN[#1];                          Y轴动态变化值
G01 X[#5]Y[#6]F500;                     椭圆轮廓加工
#1-#l+1;                                每次变化量
ENDW;                                   循环结束
G01 X-70 Y35;                           椭圆与直线交点
Y-35;                                   轮廓加工
#11=180;                                起始角度
#12=360;                                终止角度
#13=70;                                 椭圆长半轴
#14=20;                                 椭圆短半轴
WHILE[#1LT#2];                          循环判断语句
#15=#13*C0S[#11];                       X轴动态变化值
#16=#14*SIN[#11];                       Y轴动态变化值
G01 X[#15]Y[#16]F500;                   椭圆轮廓加工
#11=#11+1;                              每次变化量
ENDW;                                   循环结束
G01 Y80;                                退刀
G40 X0 Y0;                              取消刀补
G0 Z100;                                快速提刀
```

M09;　　冷却液关
M05;　　主轴停转
M30;　　程序结束

%7413~%7414　　**用 ϕ12 mm 立铣刀粗加工内轮廓及含两 *R*8 mm 圆形轮廓**

%7413;　　**薄壁内轮廓**

G21;　　设定单位制
G17G90G40G49G80G54;　　程序起始
G00 Z100;　　*Z* 轴快速抬刀至工件原点上 100 mm 处
X22 Y19;　　保证下刀点在零件之外
M08;　　冷却液开
M3 S600;　　可以根据实际情况调整倍率控制转速
G01 Z-2 F300;　　建立刀补，刀补量应加上薄壁厚
G41 G01 X34.1576 Y41.2400 D02 F900;　　下刀
G03 X46.5449 Y26.4774 R10:　　圆弧加工
G02 X29.7239 Y-8.8027 R125:　　圆弧加工
G03 X3.5074 Y-30.8009 R31;　　圆弧加工
G02 X-34.1576 Y-41.2400 R125;　　圆弧加工
G03 X-46.5449 Y-26.4774 R10:　　圆弧加工
G02 X 29 7239 Y8.8027 R125;　　圆弧加工
G03 X-3.5074 Y30.8009 R31;　　圆弧加工
G02 X34.1578 Y41.2400 R125;　　圆弧加工
G03 X46.5449 Y26.4774 R10;　　圆弧加工
G0 Z100;　　快速提刀
G40 X22 Y19;　　取消刀补
M09;　　冷却液关
M05;　　主轴停转
M30;　　程序结束

%7414;　　**薄壁外轮廓含两 *R*8 圆形轮廓**

G21;　　设定单位制
G17G90G40G49G80G54;　　程序起始
G00 Z100;　　恢复初始状态，*Z* 轴快速抬刀至工件原点上 100 mm 处
M08;　　冷却液开
X22 Y-19;　　保证下刀点在零件之外
M3 S600;　　可以根据实际情况调整倍率控制转速
G41 G0l X34 1576 Y-41.2400 D02 F300;　　建立刀补，根据实际情况调整倍率控制速度
Z-2;　　下刀

```
G03 X46.5449 Y-26.4774 R10:           圆弧加工
G02 X40.3330 Y-16.4513 R125;          圆弧加工
G02 X44.0439 Y-7.7345 R6;             圆弧加工
G03 X37.9796 Y6.9164 R8;              圆弧加工
G02 X29.2944 Y10.1409 R6;             圆弧加工
G03 X3.5074 Y30.8009 R31;             圆弧加工
G02 X-34.1576 Y4l.2400 R125;          圆弧加工
G03 X-46.5449 Y26.4774 R10;           圆弧加工
G02 X-40.3330 Y16.4513 R125;          圆弧加工
G02 X 44.0439 Y7.7345 R6;             圆弧加工
G03 X 37.9796 Y-6.9164 R8;            圆弧加工
G02 X 29.2944 Y-10 1409 R6;           圆弧加工
G03 X-3.5074 Y   30 8009 R3;          圆弧加工
G02 X34.1576 Y-41.2400 R125;          圆弧加工
G03 X46.5449 Y-26.4774 R10;           圆弧加工
G0 Z100;                              快速提刀
G40 X22 Y-19;                         取消刀补
M09;                                  冷却液关
M05;                                  主轴停转
M30;                                  程序结束
```

%7415;　　　　**用ϕ9.8钻头钻2×ϕ10 mm孔及中间孔**

```
G21;                                  设定单位制
G17G90G40G49G80G54;                   程序起始
G00 Zl00;                             恢复初始状态，Z轴快速抬刀至工件原点上
                                        100 mm处
X0.0000 Y0.0000;                      快速定位
M08;                                  冷却液开
M3 S600;                              可以根据实际情况调整倍率控制转速
X42 Y0.0000 R5.Z-25 Fl00;             钻孔加工
X-42 Y0.0000;                         继续钻孔循环
G0 Zl00;                              快速提刀
M09;                                  冷却液关
M05;                                  主轴停转
M30;                                  程序结束
```

%7416　　　　**用ϕ10 mm铰刀铰2×ϕ10H7孔**

```
G21;                                  设定单位制
```

G17G90G40G49G80G54;	程序起始
G00 Zl00;	恢复初始状态，Z轴快速抬刀至工件原点上 100 mm 处
X0.0000 Y0.0000;	快速定位
M08;	冷却液开
M3 S100;	铰孔低转速
G85 X42 Y0.0000 R5.Z-25.F30;	铰孔
X-42.Y0.0000;	铰孔
G0 Z100;	快速提刀
M09;	冷却液关
M05;	主轴停转
M30;	程序结束

（二）加工操作

（1）机床回零。

（2）测量工件两侧边平行度和工件底面平面度，确认是否满足装夹定位要求，如果不满足应增加修正工件，并记录四边实际测量值。

（3）选用平口虎钳装夹工件，伸出钳口不少于 12 mm，并用百分表找正。

（4）装刀，并对刀，确定 G54 坐标系。

（5）输入程序并校验。

（6）按工艺要求进行加工。

（7）检验工件。

表 7-10 高级数控铣工技能训练四配分权重表

工件编号			项目和配分		总得分		
项目与配分		序号	技术要求	配分	评分标准	检测记录	得分
件 1	椭圆	1	$140_{-0.043}^{0}$	3	超差 0.01 扣 1 分		
		2	$110_{-0.043}^{0}$	3	超差 0.01 扣 1 分		
	薄壁	3	$1.8_{-0.05}^{-0.02}$	3	超差不得分		
		4	$\phi 62_{-0.043}^{0}$	3	超差 0.01 扣 1 分		
		5	$120_{-0.05}^{0}$	2	超差 0.01 扣 1 分		
		6	$6_{0}^{+0.1}$	2	超差 0.01 扣 1 分		
		7	$8_{-0.1}^{0}$	2	超差 0.01 扣 1 分		
		8	$120_{-0.05}^{0}$	2	每错一处扣 1 分		
	凸台	9	$9_{-0.021}^{0}$	2	每错一处扣 1 分		
		10	$Ra3.2$	4	每降一级扣 2 分		
		11	$6_{0}^{+0.1}$	2	超差 0.05 扣 1 分		

续表

工件编号				总得分			
项目与配分		序号	技术要求	配分	评分标准	检测记录	得分
件 1	槽	12	$11^{+0.021}_{0}$	4	超差 0.01 扣 1 分		
		13	$3^{+0.1}_{0}$	2	超差 0.05 扣 1 分		
	φ10 孔	14	（84±0.02）	2	超差 0.01 扣 1 分		
		15	ϕ10H7	3	超差不得分		
	中间孔	16	$26^{+0.021}_{0}$	3	超差 0.01 扣 1 分		
	圆台	17	$36^{+0.021}_{0}$	2	超差 0.01 扣 1 分		
	圆角	18	*R*3	2	超差不得分		
		19	*R*25	2	超差不得分		
件 2	椭圆	20	$140^{+0.043}_{0}$	3	超差 0.01 扣 1 分		
		21	$110^{+0.043}_{0}$	3	超差 0.01 扣 1 分		
		22	$4^{0}_{-0.1}$	2	超差 0.05 扣 1 分		
	内轮廓	23	$120^{+0.06}_{+0.03}$	3	超差 0.01 扣 1 分		
		24	$12^{0}_{-0.1}$	2	超差 0.05 扣 1 分		
	φ10 孔	25	（84±0.02）	2	超差 0.01 扣 1 分		
		26	ϕ10H7	3	超差不得分		
配合（10%）	主体配合	27	配合间隙小于 0.1	6	间隙超差 0.05 扣 3 分		
	销钉配合	28	配合间隙小于 0.03	4	间隙超差 0.01 扣 2 分		
其他(5%)		24	工件按时完成	3	未按时完成全扣		
		25	工件无缺陷	2	缺陷一处扣 1 分		
程序与工艺（10%）		16	程序正确合理	5	每错一处扣 2 分		
		17	加工工序卡	5	不合理每处扣 2 分		
机床操作（10%）		18	机床操作规范	5	每错一处扣 2 分		
		19	工件、刀具装夹	5	每错一处扣 2 分		
安全文明生产（倒扣分）		20	安全操作	倒扣	安全事故停止操作或酌扣 5～30 分		
		21	机床整理	倒扣			

任务五　高级数控铣工技能训练实例五

学习目标

能编制数控加工程序进行配合件的加工，掌握配合件的加工方法。

任务描述

编制图 7-29 所示工件的加工程序。

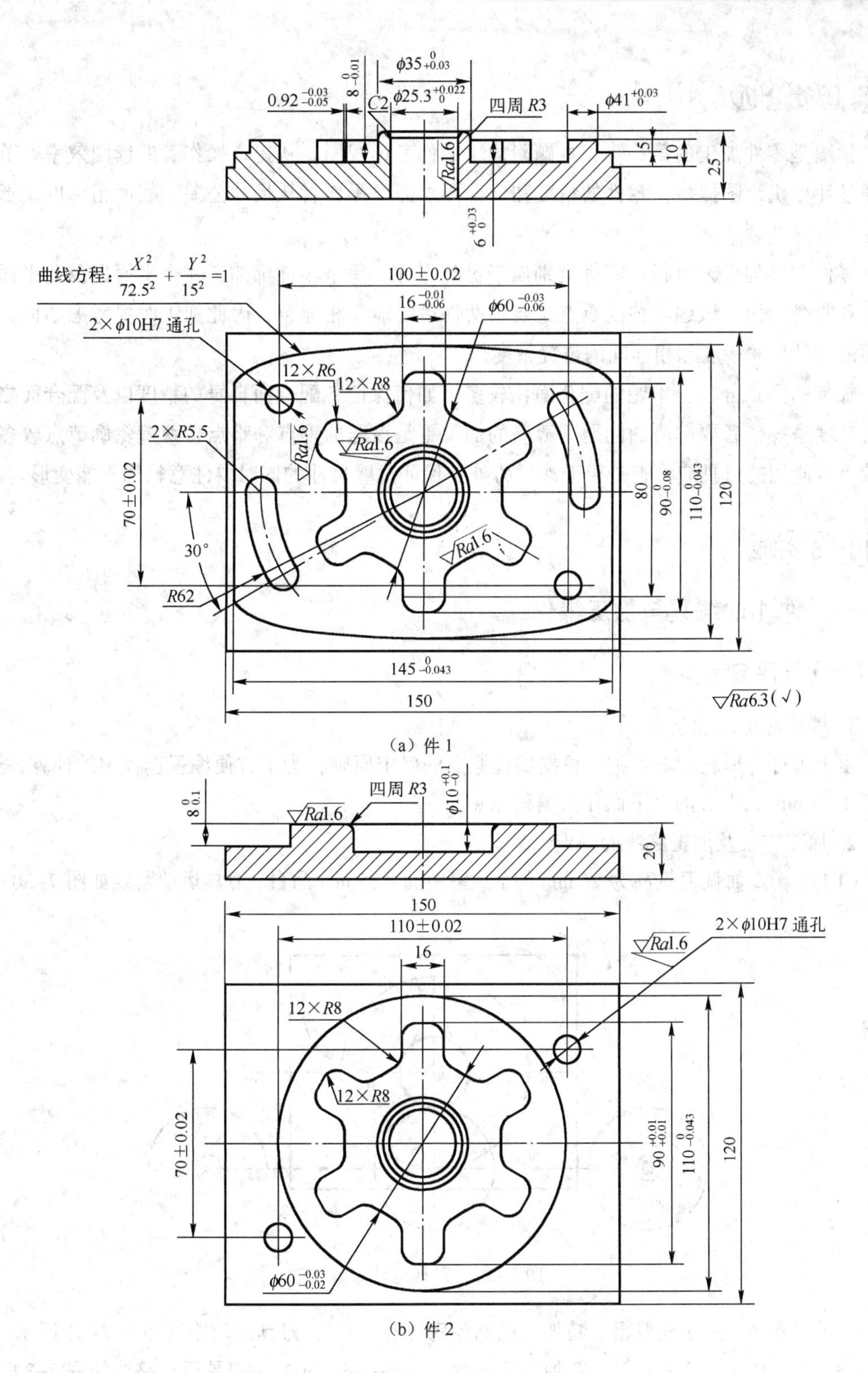

(a) 件 1

(b) 件 2

图 7-29　高级数控铣工技能训练实例五

任务分析

读图是零件加工的第一步，本题附加了零件三维视图，从提高操作者的读图效率，节点坐标通过计算机绘图捕捉，零件的精度和配合要求需要操作者从尺寸公差、表面粗糙度及形位公差综合考虑。

零件图样的工艺分析：零件类别属于盘类零件，每个零件都加工一个平面以及此平面上的孔系和曲线曲面。试题考核的重点是要求两件最终能互相配合，因此加工时要考虑如何保证配合面的自身尺寸精度和相互间的位置精度。

加工的要点分析：本题的配合面比较多，如何保证各配合面自身的精度以及配合面之间的配合精度是操作者要解决的问题，薄壁的加工更是该题的重点和难点，薄壁轮廓节点较多，空间较小，使用的刀具应检查是否干涉，另外在保证薄壁尺寸的同时要注意轮廓不能变形。

任务实施

一、件 1 的编程与加工操作

（一）程序编制

1. 编程原点的确定

由于工件外形轮廓不对称，根据编程原点的确定原则，为了方便编程过程中的计算，选取 $\phi 25.3^{+0.022}_{0}$ mm 孔中心的上平面作为编程原点。

2. 加工方案及加工路线的确定

（1）用 ϕ63 面铣刀铣高为 25 mm 的面，留中间 ϕ35 mm 凸台，刀具运动路线如图 7-30 所示。

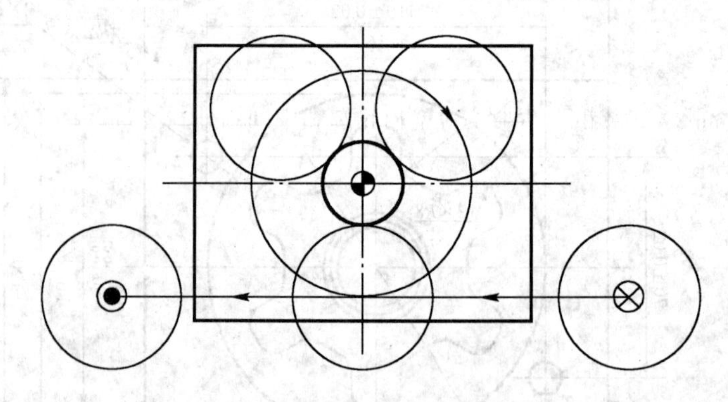

图 7-30　刀具运动路线 1

（2）用 ϕ16 mm 立铣刀粗、精加工椭圆轮廓（%7501），刀具运动路线如图 7-31 所示。

（3）用 ϕ10 mm 立铣刀粗、精加工两凸台（%7502~%7503），刀具运动路线如图 7-32 所示。

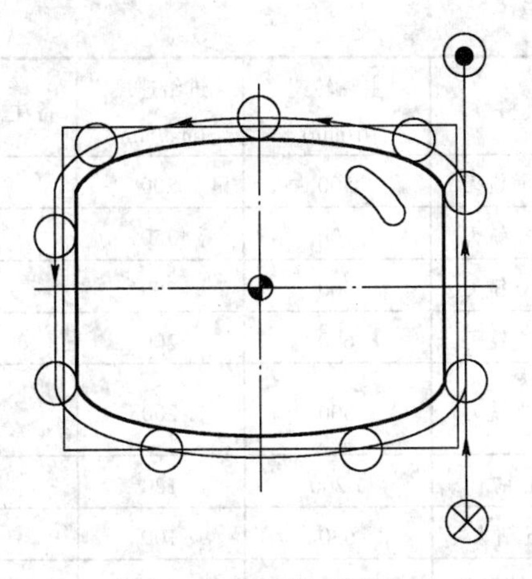

图 7-31　刀具运动路线 2

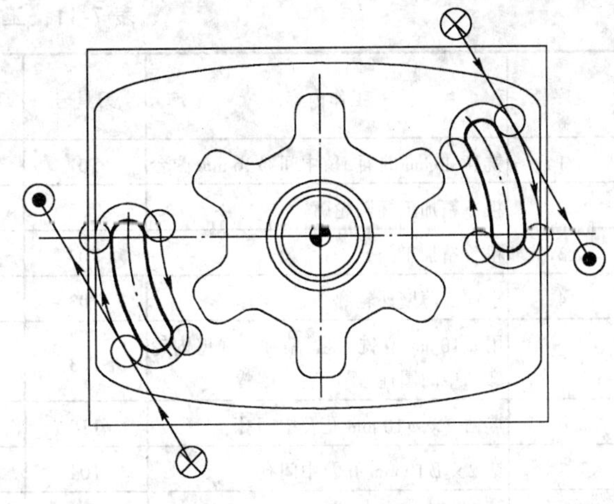

图 7-32　刀具运动路线 3

（4）用 ϕ10 mm 立铣刀粗加工薄壁外轮廓（%7504），刀具运动路线如图 7-33 所示。

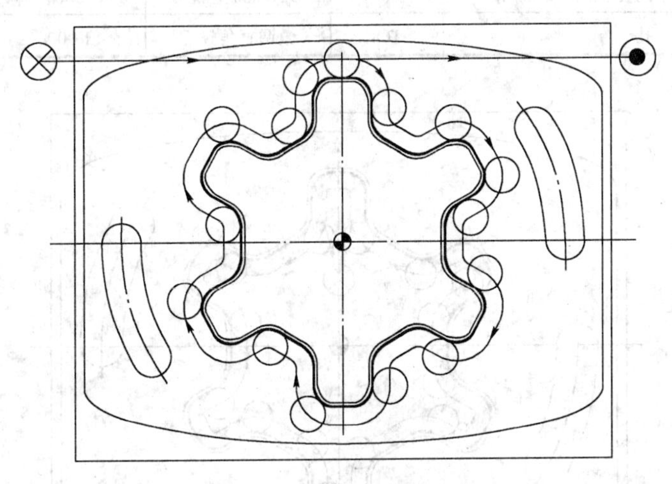

图 7-33　刀具运动路线 4

（5）用 ϕ10 mm 立铣刀粗、精加工薄壁内轮廓和中间圆柱台（%7505~%7506），刀具运动路线 5 如图 7-34 所示。

（6）用 ϕ9.8 mm 钻头钻 2×ϕ10 mm 孔及中间孔（%7507）。

（7）用 ϕ10 mm 铰刀铰 2×ϕ10H7 孔（%7508）。

（8）用 ϕ10 球刀倒 R3mm 圆角（%7509）。

（9）用 ϕ20 mm 立铣刀扩中间孔及倒 C2 mm 角（%7510）。

（10）用镗刀镗中间孔。

3. 工件的定位夹紧与刀具的选用

（1）刀具及其切削用量的选用。刀具及其切削用量的选用见工艺卡片（见表 7-11）。

（2）工件的定位夹紧。本工件为单件加工。因此，在加工过程中选用通用夹具平口钳进行定位与装夹。在装夹过程中要注意平口钳的校正和工件装夹后的校正。

表 7-11　工艺卡片

工序号	工作内容	刀具号	刀具规格	主轴转速 (r/min)	进给速度 (mm/min)	备注
1	铣高 25mm 的面，留中间 ϕ36 mm 凸台	T01	ϕ63 mm 面铣刀	500	200	
2	粗、精加工椭圆轮廓	T02	ϕ16 mm 立铣刀	600	350	
3	粗、精加工凸台	T03	ϕ10 mm 立铣刀	600	200	
4	粗加工薄壁外轮廓	T03	ϕ10 mm 立铣刀	600	200	
5	用 ϕ10 mm 立铣刀粗、精加工薄壁内轮廓和中间圆柱台	T03	ϕ10 mm 立铣刀	600	200	
6	点钻 2× ϕ10 mm 孔及中间孔	T10	A3 中心钻	1 200	120	
7	钻 2× ϕ10 mm 孔及中间孔	T04	ϕ9.8 mm 钻头	630	100	
8	铰 2× ϕ10H7 孔	T05	ϕ10H7 铰刀	100	30	
9	倒 R3 mm 圆角	T06	ϕ10 mm 镗刀	2 000	800	
10	用立铣刀扩中间孔及倒 C2 mm 角	T07	ϕ20 mm 立铣刀	500	200	
11	用镗刀镗中间孔	T08	微调直角镗刀	1 800	50	

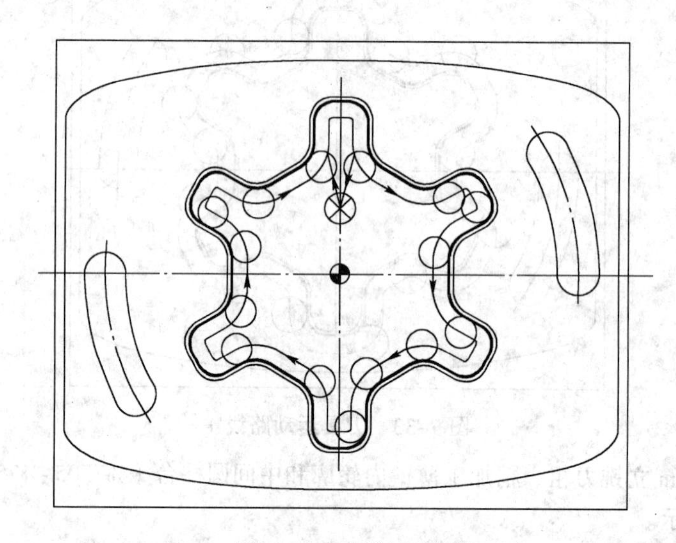

图 7-34　刀具运动路线 5

4. 工件基点的计算

本任务中的轮廓主要通过三角函数法或 CAD 作图找正法来进行基点计算，其计算相对较简单，请参照图样自行计算。

5. 编写加工工序卡（见表 7-11）

6. 加工前准备

现场提供毛坯为 150 mm×120 mm×25 mm,六面均已精磨。在装夹时找正，保证零件的高度，根据现有的工具并结合通用工艺来确定，采用机用平口钳装夹工件。

在加工凸起圆角时，采用球头刀具保证粗糙度，并准备好该工件需要用到的其他刀具。

7. 程序编制

```
%7501;                              用φ16 mm立铣刀粗加工椭圆轮廓
G21;                                设定单位制
G17G90G40G49G80G54;                 程序起始
G00 Z100;                           Z轴快速抬刀至工件原点上100 mm处
M08;                                冷却液开
X75 Y-80;                           快速定位，保证下刀点在零件之外
M3 S600;                            可以根据实际情况调整倍率控制转速
G01 Z-2 F300;                       下刀
G42 G01 X72.5 Y-40.0000 D01 F300;   建立刀补，根据实际情况调整倍率控制转速
G01 Y40;                            轮廓加工
#1=0;                               起始角度
#2=180;                             终止角度
#3=72.5;                            椭圆长半轴
#4=15;                              椭圆短半轴
WHILE[#1LT#2];                      循环判断语句
#5=#3*COS[#1];                      X轴动态变化值
#6=#4*SIN[#1];                      Y轴动态变化值
G01 X[#5] Y[#6] F500;               椭圆轮廓加工
#1=#2+1;                            每次变化量
ENDW;                               循环结束
G01 X-72.5 Y40;                     椭圆与直线交点
Y-40;                               轮廓加工
#11=180;                            起始角度
#12=360;                            终止角度
#13=72.5;                           长半轴长
#14=15;                             短半轴长
WHILE[#1LT#2];                      循环判断语句
#15=#13*COS[#11];                   X轴动态变化值
#16=#14*SIN[#11];                   Y轴动态变化值
G01 X[#15] Y[#16] F500;             椭圆铣削加工
#11=#11=1;                          每次变化量
ENDW;                               循环结束
G01 Y80;                            退刀
G40 X75 Y-80;                       取消刀补
G0 Z100;                            快速提刀
M09;                                冷却液关
M05;                                主轴停转
M30;                                程序结束
%7502 ~%7503                        用φ10 mm立铣刀粗、精加工两凸台
```

```
%7502                               粗精铣右上凸台
G21;                                设定单位制
G17G90G40G49G80G54;                 程序起始
G00 Z100;                           Z轴快速抬刀至工件原点上 100 mm 处
M08;                                冷却液开
X100 Y60;                           快速定位
M3 S600;                            可以根据实际情况调整倍率控制转速
G01 Z-2 F300;                       下刀
#11=62.0+5.5;                       凸台大半径
#12=62.0-5.5;                       凸台小半径
#1=#11*COS[30];                     凸台第一点 X坐标
#2=#11*SIN[30];                     凸台第一点 Y坐标
#3=#12*COS[30];                     凸台第一点 X坐标
#4=#12*SIN[30];                     凸台第二点 Y坐标
#5=12*COS[0];                       凸台第三点 X坐标
#6=12*SIN[0];                       凸台第三点 Y坐标
#7=11*COS[0];                       凸台第四点 X坐标
#8=#11*SIN[0];                      凸台第四点 Y坐标
G42 G01 X[#1] Y[#2] D02 F300;       建立刀补，根据实际情况调整倍率控制转速
G03 X[33] Y[#4] R5.5;               圆弧加工
G02 X[#5] Y[#6] R#12;               圆弧加工
G03 X[#7] Y[#8] R5.5;               圆弧加工
G03 X[#1] Y[#2] R#11;               圆弧加工
G01 X60 Y60;                        退刀
G0 Z100;                            快速提刀
G40 X100 Y60;                       取消刀补
M09;                                冷却液关
M05;                                主轴停转
M30;                                程序结束
%7503                               粗精铣左下凸台
G21;                                设定单位制
G17G90G40G49G80G54;                 程序起始
G00 Z100;                           Z轴快速抬刀至工件原点上 100 mm 处
G68 X0 Y0 P180;                     建立旋转坐标，旋转角度为 180°
X100 Y60;                           刀具定位
M3 S600;                            可以根据实际情况调整倍率控制转速
G01 Z-2 F300;                       下刀
#11=62.0+5.5;                       凸台大半径
#12=62.0-5.5;                       凸台小半径
```

```
#1=#11*COS[30];                      凸台第一点 X坐标
#2=#11*SIN[30];                      凸台第一点 Y坐标
#3=#12*COS[30];                      凸台第二点 X坐标
#4=#12*SIN[30];                      凸台第二点 Y坐标
#5=12*COS[0];                        凸台第三点 X坐标
#6=12*SIN[0];                        凸台第三点 Y坐标
#7=11*COS[0];                        凸台第四点 X坐标
#8=#11*SIN[0];                       凸台第四点 Y坐标
G42 G01 X[#1] Y[#2] D02 F300;        建立刀补，根据实际情况调整倍率控制转速
G03 X[33] Y[#4] R5.5;                圆弧加工
G02 X[#5] Y[#6] R#12;                圆弧加工
G03 X[#7] Y[#8] R5.5;                圆弧加工
G03 X[#1] Y[#2] R#11;                圆弧加工
G01 X60 Y60;                         退刀
G0 Z100;                             快速提刀
G40 X100 Y60;                        取消刀补
M09;                                 冷却液关
M05;                                 主轴停转
M30;                                 程序结束
%7504;
G21;                                 设定单位制
G17G90G40G49G80G54;                  程序起始
G00 Z100;                            Z轴快速抬刀至工件原点上 100 mm 处
X100 Y60;
X-22.1467 Y31.8489;                  快速定位，下刀点位于轮廓外
M3 S600;                             可以根据实际情况调整倍率控制转速
G01 Z-2 F300;                        下刀
G41 G01 X-8 Y34.4674 D03 F300;       建立刀补，根据实际情况调整倍率控制转速
G01 X-8 Y39;                         轮廓加工
G02 X-2 Y45 R6;                      圆弧切削
G01 X2 Y45;                          轮廓加工
G02 X8 Y39 R6;                       圆弧切削
G01 X8 Y34.4674;                     轮廓加工
G03 X12.6316 Y27.2111 R8;            圆弧切削
G02X17.2497 Y24.5448 R30;            圆弧切削
G03 X25.8496 Y24.1619 R8;            圆弧切削
G01 X29.7750 Y26.4282;               轮廓加工
G02 X37.9711 Y24.2321 R6;            圆弧切削
G01 X39.9711 Y20.7679;               轮廓加工
```

```
G02 X37.7750 Y12.5718 R6;              圆弧切削
G01 X33.8496 Y10.3055;                 轮廓加工
G03 X29.8813 Y2.6663 R8;               圆弧切削
G02 X29.8813 Y-2.6663 R30;             圆弧切削
G03 X33.8496 Y-10.3055 R8;             圆弧切削
G01 X37.7750 Y-12.5718;                轮廓加工
G02 X39.9711 Y-20.7679 R6;             圆弧切削
G01 X37.9711 Y-24.2321;                轮廓加工
G02 X29.7750 Y-26.4282 R6;             圆弧切削
G01 X25.8496 Y-24.1619;                轮廓加工
G03 X17.2497 Y-24.5448 R8;             圆弧切削
G02 X12.6316 Y-27.2111 R30;            圆弧切削
G03 X8. Y-34.4674 R8;                  圆弧铣削
G01 X8 Y-39;                           轮廓加工
G02 X2 Y-45 R6;                        圆弧铣削
G01 X-2 Y-45;                          轮廓加工
G02 X-8 Y-39 R6;                       圆弧铣削
G01 X-8 Y-34.4674;                     轮廓加工
G03 X-12.6316 Y-27.211 R8;             圆弧铣削
G02 X-17.2497Y-24.5448 R30;            圆弧铣削
G03 X-25.8496 Y-24.1619 R8;            圆弧铣削
G01 X-29.7750 Y-26.4282;               轮廓加工
G02 X-37.9711 Y-24.1619 R6;            圆弧铣削
G01 X-39.9711 Y-20.7679;               轮廓加工
G02 X-37.7750 Y-12.5718 R6;            圆弧铣削
G01 X-33.8496 Y-10.3055;               轮廓加工
G03 X-29.8813 Y-2.6663 R8;             圆弧铣削
G02 X-29.8813 Y2.6663 R30;             圆弧铣削
G03 X-33.8496 Y10.3055 R8;             圆弧铣削
G01 X-37.7750 Y12.5718;                轮廓加工
G02 X-39.9711 Y20.7679 R6;             圆弧铣削
G01 X-37.9711 Y24.2321;                轮廓加工
G02 X-29.7750 Y26.4282 R6;             圆弧铣削
G01 X-25.8496 Y24.2321;                轮廓加工
G03 X-17.2497 Y24.5448 R8;             圆弧铣削
G02 X-12.6316 Y27.2111 R30;            圆弧铣削
G03 X-8 Y34.4674 R8;                   圆弧铣削
G01 X-8 Y39;                           轮廓加工
G0 Z100;                               快速提刀
```

G40 X100 Y60;	取消刀补
M09;	冷却液关
M05;	主轴停转
M30;	程序结束
%7505~%7506	**用ϕ10 mm立铣刀粗、精加工薄壁内轮廓和中间圆柱台**
%7505	**粗精铣薄壁内轮廓**
G21;	设定单位制
G17G90G40G49G80G54;	程序起始
G00 Z100;	Z轴快速抬刀至工件原点上100 mm处
X0 Y26;	快速定位，下刀点位于轮廓外
M3 S600;	可以根据实际情况调整倍率控制转速
G01 Z-2 F300;	下刀
G42 G01 X-8 Y34.4674 D03 F300;	建立刀补，根据实际情况调整倍率控制转速
G01 X-8 Y39;	轮廓加工
G02 X-2 Y45 R6;	圆弧切削
G01 X2 Y45;	轮廓加工
G02 X8 Y39 R6;	圆弧切削
G01 X8 Y34.4674;	轮廓加工
G03 X12.6316 Y27.2111 R8;	圆弧切削
G02 X17.2497 Y24.5448 R30;	圆弧切削
G03 X25.8496 Y24.1619 R8;	圆弧切削
G01 X29.7750 Y26.4282;	轮廓加工
G02 X37.9711 Y24.2321 R6;	圆弧切削
G01 X39.9711 Y20.7679;	轮廓加工
G02 X37.7750 Y12.5718 R6;	圆弧切削
G01 X33.8496 Y10.3055;	轮廓加工
G03 X29.8813 Y2.6663 R8;	圆弧切削
G02 X29.8813 Y-2.6663 R30;	圆弧切削
G03 X33.8496 Y-10.3055 R8;	圆弧切削
G01 X37.7750 Y-12.5718;	轮廓加工
G02 X39.9711 Y-20.7679 R6;	圆弧切削
G01 X37.9711 Y-24.2321;	轮廓加工
G02 X29.7750 Y-26.4282 R6;	圆弧切削
G01 X25.8496 Y-24.1619;	轮廓加工
G03 X17.2497 Y-24.5448 R8;	圆弧切削
G02 X12.6316 Y-27.2111 R30;	圆弧切削
G03 X8. Y-34.4674 R8;	圆弧铣削
G01 X8 Y-39;	轮廓加工
G02 X2 Y-45 R6;	圆弧铣削

```
G01 X-2 Y-45;                        轮廓加工
G02 X-8 Y-39 R6;                     圆弧铣削
G01 X-8 Y-34.4674 ;                  轮廓加工
G03 X-12.6316 Y-27.211 R8;           圆弧铣削
G02 X-17.2497Y-24.5448 R30;          圆弧铣削
G03 X-25.8496 Y-24.1619 R8;          圆弧铣削
G01 X-29.7750 Y-26.4282;             轮廓加工
G02 X-37.9711 Y-24.1619 R6;          圆弧铣削
G01 X-39.9711 Y-20.7679;             轮廓加工
G02 X-37.7750 Y-12.5718 R6;          圆弧铣削
G01 X-33.8496 Y-10.3055;             轮廓加工
G03 X-29.8813 Y-2.6663 R8;           圆弧铣削
G02 X-29.8813 Y2.6663 R30;           圆弧铣削
G03 X-33.8496 Y10.3055 R8;           圆弧铣削
G01 X-37.7750 Y12.5718;              轮廓加工
G02 X-39.9711 Y20.7679 R6;           圆弧铣削
G01 X-37.9711 Y24.2321;              轮廓加工
G02 X-29.7750 Y26.4282 R6;           圆弧铣削
G01 X-25.8496 Y24.2321;              轮廓加工
G03 X-17.2497 Y24.5448 R8;           圆弧铣削
G02 X-12.6316 Y27.2111 R30;          圆弧铣削
G03 X-8 Y34.4674 R8;                 圆弧铣削
G01 X-8 Y39;                         轮廓加工
G0 Z100;                             快速提刀
G40 X0 Y26;                          取消刀补
M09;                                 冷却液关
M05;                                 主轴停转
M30;                                 程序结束
%7506                                精铣中间凸台
G21;                                 设定单位制
G17G90G40G49G80G54;                  程序起始
G00 Z100;                            Z轴快速抬刀至工件原点上100 mm处
X0 Y26;                              快速定位，下刀点位于轮廓外
M3 S600;                             可以根据实际情况调整倍率控制转速
G01 Z-2 F300;                        下刀
G41 G01 X0 Y17.5 D06 F300;           建立刀补，调整倍率控制转速
G02 J-17.5;                          整圆加工
G01 X0 Y-26;                         退刀
G0 Z100;                             快速提刀
```

G40 X0 Y26;	取消刀补
M09;	冷却液关
M05;	主轴停转
M30;	程序结束
%7507	**用ϕ9.8 mm 钻头钻 2×ϕ10 mm 孔及中间孔**
G21;	设定单位制
G17G90G40G49G80G54;	程序起始
G00 Z100;	Z轴快速抬刀至工件原点上 100 mm 处
X0 Y0;	快速定位
M3 S600;	可以根据实际情况调整倍率控制转速
G98G81 X55 Y-35 R5 Z-25 F100;	钻孔加工
X-55 Y35;	继续钻孔循环
G0 Z100;	快速提刀
M09;	冷却液关
M05;	主轴停转
M30;	程序结束
%7508;	**用ϕ10 mm 铰刀 2×ϕ10H7 孔**
G21;	设定单位制
G17G90G40G49G80G54;	程序起始
G00 Z100;	Z轴快速抬刀至工件原点上 100 mm 处
X0 Y0;	快速定位
M3 S100;	铰孔低转速
G98G85 X55 Y-35 R5 Z-25 F30;	铰孔
X-55 Y35;	铰孔
G00 Z100;	快速提刀
M09;	冷却液关
M05;	主轴停转
M30;	程序结束
%7509	**用ϕ10 mm 球刀倒 R3 mm 圆角**
G21;	设定单位制
G17G90G40G49G80G54;	程序起始
G00 Z100;	Z轴快速抬刀至工件原点上 100 mm 处
X-2 Y26;	快速定位
M3 S2000;	可以根据实际情况调整倍率控制转速
#1=90;	起始角度
#2=0;	终止角度
#3=5;	刀具半径
#4=3;	圆角半径
WHILE[#1LE#2];	循环判断语句

```
#5=[#3+#54]*COS[#1]-#3-#4;         Z轴动态变化值
#112=[#3+#4]*SIN[#1]-#4;           半径动态变化值
G01 Z[#5] F200;                    下刀
G41 X0 Y17.5 D[112] F300;          建立刀补
G02 J-17.5;                        整圆加工
G01 X2 Y26;                        退刀
X-2;
#1=#1-5;                           每次变化量
ENDW;                              循环结束
G00Z50;                            快速提刀
G40 X-2 Y26;                       取消刀补
M09;                               冷却液关
M05;                               主轴停转
M30;                               程序结束
%7510                              用φ20 mm立铣刀扩中间孔及倒C2 mm角
G21;                               设定单位制
G17G90G40G49G80G54;                程序起始
G00 Z100;                          Z轴快速抬刀至工件原点上100 mm处
X0 Y0;                             快速定位
M3 S2000;                          可以根据实际情况调整转速
#1=0;                              Z轴起始值
#2=-2;                             Z轴终止值
WHILE[#1GE#2];                     循环判断语句
#3=14.5+#2;                        X轴动态变化值
G01 G41 X[#3] Y0 Z[#1] D10 F300;   建立刀补
G02 I-#3;                          整圆加工
G01 X0 Y0;                         返回起始点
#1=#1-0.05;                        每次变化量
ENDW;                              循环结束
G40 G00 Y0;                        取消刀补
G00Z50;                            快速提刀
M09;                               冷却液关
M05;                               主轴停转
M30;                               程序结束
```

（二）加工操作

（1）机床回零。

（2）测量工件两侧边平行度和工件底面平面度，确认是否满足装夹定位要求；如果不满足应增加修正工件，并记录四边实际测量值。

（3）选用平口虎钳装夹工件，伸出钳口不少于 12 mm 左右，并用百分表找正。
（4）装刀，并对刀，确定 G54 坐标系。
（5）输入程序并校验。
（6）按工艺要求进行加工。
（7）检验工件。

二、件 2 的编程与加工操作

（一）程序编制

1. 编程原点的确定

由于工件外形轮廓不对称，根据编程原点的确定原则，为了方便编程过程中的计算，选工件对称中心的上平面，即 $\phi 110_{-0.043}^{0}$ mm 圆柱面的顶面作为编程原点。

2. 加工方案及加工路线的确定

（1）用 ϕ80 mm 面铣刀铣高为 20 mm 的面，刀具运动路线如图 7–35 所示。

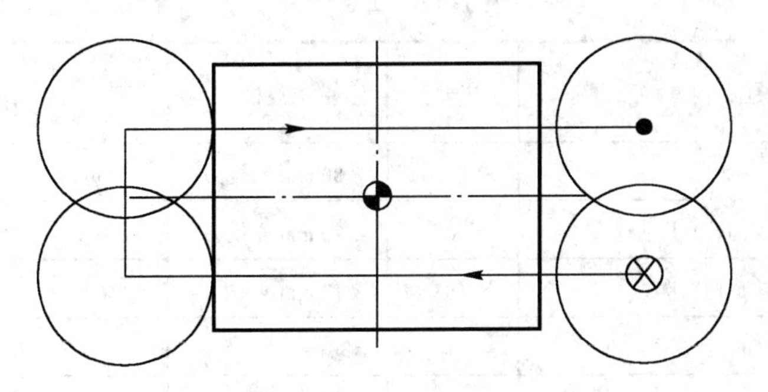

图 7–35　刀具运动路线 1

（2）用 ϕ20 立铣刀粗、精加工外圆轮廓（%7511），刀具运动路线如图 7–36 所示。

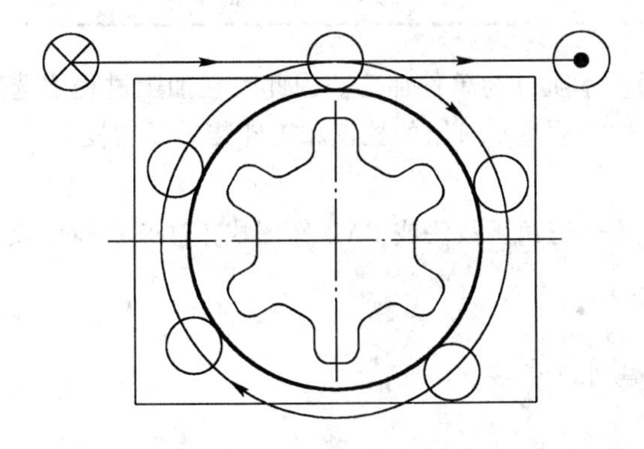

图 7–36　刀具运动路线 2

（3）用 ϕ12 mm 立铣刀粗、精加工花形内轮廓（%7512），刀具运动路线如图 7–37 所示。
（4）用 ϕ9.8 mm 钻头钻 2× ϕ10 mm 孔（%7513）。
（5）用 ϕ10 mm 铰刀铰 2× ϕ10H7 孔（%7514）。
（6）用 ϕ10 mm 球刀倒 R3 mm 圆角（%7515）。

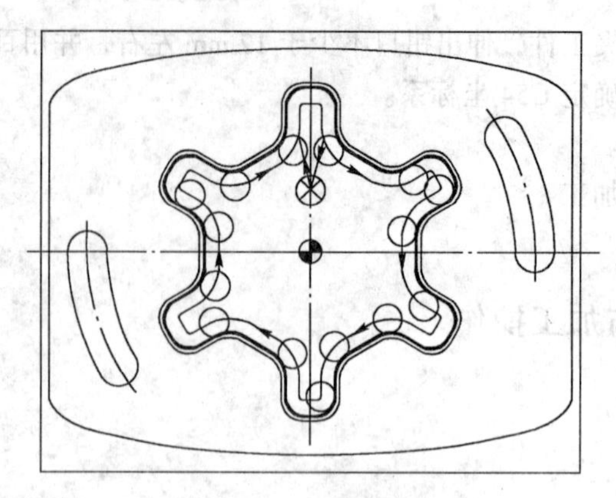

图 7-37　刀具运动路线 3

3. 工件的定位夹紧与刀具的选用

（1）刀具及其切削用量的选用。刀具及其切削用量的选用见工艺卡片（见表 7-12）。

表 7-12　工艺卡片

工序号	工作内容	刀具号	刀规格	主轴转速 (r/mm)	进给速度 (mm/min)	备注
1	铣高 20 mm 的面	T01	ϕ80 mm 面铣刀	500	200	
2	粗、精加工外圆轮廓	T02	ϕ20 mm 立铣刀	600	350	
3	粗、精加工花形内轮廓	T03	ϕ12 mm 立铣刀	600	200	
4	点钻 2×ϕ10 mm 孔及中间孔	T10	A3 中心钻	1 200	120	
5	钻 2×ϕ10 mm 孔	T04	ϕ9.8 mm 钻头	630	100	
6	铰 2×ϕ10 mm 孔	T06	ϕ10H7 铰刀	100	30	
7	倒 R3 mm 圆角	T06	ϕ10 mm 球刀	2 000	800	

（2）工件的定位夹紧。本工件为单件加工。因此，在加工过程中选用通用夹具平口钳进行定位与装夹。在装夹过程中要注意平口钳的校正和工件装夹后的校正。

4. 工件基点的计算

本任务中的轮廓主要通过三角函数法或 CAD 作图找正法来进行基点计算，其计算相对较简单，请参照图样自行计算。

5. 编写加工工序卡

制定工艺卡片，参见表 7-12。

6. 加工前的准备

加工件 2 前，在保证工件厚度的同时要考虑装夹的稳定，同时要满足两件的装配要求，1、2 号件有多处配合面，在加工中必须通过公差带的计算解决过定位造成装配困难的问题。

在孔加工的工艺安排上，采用件 1 的钻铰工艺。

毛坯为 150 mm×120 mm×20 mm，六面已精磨。

7. 参考程序

```
%7511                           用φ16 mm立铣刀粗加工外轮廓
G21;                            设定单位制
G17G90G40G49G80G54;             程序起始
G00 Z100;                       Z轴快速抬刀至工件原点上100 mm处
M08;                            冷却液开
X80 Y-80;                       快速定位
M3 S600;                        可调整倍率控制转速
G01 Z-2 F300;                   下刀
G42 G01 X56.5 Y0 D01 F300;      建立刀补
G03 I-56.5;                     整圆加工
G01 Y80;                        退刀
G00 Z100;                       快速提刀
G40 X80 Y-80;                   取消刀补
M09;                            冷却液关
M05;                            主轴停转
M30;                            程序结束
%7512                           用φ12 mm立铣刀粗、精加工花形内轮廓
G21;                            设定单位制
G17G90G40G49G80G54;             程序起始
G00 Z100;                       Z轴快速抬刀至工件原点上100 mm处
X0 Y26;                         快速点定位，下刀点位于轮廓外
M3 S600;                        可以根据实际情况调整倍率控制转速
G01 Z-2 F300;                   下刀
G42 G01 X-8 Y34.4674 D03 F300;  建立刀补，根据实际情况调整倍率控
                                制转速
G01 X-8 Y39;                    轮廓加工
G02 X-2 Y45 R6;                 圆弧切削
G01 X2 Y45;                     轮廓加工
G02 X8 Y39 R6;                  圆弧切削
G01 X8 Y34.4674;                轮廓加工
G03 X12.6316 Y27.2111 R8;       圆弧切削
G02 X17.2497 Y24.5448 R30;      圆弧切削
G03 X25.8496 Y24.1619 R8;       圆弧切削
G01 X29.7750 Y26.4282;          轮廓加工
G02 X37.9711 Y24.2321 R6;       圆弧切削
G01 X39.9711 Y20.7679;          轮廓加工
G02 X37.7750 Y12.5718 R6;       圆弧切削
G01 X33.8496 Y10.3055;          轮廓加工
```

```
G03 X29.8813 Y2.6663 R8;            圆弧切削
G02 X29.8813 Y-2.6663 R30;          圆弧切削
G03 X33.8496 Y-10.3055 R8;          圆弧切削
G01 X37.7750 Y-12.5718;             轮廓加工
G02 X39.9711 Y-20.7679 R6;          圆弧切削
G01 X37.9711 Y-24.2321;             轮廓加工
G02 X29.7750 Y-26.4282 R6;          圆弧切削
G01 X25.8496 Y-24.1619;             轮廓加工
G03 X17.2497 Y-24.5448 R8;          圆弧切削
G02 X12.6316 Y-27.2111 R30;         圆弧切削
G03 X8. Y-34.4674 R8;               圆弧铣削
G01 X8 Y-39;                        轮廓加工
G02 X2 Y-45 R6;                     圆弧铣削
G01 X-2 Y-45;                       轮廓加工
G02 X-8 Y-39 R6;                    圆弧铣削
G01 X-8 Y-34.4674;                  轮廓加工
G03 X-12.6316 Y-27.211 R8;          圆弧铣削
G02 X-17.2497Y-24.5448 R30;         圆弧铣削
G03 X-25.8496 Y-24.1619 R8;         圆弧铣削
G01 X-29.7750 Y-26.4282;            轮廓加工
G02 X-37.9711 Y-24.1619 R6;         圆弧铣削
G01 X-39.9711 Y-20.7679;            轮廓加工
G02 X-37.7750 Y-12.5718 R6;         圆弧铣削
G01 X-33.8496 Y-10.3055;            轮廓加工
G03 X-29.8813 Y-2.6663 R8;          圆弧铣削
G02 X-29.8813 Y2.6663 R30;          圆弧铣削
G03 X-33.8496 Y10.3055 R8;          圆弧铣削
G01 X-37.7750 Y12.5718;             轮廓加工
G02 X-39.9711 Y20.7679 R6;          圆弧铣削
G01 X-37.9711 Y24.2321;             轮廓加工
G02 X-29.7750 Y26.4282 R6;          圆弧铣削
G01 X-25.8496 Y24.2321;             轮廓加工
G03 X-17.2497 Y24.5448 R8;          圆弧铣削
G02 X-12.6316 Y27.2111 R30;         圆弧铣削
G03 X-8 Y34.4674 R8;                圆弧铣削
G01 X-8 Y39;                        轮廓加工
G40 X0 Y26;                         取消刀补
G0 Z100;                            快速提刀
```

M09;	冷却液关
M05;	主轴停转
M30;	程序结束
%7513	**用ϕ9.8 mm 钻头钻 2×ϕ10 mm 孔及中间孔**
G21;	设定单位制
G17G90G40G49G80G54;	程序起始
G00 Z100;	恢复初始状态，Z轴快速抬刀至工件原点上 100 mm 处
X0 Y0;	快速定位
M3 S600;	可以根据实际情况调整倍率控制转速
G81 X55 Y-35 R5 Z-25 F100;	钻孔加工
X-55 Y35;	继续钻孔循环
G0 Z100;	快速提刀
M09;	冷却液关
M05;	主轴停转
M30;	程序结束
%7514	**用ϕ10 mm 铰刀 2×ϕ10H7 孔**
G21;	设定单位制
G17G90G40G49G80G54;	程序起始
G00 Z100;	恢复初始状态，Z轴快速抬刀至工件原点上方 100 mm
X0 Y0;	快速定位
M3 S100;	铰孔低转速
G85 X55 Y-35 R5 Z-25 F30;	铰孔
X-55 Y35;	铰孔
G00 Z100;	快速提刀
M09;	冷却液关
M05;	主轴停转
M30;	程序结束
%7515	**用ϕ10 mm 球刀倒 R3 mm 圆角**
G21;	设定单位制
G17G90G40G49G80G54;	程序起始
G00 Z100;	恢复初始状态，Z轴快速抬刀至工件原点上方 100 mm
X0 Y26;	快速定位
M3 S2000;	可以根据实际情况调整倍率控制转速
#1=90;	起始角度
#2=0;	终止角度

```
#3=5;                                  刀具半径
#4=3;                                  圆角半径
WHILE[#1LE#2];                         循环判断语句
#5=[#3+#54]*COS[#1]-#3-#4;             Z轴动态变化值
#116=[#3+#4]*SIN[#1]-#4;               半径动态变化值
G01 Z[#5] F200;                        下刀
G42 G01 X-8 Y34.4674 D[116] F300;      建立刀补
G01 X-8 Y39;                           轮廓加工
G02 X-2 Y45 R6;                        圆弧切削
G01 X2 Y45;                            轮廓加工
G02 X8 Y39 R6;                         圆弧切削
G01 X8 Y34.4674;                       轮廓加工
G03 X12.6316 Y27.2111 R8;              圆弧切削
G02X17.2497 Y24.5448 R30;              圆弧切削
G03 X25.8496 Y24.1619 R8;              圆弧切削
G01 X29.7750 Y26.4282;                 轮廓加工
G02 X37.9711 Y24.2321 R6;              圆弧切削
G01 X39.9711 Y20.7679;                 轮廓加工
G02 X37.7750 Y12.5718 R6;              圆弧切削
G01 X33.8496 Y10.3055;                 轮廓加工
G03 X29.8813 Y2.6663 R8;               圆弧切削
G02 X29.8813 Y-2.6663 R30;             圆弧切削
G03 X33.8496 Y-10.3055 R8;             圆弧切削
G01 X37.7750 Y-12.5718;                轮廓加工
G02 X39.9711 Y-20.7679 R6;             圆弧切削
G01 X37.9711 Y-24.2321;                轮廓加工
G02 X29.7750 Y-26.4282 R6;             圆弧切削
G01 X25.8496 Y-24.1619;                轮廓加工
G03 X17.2497 Y-24.5448 R8;             圆弧切削
G02 X12.6316 Y-27.2111 R30;            圆弧切削
G03 X8. Y-34.4674 R8;                  圆弧铣削
G01 X8 Y-39  ;                         轮廓加工
G02 X2 Y-45 R6;                        圆弧铣削
G01 X-2 Y-45;                          轮廓加工
G02 X-8 Y-39 R6;                       圆弧铣削
G01 X-8 Y-34.4674  ;                   轮廓加工
G03 X-12.6316 Y-27.211 R8;             圆弧铣削
G02 X-17.2497Y-24.5448 R30;            圆弧铣削
```

```
G03 X-25.8496 Y-24.1619 R8;        圆弧铣削
G01 X-29.7750 Y-26.4282;           轮廓加工
G02 X-37.9711 Y-24.1619 R6;        圆弧铣削
G01 X-39.9711 Y-20.7679;           轮廓加工
G02 X-37.7750 Y-12.5718 R6;        圆弧铣削
G01 X-33.8496 Y-10.3055;           轮廓加工
G03 X-29.8813 Y-2.6663 R8;         圆弧铣削
G02 X-29.8813 Y2.6663 R30;         圆弧铣削
G03 X-33.8496 Y10.3055 R8;         圆弧铣削
G01 X-37.7750 Y12.5718;            轮廓加工
G02 X-39.9711 Y20.7679 R6;         圆弧铣削
G01 X-37.9711 Y24.2321;            轮廓加工
G02 X-29.7750 Y26.4282 R6;         圆弧铣削
G01 X-25.8496 Y24.2321;            轮廓加工
G03 X-17.2497 Y24.5448 R8;         圆弧铣削
G02 X-12.6316 Y27.2111 R30;        圆弧铣削
G03 X-8 Y34.4674 R8;               圆弧铣削
G01 X0 Y34;                        退刀
X0 Y26;                            回到起始点
#1=#1-5;                           每次变化量
ENDW;                              循环结束
G40 X0 Y26;                        取消刀补
G00 Z100;                          快速提刀
M09;                               冷却液关
M05;                               主轴停转
M30;                               程序结束
```

（二）加工操作

（1）机床回零。

（2）测量工件两侧边平行度和工件底面平面度，确认是否满足装夹定位要求，如果不满足应增加修正工件，并记录四边实际测量值。

（3）选用平口虎钳装夹工件，伸出钳口不少于 12 mm 左右，并用百分表找正。

（4）装刀，并对刀，确定 G54 坐标系。

（5）输入程序并校验。

（6）按工艺要求进行加工。

（7）检验工件。

任务评价

表 7-12　高级数控铣工技能训练五配分权重表

工件编号			项目和配分		总得分		
项目与配分		序号	技术要求	配分	评分标准	检测记录	得分
件 1	椭圆	1	$145_{-0.043}^{0}$	3	超差 0.01 扣 1 分		
		2	$110_{-0.043}^{0}$	3	超差 0.01 扣 1 分		
		3	$Ra1.6$	2	每降一级扣 1 分		
	薄壁	4	$0.92_{-0.06}^{-0.03}$	4	超差 0.01 扣 1 分		
		5	$\phi 60_{-0.06}^{-0.03}$	2	超差 0.01 扣 1 分		
		6	$16_{-0.06}^{-0.03}$	2	超差 0.01 扣 1 分		
		7	$90_{-0.06}^{-0.03}$	2	超差 0.01 扣 1 分		
		8	$Ra1.6$	2	每降一级扣 1 分		
		9	$6_{0}^{+0.05}$	2	超差 0.01 扣 1 分		
	凸台	10	$11_{0}^{+0.03}$	3	超差 0.01 扣 1 分		
		11	5	2	超差不得分		
	ϕ10 孔	12	（70±0.02）	2	超差 0.05 扣 1 分		
		13	（120±0.02）	2	超差 0.01 扣 1 分		
		14	$Ra1.6$	2	每降一级扣 1 分		
		15	ϕ10H7	3	超差不得分		
	中间孔	16	$25.3_{-0.021}^{0}$	3	超差 0.01 扣 1 分		
		17	$Ra1.6$	2	每降一级扣 1 分		
	圆台	18	$35_{-0.021}^{0}$	3	超差 0.01 扣 1 分		
		19	$8_{-0.1}^{0}$	2	超差 0.05 扣 1 分		
	R3 圆角	20	$R3$	2	超差不得分		
	倒角	21	$C2$	2	超差不得分		
件 2	圆	22	$113_{-0.06}^{-0.03}$	3	超差 0.01 扣 1 分		
		23	$8_{-0.1}^{0}$	2	超差 0.05 扣 1 分		
	内轮廓	24	$16_{+0.03}^{+0.06}$	2	超差 0.01 扣 1 分		
		25	$\phi 60_{+0.03}^{+0.06}$	3	超差 0.01 扣 1 分		
		26	$Ra1.6$	2	每降一级扣 1 分		
	ϕ10 孔	27	（70±0.02）	2	超差 0.01 扣 1 分		
		28	（112±0.02）	2	超差 0.01 扣 1 分		
		29	$Ra1.6$	2	每降一级扣 1 分		
		30	ϕ10H7	3	超差不得分		
	R3 圆角	31	$R3$	2	超差不得分		

续表

工件编号			项目和配分		总得分		
项目与配分		序号	技术要求	配分	评分标准	检测记录	得分
配合 (10%)	主体配合	32	配合间隙小于 0.1	6	间隙超差 0.05 扣 3 分		
	销钉配合	33	配合间隙小于 0.03	4	间隙超差 0.01 扣 2 分		
其他（5%）		34	工件按时完成	3	未按时完成全扣		
		35	工件无缺陷	2	缺陷一处扣 1 分		
程序与工艺 （10%）		36	程序正确合理	5	每错一处扣 2 分		
		37	加工工序卡	5	不合理每处扣 2 分		
机床操作 （10%）		38	机床操作规范	5	每错一处扣 2 分		
		39	工件、刀具装夹	5	每错一处扣 2 分		
安全文明生产 （倒扣分）		40	安全操作	倒扣	安全事故停止操作或酌扣 5～30 分		
		41	机床整理	倒扣			